《连城客家祖训家规文化》编辑委员会

連城客家文化叢書

14

连城客家

祖训家规文化

林百坤 主编

连城县客家研究联谊会 编

厦门大学出版社
XIAMEN UNIVERSITY PRESS
国家一级出版社
全国百佳图书出版单位

图书在版编目(CIP)数据

连城客家祖训家规文化/连城县客家研究联谊会编.—厦门:厦门大学出版社,2021.12

(连城客家文化丛书)

ISBN 978-7-5615-8421-7

Ⅰ.①连… Ⅱ.①连… Ⅲ.①客家人—家庭道德—研究—中国 Ⅳ.①B823.1

中国版本图书馆 CIP 数据核字(2021)第 248564 号

出 版 人 郑文礼
责任编辑 章木良
封面题字 罗 钟
装帧设计 张雨秋
技术编辑 朱 楷

出版发行 厦门大学出版社
社 址 厦门市软件园二期望海路 39 号
邮政编码 361008
总 机 0592-2181111 0592-2181406(传真)
营销中心 0592-2184458 0592-2181365
网 址 http://www.xmupress.com
邮 箱 xmup@xmupress.com
印 刷 厦门兴立通印刷设计有限公司

开本 720 mm×1 000 mm 1/16
印张 24
插页 2
字数 358 千字
版次 2021 年 12 月第 1 版
印次 2021 年 12 月第 1 次印刷
定价 86.00 元

厦门大学出版社
微信二维码

厦门大学出版社
微博二维码

序

◎ 范美先

中华民族绵延数千年，创造了许许多多优秀文化。祖训家规，作为中华民族代代相传的治家法宝，历来得到各个时期人们的重视。先辈们根据自己的生活中的磨砺，将人生体验、情感寄托和事业得失进行一番总结，凝练成对后人的道德要求和行为准则，成为后辈子孙立身处世的信条，经过一代又一代人的累积总结和发扬光大，已深深植入中华文化的深处，成为中华民族的宝贵精神财富。

连城县客家研究联谊会着眼于连城客家文化的挖掘、保护和传承，今年编写了《连城客家祖训家规文化》一书。本书收集了连城客家各姓氏的家教家风的材料，包含了家训族规条文、有教化意义的楹联牌匾、部分姓氏祖训家规的形成渊源和践行祖训家规的典型材料等，内容丰富，从中可以看到连城客家人对传统美德的执着追求，体现出家族传承中的家风历史脉络，显示了形成的家族责任感和凝聚力，传递出连城客家人的道德准则和价值取向。

祖训家规，是一个家族、一个家庭内部对后辈子孙的教诲和训导，是良好家风形成的必要保障。但它的意义远不止于此，传统家训中的很多规矩，亦反映着社会对一个人的基本要求。一个人在家庭中有良好的教养，在步入社会后他便能遵守社会规范，良好的社会风气也因此而形成。因此，编辑出版《连城客家祖训家规文化》，通过挖掘整理这些素材，汇集经验，展示成果，推进交流共享，传承优秀文化，对构建和谐家庭，促进社会文明进步，具有非常重要的意义。

党中央、国务院历来重视家庭教育。习近平总书记非常重视家庭家教家风建设，先后做出了一系列重要指示，阐明了家庭家教家风建设的重大意义、目标任务和实践要求。中共中央办公厅、国务院办公厅于2017年1月印发了《关于实施中华优秀传统文化传承发展工程的意见》的文件，对如何实施中华优秀传统文化传承发展工程做出了具体要求，提出要“广泛开展文明家庭创建活动，挖掘和整理家训、家书文化，用优良的家风家教培育青少年”。2021年6月，中共中央宣传部、中央文明办、中共中央纪委机关、中共中央组织部、国家监察委员会、教育部、全国妇联印发《关于进一步加强家庭家教家风建设的实施意见》的通知，要求“充分发挥家庭家教家风建设在培养时代新人、弘扬优良家风、加强基层社会治理中的重要作用，汇聚亿万家庭力量奋斗新时代、奋进新征程”。

我们要以习近平总书记的重要指示精神为指导，在新时代发展环境下，依托历史，立足现实，利用优秀资源，强化家庭教育，保持优良的家教家风传统，努力挖掘优秀资源的文化内涵，在继承中扬弃，在发展中创新，使传统的祖训家规与社会主义核心价值观相一致，推动传统文化历久弥新、创新发展。

（序者为福建省客家研究联谊会会长）

目　录

规训篇

联匾篇

渊源篇

裕后篇

规训篇

连城客家祖训家规的意义和作用

◎ 林百坤

连城客家祖训家规，是客家优秀传统文化的重要组成部分。其内容多集中于“孝悌忠信礼义廉耻”等方面，是儒家文化在客家社会中的体现，也是连城客家人安身立命、建功立业的信条，其中表现出的爱国守法、敬祖睦宗、崇尚正义、崇文重教等观念，承载了道德的教化、规范、评价等功能，为维持家族和谐、推动社会发展起到一定的积极作用。

一、个人修身的道德要求

品德是人性中最重要的东西，它是道德规范在人心灵中的内化。客家人十分重视个人品德的修养，每个家族的家训族规都把品德修养作为重要内容，简而言之，就是以善为中心，强调尚善、勤奋、克己、守义。

一是尚善，它是高贵品德的根本。善良如流水，可以滋养生命。如谢氏家规的“宏奖善类”，提倡“邑有善士，邑之望也。家有善士，家之望也”。林氏家训的“人非善不交，物非义不取”，“善者嘉之，贫难死丧疾病周恤之；不善者劝悔之，不改，与众弃之，不许入祠”，要求做人要忠厚，要存善，切勿作恶。对善者予以嘉奖，对作恶者要“劝悔之”，如不改，要“众弃之”。

二是勤奋，这是中华民族最优秀的传统美德。如杨氏家训“勤耕读”条：“我祖教诲，守祖宗一脉相传，克勤克俭，教儿孙奉行正道。宜读宜耕，耕读者遂生复性之良策也。王政者首重农桑，大学必先明德。语云：‘地内出黄金，一字值千金。’又古训曰：‘少壮不努力，老大徒伤悲。’‘有志者，事竟成。’‘一夫不耕，或受之饥。’又曰：‘子孙虽愚，经书不可不读。’凡我族人，当耕读也。”就是不管从事哪行哪业，都要克勤克俭，不怕吃苦，不怕困难，肯下功夫，不懒惰，不仅在体力上能吃苦耐劳，而且更宝贵的是精神上的勤奋。只有勤奋，才能靠自己的劳动生活而自立，也才能依靠自己的努力不断向上。

三是克己，就是要约束自己，克制自己的私心，战胜自我的弱点，特别是要战胜自己的欲望，才能让自己的心灵达到一种很高的境界。如连城李氏族训族诫新编中的“家风十诫”，内容为：“一诫叛国不孝；二诫谣言邪教；三诫赌毒匪盗；四诫懒惰乱伦；五诫坑蒙拐骗；六诫酗酒斗殴；七诫恃强凌弱；八诫骄奢浪费；九诫见利忘义；十诫轻生出家。”列出了对家族中人对待诱惑的明晰态度，给家族子孙克服自身弱点、战胜自己欲望上了一根弦，这就是“克己”。跟克己紧密联系的是奉公，以公事为重，廉洁奉公。如童氏家训中的“居官明鉴”条，就要求“要之守一官则尽一官之力，一职则殚一职之分，上不负国，下不厉民，内不愧己，外不怍人，则大必法，小必廉，而贻父母令名，愿以是告后之居官者”。詹氏家训对仕者奉公的要求更具体，在“忠效国家”条文中，有如下细致的表述：“国家与民，关系互相。民忠国盛，国富民康。国泽黎民，民增国光。天经地义，效国理当。劝我族人，以此为尚。奉事国家，蹈火赴汤。为国稳安，戎马扛枪。为国振兴，农工学商。清正廉洁，不图恩偿。和衷共济，不怨下上。执行政令，遵纪守纲。踊跃参军，卫国守疆。”

四是守义，就是秉承公道法则，守护公平正义。四堡马氏在大宗祠立下祠规：“人之所以为人，以有礼义也，人而无礼义则近于禽兽矣。”强调义字的重要性。培田吴氏“家法十条”中明确了处事不公的处理方法，就是：“争竞宜平也。如有小而雀角，大而械斗者，凡属尊长，务宜公是公非，照公处息，毋得坐视。”新泉张氏族规有“交易公平，乃称仁里”，把秉公与仁义紧密联系。钱氏家训把“义”阐释为“义之与比，君子凛然。无莫无适，守经达权。性无胶固，行毋拘偏。制事详审，谋虑周全。积而能散，安而能迁。张公好义，万亩曾捐。施德行惠，绩著简编。矜孤恤寡，敬老尊贤。勿吝己有，勿谋良田。邻里乡党，济急为先。愿我子姓，任恤睦姻。义以为质，庶几勉旃。”

二、日常行为的规范准则

祖训家规，一般包含训、规、诫。训，是一个家族、一个家庭内部对后辈子孙的教诲和训导；规，讲的是规则、规矩，强调哪些事必须做，怎么做；诫，含有告诫、警告、禁止之意，明确哪些事不能做。以上所提倡的、所强调的、所禁止的，都有明明白白的条文，是必须遵守的行为规则，使家族成员从小养成规矩，内化于心，外化于行。如王氏家训告诉子孙，日常要做到："孝悌为先，忠信为本，惟耕惟读，恩泽子孙。不奢不侈，颗粒成廪，婚丧从俭，持家以勤。"在这方面，各姓氏家族都有日常行为的具体要求，尤以连城朱氏一直信奉的《朱子格言》影响最为典型：日常生活方面的"黎明即起，洒扫庭除，要内外整洁。既昏便息，关锁门户，必亲自检点"。对财物态度方面的"重资财，薄父母，不成人子"。强调耕读传家方面的"祖宗虽远，祭祀不可不诚。子孙虽愚，经书不可不读。居身务期质朴，教子要有义方"。为人处世方面的"施惠勿念，受恩莫忘"，等等。

三、良好家风的养成基准

家风，就是一个家庭的风气、风格与风尚。生活中，各种良好家风的形成，绝非一朝一夕之功，要通过加强教育，反复训练，注重养成。可以说，家训就为教育、训练和养成提供了最好的素材和参照，个人在家中的待人接物、言谈举止、行为方式都有规可循，也因此决定着他的社会行为底线，决定着他判断是非曲直的基准。

好的家风犹如一所好学校，各姓氏家族十分强调良好家风的形成，并落实到具体的待己、待人、待事等方面。以罗氏家训为例，在处理家庭成员的关系方面要"孝父母""睦兄弟""和夫妇"，在立业方面要"力耕种""勤诵读""尚勤俭"，在处世方面要"存忠厚""习礼仪"，等等。这既是行为要求，更是家庭文化氛围形成的基础，这样的风气，对后代的影响是巨大的，它给了后代一种耳濡目染、潜移默化的教育，对他们的成长是十分有利的。

四、社会和谐的重要基石

人是一切社会关系的总和，人际关系是一切社会关系的最一般表现形式。人际关系和谐是社会和谐之基石。连城客家祖训中的很多规矩，虽然是对家族成员做人做事的规范，但客观上也反映着社会对一个人的基本要求。正因为如此，它才能适应社会的高度发展变化，从而显示出其生命力和传承价值。仍以林氏家训为例："毋嫉妒贤能，伤人害物；毋出入公府，营私召怨；毋奸盗谲诈，饮博斗讼；毋满盈不戒，妙微不谨；毋坏名丧节，灾己辱先。"这些全都是处理人与人关系的警示性话语，做到这些，方能处理好人与人、人与事的关系，营造出和谐的氛围。又如隔川陈氏九经公祖祠家规："隆学校以端士习，训子弟以禁非为。尚武德以健身体，讲法律以警愚顽。息诬讼以全善良，恤孤寡以体苦贫。"仍然是后代子孙处理人际关系的金科玉律，是社会和谐的重要基础。

综上所述，祖训家规是先人生活经验的积累，是对人生经验的高度概括，它寄托了祖先的情感和期待，显示出家庭家族的凝聚力量，是文化自信的力量源泉，其中体现出来的道德要求、规矩意识和处事法则等，已经深深植入中华文化的深处，成为中华民族的宝贵精神财富。

连城客家54个姓氏的祖训家规

◎ 张健力／整理

据《连城县客家姓氏源流初探》（连城县客家学研究会编，2002年）载，中华人民共和国成立前定居连城的客家姓氏共有70个，这次为了编辑本书，我们通过邀请相关姓氏代表参加座谈会、走访、电话联系等方式，共收集了54个姓氏的祖训家规，现以姓氏笔画为序，抄录于下文中。

上官氏

家　训

尊祖敬宗，孝顺父母，男子励志，女子贤德。
诚实做人，踏实做事，夫妻恩爱，执子偕老。
勤俭持家，忠孝仁义，赡老扶幼，扶弱济贫。
行善积德，慈悲为怀，待人处事，礼仪尊至。
潜心传学，静思修养，泰然谦和，知足常乐。

（上官京红　供稿）

马　氏

马氏大宗祠祠规十五条

据旧谱云，乐丘公旧立有祠规十四条。金石江河世世为宪，但生男名字派未立也，今僭增一条于后，共十五条，或亦乐丘公欲为之意乎！

一、太祖高皇帝圣谕：昭昭为子随力养亲，富则肉帛储物，贫则菽水承欢，为子者事其亲焉，有不孝不悌乎。各有子孙教之读书耕田，或习手艺，或出经商，勤谨忠厚，无傲无奢，无损人利己，无枉法戕生。各有邻里疾病相扶，患难相赒，善则相劝，过则相规，其子孙之贤而邻里之和也，必矣！况吾族一姓环居，所谓邻里者，皆叔侄兄弟也，必当和睦者矣。人生于天地，命运不齐，岂能尽富，其贫者苦做苦食，虽无盈余亦无患害，倘作非为，便有许多不好处。族人幸自思之，肯听吾言终身受用，世世称为好人，岂不美耶？吾巡抚湖湘时，屡述以诫百姓，况吾同宗一族，尤有惓惓之心，族人祯祯念念。

二、大宗祠神灵所栖。传云：春秋修其祖庙，谨之也。今议无待春秋，一遇损坏即便觅工修理，及祭器等项随失随补，如或怠缓恬不知重，祠长罚当年值祭房银五钱入祠助修。但每年除夕，上手值祭必须将祠宇祭器等，会同祠长交过下手值祭房具领，上手朦胧不交，便是欺弊，亦罚银五钱。其祠乃礼法之所，岂容装扮故事搬演杂剧，祠门之外岂容堆积粪草散放猪牛，有不遵者罚银叁钱公用。

三、每祭大宗祠宜人人齐整行礼，其有重服未禫者不与祭。有不得已者必以吉服，违者罚银一钱入祠。值祭之房尤当敬谨，违者倍罚。

四、祭墓除新墓外，必须候清明祭大宗祠及各坟毕，次日方许以次祭各房之私墓。越祭者罚银一两入祠公用。

五、大宗祠所以辨昭穆也，倘有身家自倚，遂越少长之分座席、言语不逊，纠仪者指出，祠长即谕改正谢罪，有不悛者依祠法量治。或道遇长上即欠身旁立施礼，或在牌坊下等处同坐亦宜旁侍，如不守分，亦如前罪。但为长上者亦宜自重，毋徒恃分傲彼令彼不堪。嗟乎，长上之与子侄交尽其道，斯美族焉。

六、男而为之有室，所以助蘋蘩重嗣续也。新妇既合卺，且献食于翁姑矣，而不见祖宗可乎？今议妇归之三日，即谒宗祠，有不遵者，罚银一钱入祠公用，惟娶者贱，则不与谒，以辱祖宗，违者罚银五钱，抗者送官以治之。

七、不忠不孝谓之大逆，奸淫盗贼谓之不道。以吾祖宗忠孝传世，勤俭起家，家法如此，宜万万无此辈也。倘有之，祠长即送官置之死，谱削其名。妇则出之，仍直书其出，不出则罪其夫与翁。其以弟侄殴其叔兄，鸣之祠长，启祠鸣鼓，随其殴轻重则治，仍令置酒服罪，抗者亦送官。不忠之徒，祠长惟削其谱，纵贵显不得阿也，朝廷自有常刑何赘焉。

八、良贱为婚无非贪财而已，不知此节大坏家声。今后有男娶非其妇，女嫁非其夫，即罚主婚人银五两，其妇女永不与入谱。嗟夫，以奴之女为吾之妇，以吾之女为奴之妻，是吾亦奴也。纵有财何必羡，况未必得乎，可羞甚也。若妾则不在此论。

九、人之所以为人，以有礼义也，人而无礼义则近于禽兽矣。若乃兄殁，而已聘未娶之嫂转婚于弟及族中，彼人死而此人之妻亦死，此人便就继娶彼人之妻苟合者，其于禽兽何如。吾族已往固无此不肖之事，但吾宦游各处，屡聆此风甚盛，吾甚耻之，第恐吾族今后有贪财悦色不顾礼义而为之者，祠长宜责主婚人万乞贤明有司，绳以乱伦之罪，倘有事竟成不能改正者，祠长削其谱。

十、不得已而立继，必先尽祢祖高曾，四宗求无可立，然后立同宗之子，亦必行派相同然后可决。不可以弟继兄，以侄孙继伯叔及以长子孤子而出继，又不可立他姓之子以乱宗支，违者俱命改正。其承命为之后，且注之谱矣。宜世世从之，乃有当所继之父母存日，则曰父曰母。既殁，仍曰伯父叔父伯母叔母者，其负罪九原何如也，宁无报于幽明共非乎。

十一、冠婚丧祭一遵朱子家礼而行，毋尚奢佞佛，夫以荐亲之故而佞佛，尤为贤者之不取。况可以围花斩煞结缘赛会之故，而信妖僧魔道师公圣母，启淫奔之渐乎，吾族今后有为此者，即罪其夫与子。

十二、苏老泉曰：今之相视如途人者，其初兄弟也，又其初一人之身也，以一人之身而可以秦越视耶。今吾族甚繁，五服内外岂无屋宇田塘坟墓之相连，钱粮门户银两之相处，一言不合怒气相加，乘强倚猾惊官动府，小则坏家，大则灭身，何益之有？今后子侄如有前项不得已之事闻之，祠长公平量情开处，各认些小之亏就是，毋轻弄纸笔酿成大患。昔张公艺九世同居，其和睦何如，今虽不能及张公艺，亦当为身家计，效其万一，如有不遂者，祠长当匡正之，必重惩其不直者，以警将来。

十三、主仆自有体统，冠履岂容倒置。今后吾族之仆，务宜守自分，不论五服内外之亲，如于其主人敢有无状侮慢者，将侮慢者送祠，凭祠法重责三十板。其主人来争者，罚主人失教之罪银叁钱，入祠公用。但吾族之人各宜自重，有贪各仆酒数杯或结为同年老友等事，不肖甚矣，众共攻之。又杨山篱乃族葬所在，岂容仆紊其中，此皆主人之主张，有犯出者，罚主仆各银贰钱，仍令改正，抗者送官改正。

十四、民一也，而士农工贾异焉，吾族大都耕读间，亦有经工商于外者。但士必勤而后能立身扬名，农必勤而后能乃积乃仓；工必勤而后能称事受廪，商必勤而交易两平，乃后有利而无害，况都宪坊下，每月六圩，毋得倚势欺人，强买强卖，坏我家声。又行使假银一节，尤为大蠹，今后有强使假银并强买强卖者，送官惩治。

十五、古者生子三日而庙见礼也，清明纳银五分亦其遗意，与积少成多而祠与田俱盛，子孙世世有赖矣。然吾族繁矣，曩安名无字派，错乱无章，何以明世系？今为五言八句曰："大化隆洪祚，源从伯益传。勋华启昭穆，洵美扬英贤。茂桂萱芳远，乔松锡寿全。云礽尤孔耀，显允万支延。"自十八世始，每世用一字为上，下随用一字凑，安名如此，庶几不紊，一启口便知其第几世人也，八句完日再续。不照此派安名者，本人即不许入谱。

吾族祠规乐丘、南陆①二公已定一十五条，足以维风整俗，世世守之，毋或敢越，第其中似觉犹有未备者，更为增之非僭妄也，其亦因时势以立章程云尔。

六　戒

一、大逆不道名削之矣。从前人犹以为耻，或自敛迹远避他方，今则肆行无忌，横暴尤甚，谓名已削，罪蔑加焉，任意逞凶，靡事不为。是削名更以滋其强悍也。兹议谱削之后，务须逐出，父兄家长以及服亲不得隐留，庶使后来知儆，风俗或可还淳。违者，罪其父兄以党恶论，如无父兄罪其家属。

二、戒挖卖祖坟。宅兆安厝先人之灵魂所栖也，往有不肖之徒以卖坟为生计，忍心害理莫此为甚，若绝房乏嗣者任其荼毒，尤属可怜。如或蹈此，削其图谱。

---

① 乐丘：明代四堡马屋马驯（1421—1496）进士的号；南陆：明代四堡马屋马孟复的号。

三、戒霸尝灭祭。祖宗蒸尝祭需之所关也，借端霸噬以致祭祀不敷，为祖宗者，要此子孙何益？或有蹈此，众共攻之，如抗削谱。吞神会者亦然。

四、戒承充隶卒。隶卒世所共耻，以是人而列谱系岂不玷祖宗而坏家风耶，吾族先世严禁之矣。今恐民情渐漓，倘或误践，亲属令从正业，如违削谱。

五、戒武断乡曲。解纷排难，公直人也。族有事故，宜恕和以息之，扶懦弱以抑刚强，务须两造平允。如借势以威凌，致使屈抑无伸，心何忍焉，或有蹈此，众共攻之。

六、戒匿名揭帖遍帖匿帖。律禁森严，族即有不公不法强悍横暴之人，不妨明斥其非。即不敢言，贴字何益，或气愤务欲诉过直，宜具名。察出此类，送祠明正其罪，如违亦削。

右增戒条均有关于国法族谊，故为详列，以补未备。凡我同族时逢之治世，共承礼让之家风，须知遵所训而避所戒，秉家规为惩劝，则非特一乡之盛，抑亦足为我邦家之光也。众共勉旃慎毋自忽。

马驯谕俗歌（四首）

一、财也是宝，子也是宝，财子双全家更好。这般事难计较，算来都是天公造。有财无子富何归，有子无财贫莫恼，生也有靠，死也有靠。

二、富不用求，贵不用求，漫夸肥马与轻裘。千钟粟万户侯，命里无时到底休。渔翁老尽无耕土，也曾温饱百千秋。问渠活计，一叶扁舟。

三、田不用多，屋不用高，奉身何用太奢豪。黄金阁珍鼎肴，一安饱外枉营劳。陋巷箪瓢真是乐，阿房宫殿竟成焦，不才子孙，如火燎毛。

四、金也可惜，银也可惜，不如冥冥积阴德。人有善天必佑，管教滚滚生侯伯。富贵多养败家儿，着意贪酒与贪色，金留不得，银留不得。

（马勋猷、马秀斌　供稿）

王　氏

祖　训

太原世家，及至于今，英才辈出，卓尔不群。

孝悌为先，忠信为本，惟耕惟读，恩泽子孙。
不奢不侈，颗粒成廪，婚丧从俭，持家以勤。
嫁女择媳，勿尚重聘，积德行善，不惟俗伦。
自强自立，处事以忍，广结贤良，不谋非分。
当差有事，尊上宽仁，努力进取，友朋谨慎。
勿以远善，祸及自身，勿以亲恶，招惹公忿。
酗酒无度，伤其身心，聚众赌博，财帛散尽。
贪婪飘荡，荒废青春，胡作非为，辱没先人。
恋衙投宦，必爱人民，忌才害贤，毒族害群。
怂人告讼，不如兽禽，利令智乱，灾难必临。
祖灵在天，察尔甚真，阴诛阳谴，追究必深。
祖灵阴佑，和顺永存，后裔繁昌，福寿盈门。
一荣一辱，天地一新，世德世业，纠察昭昏。
一谦受益，一满招损，神灵有鉴，莫辱斯文。
阴受其殃，阳恶是因，安贫乐道，其心也欣。
焚毁朝夕，何堪明晨，纨绔堕落，愧对乡邻。
不肖为贤，浪子如金，振兴美族，直上青云。
秉公惩戒，繁荣后昆，恭愿后裔，永传家珍。
百世不竭，积厚且纯，张德扬惠，守规遵训。

家　规

一、团结宗族，捍卫国家，不容有违背涣散之行为；
二、服从祖训，端本孝悌，不容有悖伦蔑礼之行为；
三、尊老爱幼，长次分明，不容有忤逆虐待之行为；
四、保护祠产，维护公益，不容有侵蚀欺诈之行为；
五、崇尚道德，遵守法令，不容有作奸犯科之行为；
六、注意教养，勤求职业，不容有放弃贻误之行为；
七、禁食毒品，严禁嫖赌，不容有伤风败俗之行为；
八、律己治家，忠信笃敬，不容有卑劣偷惰之行为；

九、刻苦耐劳，节俭朴实，不容有奢侈游荡之行为；
十、合敬同爱，排难解纷，不容有歧视推诿之行为；
十一、帮困扶弱，仁义待人，不容有失德违心之行为；
十二、勤耕奋读，与时俱进，不容有懒惰停滞之行为。

（录自《连城王氏族谱》）

邓　氏

家　训

其一

序　言

泱泱中华，屹立东方。邓氏民系，源远流长。
祖传家训，字字华章。先贤教诲，子孙不忘。

一、致　孝

百善孝为本，先知敬爷娘。寸草报春晖，时刻挂心肠。
父母生身佛，孝顺理应当。在生勤服侍，细心来奉养。

二、友　悌

兄弟如手足，姐妹要贤良。妯娌皆和气，亲戚常来往。
逢人开口笑，邻里互相帮。家和万事兴，内外都安详。

三、教　子

孟母善择邻，教子有义方。天明须早起，烧火煮茶汤。
厅堂勤洒扫，庭院花果香。勤俭传家宝，浪费无天良。

四、敦　爱

百年同船渡，有缘结鸳鸯。妻贤夫祸少，恩爱福寿长。
相夫又教子，重任肩上扛。白头相伴老，比翼双飞翔。

五、劝　学

月光照莲塘，围屋闻书香。尊师又重教，遍地建学堂。
胸中有笔墨，出门气轩昂。读书破万卷，胜过有宝藏。

六、处　世

出门衣冠正，仪容须端庄。人敬我一尺，我敬人一丈。
细声讲大事，万事好商量。做人讲诚信，大路坦荡荡。

七、养　廉

为官在一任，造福遍一方。勤政且廉洁，明镜悬高堂。
施惠莫图报，受恩不可忘。莫做亏心事，一觉到天光。

八、重　商

客家百业旺，崇文又重商。耕山能致富，贸易可越洋。
爱财取有道，和气财源广。架造回乡里，祖宗亦名扬。

九、遵　生

前人多种树，后人可乘凉。珍惜水与土，留与子孙享。
作息循规律，养生调阴阳。青山映碧水，福地是吾乡。

十、怀　乡

儿女立大志，敢闯走四方。随遇安身地，他乡作故乡。
能文亦能武，爱国又爱乡。叶落归根日，桑梓留芬芳！

其二

治国之道，有法有戒，所以明典则昭惩创也。而治家亦无不然，先父型家最严，尝取朱子所亲书于学宫者，列为八则。八则之外又有六戒，予只承庭训著，为家规数条。俾后嗣有所率循，罔敢逾越。今谱已告成，故登之谱牒，凡我族人朝夕观览，或于心身有所补云。

八　则

（一）事亲以致孝。儒慕之爱非由人为。一本之恩，出自天性，人惟世途之变迁愈多故，至情之纯笃愈少。更其甚者，漂泊他乡，枉念高堂白发；眷恋衾枕，惟惜秀阁红颜。朝饔夕餐，聊具一日之菽水，晏眠早起，谁念终夜之寒温。亲母固已如此，继庶由所难言，虽申生见谗于骊姬，千古饮恨；而闵子眷怀于继母，万世垂芳。为人子者，胡弗念焉。若夫立行修身，而显身扬名，慎终追远，而尽哀尽礼，尤为人所宜自致。

（二）从兄以明弟。长幼之节，人所共知，友恭之谊昔所众著，慨自角弓载咏，而兄弟相远。棠棣哀告，而手足抱痛。溯所由来，匪由家资以伤天伦，则听妇言而乖同气，遂有视其兄如路人，视兄嫂仇雠者矣。吾不知今之为人弟者，亦尝念田氏之风，而兴感于紫荆之摧萎，读花萼之句，而抱歉于大被之生寒否耶。

（三）尽己之谓忠。圣门教人，惟忠与恕，曾子自省，戒谋不忠，故四教则言行贯以忠也，九思则出言必以忠也。人不忠诚，于物而有违，于己多不尽。内而事亲从兄，非真孝子悌弟；外而事君交友，非真忠臣良士。盖此忠一亏，事为皆虚，试观武侯之尽瘁鞠躬，文山之成仁取义，考古者不以成败论，亦知其心之已尽耳，人欲景仰前徽，不愧寸衷奈何弗忠。

（四）以实之谓信。夫子曰，人而无信不知其可。孟子曰，君子不亮，恶乎执？诚言信之不可无也。夫人之有信，如五行之土，春生夏长秋收冬藏，历寒暑而不爽。人能诚信无二，坚如金石，应若风雷，千里之外，无费应矣。昔朱子只要季路一言，巨卿不爽张邻之一约，季札之插剑于墓，阎敞之完钱于孤，载之史册，千古不磨，信之于人何如哉。

（五）礼所以别上下正名分。一家之中，若长若幼，若尊若卑，秩固天然莫可淆，序亦鳌然莫可紊。世族之家，鲜克由礼，而末俗崇尚佛老，冠婚丧祭，多不考礼，以致长幼尊卑，日用罔所率循。伏读三礼，及朱子家礼一书，条分缕析，人能遵而行之，将见父父子子，夫夫妇妇，兄兄弟弟，家道成而自度得其理矣，否则相鼠贻讥，可不慎欤。

（六）义所以决是非定可否。凡人生出处去就辞受取予，莫不有义，义者事之干也。人惟为利所诱，为事所屈，遂致贪昧隐忍，罔顾名义。诚能于出处去就辞受取予之间，审其是非，决其可否，斟酌停妥，以定行止，断无有临事迟疑，遇事苟且者矣。试观伊尹之千驷弗顾，一介惟严；孟子之百镒不受，万钟莫留；关圣帝之去曹归汉，爵禄不以撄心；颜常山之骂贼不屈，死生不以易节，其大义凛然如此。人当于此中吃些辛苦，方为守义之士。

（七）分辨之谓廉。从来贪者无别，廉者有辨，行贪则污，行廉则洁。古往今来，人无贤不肖，孰不恶贪而爱廉，而每避洁而行污者，无他，利欲关头打不破，故卑污苟贱所弗顾耳。前世如首阳高卧足以振起顽懦，后世如公仪悬鱼，子罕却玉，杨震辞金，管宁挥锄，生平节概于此可见，人能守此，在家不愧为廉士，在国不愧为廉吏，子孙相承，为清白之家，非传家之至宝哉？吾愿子孙，谨操守而持廉洁。

（八）行己之有耻。人生事业学问，多成于有耻而败于无耻。无耻则卑污苟且，机谋变诈无所不至；有耻则激励奋发，学问事功皆不可量。若伊尹耻其君不为尧舜之君，耻其民不为尧舜之民；勾践耻其身之请为臣，妻之请为妾；他如乐羊弃学，因妻之耻遂卒业而成名；齐御骄态，因妻之耻辄敛抑而为大夫，是皆耻之所成。若夫左右异态，或摇尾以乞怜，或舐痈以吮痔，身为丈夫，行同妾妇，无耻已极，纵或稍得寸利，何以型家。吾愿良家子弟，务宜知耻。

六　戒

（一）戒怠惰。先王驱游惰而归之农，崇本业也。人不务本衣食何求？近见人家子弟，不士不农，不商不贾，游手好闲，日则三五成群，东奔西逐，夜则比闾交欢，道长说短，红日高上，尚卧内床，金鸡唱午，方醒睡眸，以致家业萧条，妻子无靠，所谓懒惰成饿殍，此之谓也。兴言及此，偷惰宜戒。

（二）戒奢侈。古昔盛世，敦崇节俭，上自君公，下逮氓庶，无不务本节用。衣冠宫室，有定制也；仆从车马，有定饰也；婚姻丧葬，有定礼也；宴宾招客，有定数也。而且丰年则如其礼，凶年则杀其礼，以致人心古朴，风俗淳厚。今也尚文贱质，好奢恶俭，豪华之家，恣为侈肆，贫窭之族，喜为效颦，皂隶贩夫，亦且尘视金玉，口鱼肉而身绸帛。风俗如此，尚何有余一余三之庆乎。古论云：从俭入奢易，由奢入俭难。吾愿子弟以奢侈为戒。

（三）戒赌博。在昔成周取士，孝弟力田，以故耕田凿井，牵车服贾，春诵夏弦，各事本业，比户可风。近见豪华子弟，以看赌为生涯，以博弈为正事，牧奴共戏，浪子相邀，或瓦注，或钩注，或金注，遂成孤注之危，或投犊，或投雉，或投卢，难救投钱之败。百万轻于一掷，十千不值半文，大则荡产破家，旋登饿鬼之乡；小由欠债经官，辄作囹圄之客，伏读律令，造买者发远方，窝藏予流杖。无益之事，莫此为甚，吾愿聪明子弟早早回头。

（四）戒淫纵。饮食男女，人生大欲所成，内外嫌疑，人伦至教所著。

故夫妇有别，王化起于关雎，礼教不修，风俗败于鹑奔，以至闺阁贻羞，廉耻道丧。富豪之子因色亡身，俊秀之儿贪花丧命。西厢曲，红梅记，皆导淫之书。感应篇，戒淫说，乃垂训之旨。人能洗涤邪志，不遂风月烟花，庶几遵行正道，不欺暗室屋漏。语云：百行孝为先，十恶淫为首。有志励行者，尚同一鉴。

（五）戒酗酒。酒以合欢，介寿必称兕觥。醉而丧德，沉湎由于贪杯。故周礼有酒正之官，宾宴有监酒之吏。近见酗酒狂呼，罔顾性命，未赋青莲之百篇，辄致淳于之后。催花擂鼓，昏昏只在醉乡，驾马猜拳，沉沉惟期长夜，不知杯中物终是伐性斧，山中味乃是腐腹菜，兼以醉后贪花，虚劳力竭，席前论事，摩手擦拳，总之无益于身命，切勿贪乎香醪。

（六）戒横暴。让畔让路，古之遗风，不乱不争，圣有明训。近见今日子弟，一言不合，怒气相加，三戒不循，捐生不顾，或恃族强，或倚人众，或挟势以凌人，或负性以傲物，或借力以夺人之有，或逞忿以济己之穷，讵知骂人虽或不怒，杀人必致抵偿，既蔑礼法，定罹王章，君子自反为仁礼尔，何甘心为禽兽。吾愿负血气者，切勿蹈此。

（邓美材　供稿）

叶　氏

上琴祖训

明明我祖，奕世流芳。基肇春秋，功显汉唐。宋元明清，德业煌煌。
胥缘义训，授受有方。追维先德，提示要纲。凡我后嗣，尽听彝章。
古昔所向，诗书农桑。文明进化，并重工商。各执一业，毋怠毋荒。
矢勤矢俭，力图自强。百行之本，首在伦常。孝亲事长，必敬必庄。
姻睦任恤，诚信是将。行之有恒，物望孚乡。礼义廉耻，立身大防。
张此四维，荣逾冠裳。国犹家也，为栋为梁。扶危定倾，美济忠良。
遐迩宗族，一本南阳。互相亲爱，视同一堂。岁时蒸尝，济济跄跄。
享祀不忒，降福孔长。服膺拳拳，长乐永康。我言维服，勉旃勿忘。

（叶根森　供稿）

卢　氏

宗泰公谕十六条

敦孝悌以重人伦，笃宗族以昭雍睦；和乡党以息争讼，重农桑以足衣食；尚节俭以惜财用，隆学校以端士习；黜异端以崇正学，讲律法以儆顽愚；明礼义以厚风俗，务本业以定民志；诫匿逃以免株连，完钱粮以省催科；联保甲以弭盗贼，解仇忿以重身命。

卢侗公家训

不因果报勤修德，岂为功名始读书。慎言宜守三缄训，处世常悬百忍图。

祖训十二条

孝父母　敬长上　友兄弟　教子孙　睦宗族　和乡里
重贞节　供国课　安本分　敦朴素　息争讼　戒骄盈

族规十条

勤俭兴家　团结和睦　尚文习武　祭祀扫墓
戒吸毒　戒淫嫖　戒赌博　戒酗酒　戒为匪作盗
用字辈命名，不乱世辈

（卢运泉　供稿）

丘（邱）氏

家　训

一、行仁德

立身须修德，修德首行仁。待人要仁爱，怀有慈善心。
贫苦要温恤，切勿欺凌人。见危宜授命，奋勇不顾身。
创业须勤劳，为人守本分。从政施仁政，戒生贪婪心。

恶小而不作，善小也要为。终身行仁德，受益定无尽。

二、重道义

为人重道义，利己也利人。大公而无私，德高受人尊。假公而济私，利令而智昏。见义而勇为，勿存怠慢心。见利要思义，弃义生祸根。交友情义重，处事不负心。做事持正义，是非分辨真。人人讲道义，精神面貌新。

三、懂礼法

巍巍大中华，素称礼仪邦；自古重礼法，一向讲文明。礼义与廉耻，为人要记清；八荣与八耻，相传不能忘。千里送鹅毛，礼轻人意重；礼应尚往来，彼此情意浓。敬重才德人，佞人应自轻；遵纪与守法，人民得安宁。

四、有智慧

为人要立志，志大功可就；人要有智慧，要靠勤读书。愚者有千虑，尚能多智谋；学业成绩佳，一定要苦读。宝剑欲锋利，全凭磨砺出；学优可上进，济事有前途。学问无止境，才智周万物；为国栋梁材，光前且裕后。

五、守信用

为人要立身，信义是根本；启齿要说话，诚恳而守信。举步要行动，笃实而严谨；交友讲信用，往来情谊深。从业讲信用，彼此俱信任；在家讲信用，和睦团结紧。外出讲信用，办事能通顺；平生讲信用，世上做好人。

六、要忠诚

为人要忠诚，老幼皆尊重；忠诚而厚道，处世人称扬。忠诚讲义气，急难有人帮；忠实而职守，事业达辉煌。忠诚而勇敢，卫国保家乡；忠贞而不渝，夫妻情义重。忠言虽逆耳，终究利于行；忠诚与狡诈，是非应分清。

七、尽孝道

为人要慈善，百善孝为先；父母养育恩，铭刻在心间。父母当赡养，一定要周全；饮食与起居，样样要照管。

愉乐与医疗，思念不间断；贪财薄父母，忤逆而不贤。

行孝而不辍，孝心是关键；行孝利国家，和谐促发展。

八、好友爱

为人要友爱，交友很要紧；独学而无友，孤陋而寡闻。

事业求发展，多赖相助人；益友与损友，选择要谨慎。

益友如芝兰，品学能上进；损友似鲍鱼，骄奢淫荡临。

兄弟与姐妹，关爱相互尊；亲戚与乡邻，团结要和亲。

九、乐善施

乐善而好施，中华好传统；丘氏众后裔，世代要传承。

天灾与人祸，不时从天降；国家有困危，慷慨而解囊。

富者多捐助，贫者量力行；亲邻有急难，伸手来相帮。

施惠而无念，受恩切勿忘；与人而为善，美德永弘扬。

十、求福寿

幸福与长寿，为人共所求；幸福得健康，健康能长寿。

福不盲目来，祸生有根由；灾祸要防范，得福应知足。

人生要长寿，活动不能丢；有病快治疗，争取早康复。

年老要抗衰，年岁能长久；心理宜调理，欣慰而忘忧。

（邱志宇　供稿）

包　氏

家　规

一、孝敬父母。包氏子孙要记清，己身本是父母生，养育之恩应报答，唯有膝前尽孝心。

二、和睦兄弟。兄弟同是父母生，弟恭兄谦相互尊，患难相帮喜相助，恒念手足骨肉情。

三、夫妻恩爱。同船过渡前世修，相亲相爱育儿女，待亲接友要热情，夫贤妻慧扬家声。

四、严教后代。为人父母钟爱心，教子训女要严谨，严教善导谆谆诱，成就大业耀祖宗。

五、相助亲邻。亲邻族友莫相欺，文明礼貌待亲邻，左邻右舍艰难事，同心相助力无穷。

六、心存忠厚。为人立世要忠厚，莫存坏心害别人，忠厚自有忠厚福，流传美德益后人。

七、慎交朋友。交朋结友慎又谨，不仁不义事莫为，真朋实友多结交，诚信取得众人颂。

八、崇尚勤俭。贪图享乐坏门风，游手好闲金山倾，欲要家业大兴旺，归根结底俭和勤。

九、禁戒非为。为人处世求芳名，赌博嫖娼败家声，偷抢讹诈必遭殃，品行端正受人敬。

十、善举为人。漫漫人生长又短，严于律己宽待人，心怀忠诚见义为，多举善事传子孙。

格　言

1. 孝以事亲，悌以睦邻，忠以报国，信以敬友，礼以待人，义以助他，廉以律己，耻以良知。

2. 勤俭乃是起家之本，传家之宝，立业之基，人生当力务也，勤而不俭则财源易竭，俭而不勤则财终于困。

3. 超前享受害自己，勤劳勇敢富终身。

4. 守法奉公，全躯保身之要道；灭理犯义，亏体辱亲之污行。

5. 欺穷敬富，乃不道之人。

6. 气必正，心必厚，事必公，用必俭，学必勤，行必端，言必谨，不信妇言伤骨肉，不言人过长歪风，不嫉妒贤能，伤人害物。

7. 家败离不得个“奢”字，人败离不得个“逸”字。

8. 天下古今之庸人，皆以一“惰”字致败。天下古今之才人，皆以一“傲”字致败。

9. 士有三不斗：不与君子斗名，不与小人斗利，不与天地斗巧。

10. 为善者常受福，为利者常受祸，心安必福，心劳必祸。

11. 轻财足以聚人，律己足以服人，量宽足以得人，身先足以率人。

12. 勿以小恶弃人大美，勿以小怨忘人大恩。

13. 一个“忍”字，消了无穷祸患，一个“足”字，省了无限营求。

14. 处事贵熟思缓处，熟思则得其情，缓处则得其当。

15. 忠信廉洁，立身之本，非钓名之具。

16. 功不独居，过不推诿。

17. 不贪财，不失信，不自是，有此三省，自然人皆敬重。

18. 古人成大事者，规模远大，综观密微，二者缺一不可。

19. 对父母要孝顺，当官要清廉，做事要勤恳，持家要节俭，为人要诚恳，待人要和睦，读书要刻苦，交友要谨慎，相争要忍让，见义要勇为。

（包发生　供稿）

朱　氏

《朱子治家格言》

黎明即起，洒扫庭除，要内外整洁。既昏便息，关锁门户，必亲自检点。一粥一饭，当思来处不易。半丝半缕，恒念物力维艰。宜未雨而绸缪，毋临渴而掘井。自奉必须俭约，宴客切勿留连。器具质而洁，瓦缶胜金玉。饮食约而精，园蔬胜珍馐。勿营华屋，勿谋良田。

三姑六婆，实淫盗之媒。婢美妾娇，非闺房之福。奴仆勿用俊美，妻妾切忌艳妆。祖宗虽远，祭祀不可不诚。子孙虽愚，经书不可不读。居身务期质朴，教子要有义方。勿贪意外之财，勿饮过量之酒。

与肩挑贸易，勿占便宜。见贫苦亲邻，须多温恤。刻薄成家，理无久享。伦常乖舛，立见消亡。兄弟叔侄，须多分润寡。长幼内外，宜法肃辞严。听妇言，乖骨肉，岂是丈夫。重资财，薄父母，不成人子。嫁女择佳婿，毋索重聘。娶媳求淑女，毋计厚奁。

见富贵而生谄容者，最可耻。遇贫穷而作骄态者，贱莫甚。居家戒争讼，讼则终凶。处世戒多言，言多必失。毋恃势力而凌逼孤寡，勿贪口腹而恣杀生禽。乖僻自是，悔误必多。颓惰自甘，家道难成。狎昵恶少，久必受其累。

屈志老成，急则可相依。轻听发言，安知非人之谮诉，当忍耐三思。因事相争，安知非我之不是，须平心暗想。

施惠勿念，受恩莫忘。凡事当留余地，得意不宜再往。人有喜庆，不可生妒忌心。人有祸患，不可生喜幸心。善欲人见，不是真善。恶恐人知，便是大恶。见色而起淫心，报在妻女。匿怨而用暗箭，祸延子孙。

家门和顺，虽饔飧不继，亦有余欢。国课早完，即囊橐无余，自得至乐。读书志在圣贤，为官心存君国。守分安命，顺时听天。为人若此，庶乎近焉。

（朱祥权　供稿）

伍　氏

十　训

一训报国齐家；二训安分守法；三训修身立德；四训夫正妇贤；
五训重教树人；六训尊老敬贤；七训睦族友邻；八训勤俭正业；
九训谨慎婚配；十训慎终追远。

十　诫

一诫不忠不孝；二诫不仁不义；三诫无良无信；四诫无廉无耻；
五诫无节无礼；六诫无理取闹；七诫恃强凌弱；八诫酗酒滋事；
九诫赌毒淫盗；十诫交友不慎。

（李治权　供稿）

华　氏

族　规

爱祖国、孝父母、友兄弟、慎婚配、和夫妇、笃宗族、和乡邻、慎交游、重廉耻、明礼让、讲信义、崇气节、立志向、勇改过、勤务农、习工艺、求实学、黜浮华、图进取、戒争讼、守法律、禁吸毒、诚祭祀。

（华梓祥　供稿）

刘　氏

格言十则

立身其正其言，待人以厚以宽。
教子唯忠唯孝，治家克勤克俭。
存心能忍能耐，做事不偏不倚。
接物勿欺勿怠，处事曰谨曰廉。
尊长毕恭毕敬，交友与德与贤。

戒律十点

赌博　酗酒　淫乱　斗殴　行骗　蛮横　偷盗　争讼　懒惰　吸毒

家训八条

1. 敦孝悌

人于父母兄弟，未有不知孝之敬之者，且百行莫大于孝，而悌次之，不孝悌，人视之轻贱，虽有功名富贵，亦不足观矣。吾族共念之哉。

2. 睦宗族

族姓繁衍未免有远近亲疏之异，然万派一源也，故本族之中不必过于论理，但当有情。勤者劝之，贫者给之，强顽者忍之以感之，惟各念我同根一体之谊，则不睦者自睦矣，族人庶其勉旃。

3. 教子弟

家道盛衰视子贤否，我族耕读为业，当教以明理义、励志节，幸而上进，若浮靡轻佻虞作狡诈，大非修福积德之子弟，尔辈宜慎戒之。

4. 端士品

士居四民之首，士以气为主要，当秕稗豪华糟糠富贵，有吞吐一切之概，士之本色，见非必骄情傲物，盖宁方勿圆，宁直勿曲，不惟为族人生色，亦且为读书人吐气，我族旦暮望之矣。

5. 务忠诚

忠诚为立身之本，宁朴实勿狡诈，宁愚拙勿乖巧，发一念而必依于理，出一言而必本于心，吾愿族人守此意也夫。

6. 戒健讼

吾族深以健讼为戒，绅衿知履公庭之可丑，乡民知犯王法之可畏，循份乐业，相安无事，则家门清白，道德之士，必辈出也。墨冤大屈不在此限。

7. 戒奸险

事之坏良心，损阴德，莫甚于奸险之人，或因人有事而暗中取利，或唆人争端而阴快私嫌，种种心计，断行不得，况神目如电，阴谴必至哉，犹望尔辈密加省察焉。

8. 戒流荡

医贫有方，勤俭是已，招贫有术，流荡之人卒之。家业飘零，金钱费尽，寒无衣，饥无食，亲疏友嘲，求平民而不可得，是谁之过与？诸子弟其念之哉。

日常家规

行为规范，大家遵从；世代书香，门第光荣。
举仕登科，光耀祖宗；孝养父母，尊长必恭。
兄弟和睦，妯娌和顺；姑嫂姊妹，和睦相关。
诸姑伯叔，礼貌尊崇；忠义孝悌，荣辱与共。
亲友故旧，相互尊重；勿恃盛气，欺弱凌穷。
教子有方，切勿放纵；引人正途，学习用功。
虚心求教，不耻下问；待人处事，揖让谦逊。
心存集体，无私大公；贫贱不移，富戒骄横。
毕生奉献，立业建功；做事安排，有条不紊。
强筋苦志，牢记心中；求知必学，学则精通。
长知求识，拼搏猛攻；官以德政，廉洁奉公。
为医讲德，救死扶伤；为商公平，勿欺叟童。
为民务本，辛勤耘耕；各司其职，尽职尽能。

婚丧喜庆，以俭为荣；嫁女择婿，遴选厚重。
娶媳求贤，切忌骄容；节酒戒色，赌毒勿混。
交友择邻，取义慎重；仁慈藏厚，少巧谦恭。
取财有道，不义勿贪；勤劳踏实，心中荣光。
家国情怀，忠于职守；关心社会，不忘大众。
高风亮节，德高望重；优良传统，我族醇风。
训谕后人，弘扬贯通；传统美德，载誉我宗。

家　训

孝道当竭力，忠勇表丹诚，兄弟相互助，慈悲无边境，勤读圣贤书，尊师重如亲，礼仪勿疏狂，避让敦睦邻，怜悯孤寡贫，敬长与怀幼，谦恭尚廉洁，绝戒骄傲情，字纸莫乱废，须报五谷恩，作事循天理，博爱惜生灵，处事行八德，修身奉祖神，儿孙坚心守，成家种善根。

（刘德谁　供稿）

姚坊刘屋家训

家　训

敦孝弟：孝弟为百行之首，凡为人子弟者不可忍灭天性，兹我族子孙，宜敦孝弟于一家。

睦亲族：宗族为万年所同，虽分房系支派，实源同一脉。

和乡邻：乡邻同井而居，出入相友，守望相助，不可相残相斗，视异姓同骨肉之亲。

明礼让：礼让为处世之道，应提倡谦逊之风。

务本业：士农工贾，各有其业，业精于勤荒于嬉，凡务其业者，宜自食其力，切勿闲游无度。

端士品：士为民之首，为官者要明礼义，隆其名，贵有其实，若荡检逾闲，不求上进，后悔莫及。

隆师道：师道为教化之源，尊师重道，正以崇其教也，宜尊之崇之。

修坟墓：坟墓为藏祖先魂骸，要常整修、祭扫。

戒犯讳：子孙择名时，不得择父兄叔伯之名。

戒争讼：争讼非立身保家之道，争必有失，祸从口出，宜忍让，勿导致亡身及倾家荡产之悔。

戒赌博：赌非人生正业，一入赌场，百业俱废，人格亦轻。宜守本分，切勿贪财，害累终身。

戒淫恶：淫是万恶之源，宜检身防过，免损名节。

戒犯上：不得以卑凌尊，以下犯上，宜尊长敬老。

戒轻谱：家谱是一家一族之宝，应爱惜珍藏，以传后世，详悉源流，查考世系。

族训诗

骏马骑行各出疆，任从随地立纲常。年深处境皆吾境，日久他乡即故乡。

早晚勿忘亲舍语，晨昏须奉祖炉香。苍天佑我卯金氏，二七男儿共炽昌。

（刘家辉　供稿）

江　氏

庙前族规

祖功宗德，忠厚之遗泽孔长；肖子贤孙，诗书之缵承宜凛。夫世代远，则户口日繁；良楛秀顽，四民不无资禀之异。修其教，不移其俗，齐其政，不易其宜，惟在整齐约束之得其道耳。传曰：父兄之教不先，子弟之率不谨，此物此志也，罗列九条，以申家约。

一、敦孝弟

孝为百行之源，弟亦五伦之大。故立爱自亲始，庭闱之地有婉容，家道必威；立敬自长始，骨肉之间无凉德，门第必兴。夫养志何分贵贱，即耕田凿井，菽水亦可承欢；友慕何问亲疏，即隅坐随行，几杖亦关至性。大纲已立，小节斯张，凡我族人，各宜致意。

二、睦宗族

古者，乡田同井，出入相友，守望相助，疾病相扶。同井之人，尚且如此，矧同族乎哉？诗曰：岂无他人，不如我同姓。又曰：凡今之人，莫如兄弟。盖以一本之亲，常则饮酒傧边，伏腊岁时，并敦洽比；变则救灾患，水旱疾疫，共相扶持。惟劝善规过，裒多益寡，斯堪佑启后人。若恃众暴寡，以强凌弱，何以仰对祖先？即偶有违言，亦要平心和气，论理论情，敦请族长论曲直。理曲者，固不敢抗遵依即，理直者，亦不敢过为已甚。苟曲直一分，即要复归于好，以全亲亲之谊。

三、慎职业

函矢巫匠，同是业也，心术因之而异。孟子曰：故术不可不慎也。盖士农工商，成就时皆堪富贵。断不敢为倡优吏卒，以附累代之清风；尤不可奔走衙门，以削祖宗之元气。

四、励儒修

文章为立身之具，少年为学，不可不勤。盖映雪囊萤，讵非苦读？断齑画粥，皆为寒儒。况倚楼步月之宗风具在乎？凡兹往哲，皆可为师。维尔后生，宁毋自勉？毋逞聪明而踵佻达之习，毋因愚鲁而生暴气之心，毋见异而思迁，毋半途而自废。试看纡青拖紫，孰非积学之人；即至耀祖荣宗，尽是行修之士。

五、勤耕种

稻粱黍稷两闲，原有不尽之藏；收获耕耘四时，自具无穷之利。夫天地有斗畜，风霜雨露，承天者，端在人谋；地利有肥饶，燥湿刚柔，因地者，必资人力。故出而作，入而息。帝治首在能勤，而无旷土，无游民；王政先行禁惰，惟水耕火耨，能尽东作之勤。朝饔夕飧，自得其养。传曰：民生在勤，勤则不匮。治生之道，亦致富之基焉。

六、尚节俭

天地有自然之美利，开其源者惟勤；物力只现在之孳生，节其流者在俭。夫一日之奢，偿以数年之俭而不足；数年之俭，败于一事之奢而有余。流之已竭，后将何继？况用之奢者，取之不得不贪，算及锱铢，欲深溪壑。及其竟也，寡廉鲜耻，诈骗谄求之事，无所不为，不俭之祸烈哉！故圣王制礼，冠婚丧祭，自有一定规模。而后世守常，饮食衣裳，不敢十分靡费。守宁俭毋奢之训，存量入为出之思。衣食既足，礼义自兴。

七、禁匪为

礼义廉耻，谓之四维。四维不张，国乃消亡。国者，家之积也。治国然，治家何独不然乎？夫青衿佻达，先贻城阙之讥，即赤子游嬉，亦非门庭之福，况乎呼卢喝雉，尤属逾闲荡检之行。下至鼠窃狗偷，更为丧节败名之事。心术已坏，品行尤乖。务须杜渐防微，毋使暗滋潜长。如有不谨之行，必严楚之罚。

八、重宗祧

根深者叶茂；源远者流长。祖宗积德累仁，数百年始有此绳绳蛰蛰，而一索再索，孰非积善之余庆乎？若有子而出继与本房之裔为子，同是我公之裔，此继彼承，可也。若卖于异姓与外房，是自绝宗支，乃是祖宗不孝之子，即以不孝之罪处之。若无子而立同姓昆弟之子以为子，既符昭穆，得续宗祧，则兄弟之子，犹子也，可也。若买异姓之人以为子，是自紊宗支，亦是祖宗不孝之子。至于娶有娠之妇，所生之子，既非血胤，即是他族，谱中不录，以免吕易嬴，牛易马之祸。

九、禁吃烟

鸦片流入中国，为害最深。嗜之者，皆鹄面鸠形，尪羸佝赘，无不荒工废业，荡产倾家。甚至夤夜穿窬，沿门托钵，以及一切鲜耻昧良之事，甘心俯首为之。甚哉！鸦片之毒，有甚于附骨之疽，可不惧哉！况今国家厉禁森严，既嗜者，固宜速行戒脱，未嗜者，尤当视如恶臭，见而远之，不敢稍有玷污，以贻终身无穷之祸。

（江初祥　供稿）

池　氏

家训十条

隆祀典

夫人立身天地间，固赖父母以生，而父母而上又有祖宗。然祖宗之去我既远，苟非克敦祀典，其何以昭孝享乎。吾族前已立有祭田，为后嗣者当更为之益产业厚公帑，以隆蒸尝，每届春秋必洁粢盛肥腯，内尽诚外肃仪，洞洞属属，俾升降拜跪之际，无有失礼，庶几我祖我宗来格来享焉。

倘有不肖子孙，败祭田蒸尝者，除送官严惩外，仍合族公逐之，以诛其不孝之罪。

敦孝友

夫人谁无父母，谁无兄弟，而天性之恩宜敦，手足之谊宜笃。故古人有诵《蓼莪》而增伤，咏《棠棣》而生感者。何今人止为一己而忘其亲长，甚且稍有不合，遂至行乎悖逆。夫人而逆亲长，其与禽兽何异。倘吾族有出此者，轻则家法严惩，重则送官究治。

睦族属

九族之亲，原一本之所流传也。理应共相亲厚，方不失宗党之谊。族庭间能相爱以恩，相接以礼，是使远犹近，疏犹亲也。凡我族属勿因微隙而伤同宗共脉之好而得矣。

慎嫁娶

娶妇必贤，不在貌之妍丑，奁之厚薄。妇诚贤，凡琴瑟之好，室家之宜，麟趾之祥，胥托之焉。苟图貌与奁而娶，恐妇职不修，上则羞宗玷祖，下亦辱子污孙，讵徒内助之无人云尔也。嫁女必择婿，婿诚贤，则终身之托，门楣之光，实利赖之。尤务年貌相若，门户相当。设贪重贿之纳，而于寒微下贱老少悬殊者，轻以女委之，不但为人所齿，且贻合族之羞。是使女所事而失终身之仰望也。嫁娶可不慎欤？

崇节俭

且自茅茨土阶而琼室瑶台，草衣卉服而衮冕绣裳，汗樽坏饮而笾豆簠簋，人情之易趋于奢侈也，振古如斯矣。然奢侈则靡费。一至于费之靡，未有不竭其财者。财既竭，斯穷有难堪，故财用必尚乎节俭。告我族人，宫室毋华，衣服毋美，饮食毋丰。凡婚姻丧葬称家之有无，量入为出，常留有余，则财足矣。

警游惰

凡人之品不一。其中之秀者士，朴者农，智而巧者工商。业各不同，惟务勤则一。勤者可以致富致贵，即次亦可以养身，而选及于妻子。若安怠惰而游手游食，恐一旦不继，廉耻尽丧，则放辟邪侈无所不为。尔时罹刑罚，而上玷祖宗，下辱子孙，其罪奚容。凡我后人可不猛省欤。

禁嫖赌

从来好嫖赌者，鄙为败子。迷花恋色，银钱而粪土撒之矣。斗牌掷骰，资财而毫毛燎之矣。岂唯败家，而且败俗。一人倡之，众效尤焉。群然集处，祖孙父子无分尊卑，叔侄兄弟无分长幼。更有主仆不辨，贵贱疏戚不察，好歹相聚而戏，大伤风化。若不禁止，上倾祖宗之基业，下坏儿孙之习俗。况家财尽而盗心随之而生，赌风炽而寡廉鲜耻之事罔所不为。此真见而伤心，闻而切齿者。吾族有不肖犯此者，通官究治，庶免贻害本族，贻笑他人也。

禁盗贼

人之无良莫甚于盗。掠人之有以济己之无，全不顾人身家性命。又不顾己之名节廉隅。乃天理所不容，人情所共恶，王法所必诛者也。原其所自，盖由不务生业，致苦于饥寒，故流入匪类，而肆行无忌。如是若吾族不幸而有出于此者，小则家法严惩，大则送官重处。庶几盗风息而淳风复矣。

戒争讼

上世讼以求平，晚近讼以求胜。凡因户婚田土鼠牙雀角之争，微论当理与否，辄讼于公。谒权门趋当道，行贿纳赂，以求决胜。胜者一时之志难得，及计所费，而家已倾产已荡，悔无及矣。负者忍气受辱，而中藏忿恨，何日忘之。此仇怨相寻，无时已也。讼之为害，必至于此。故人当平其心，心平则气和，气和则相让而不相争。讼不待戒而自无，而自家亦可以保矣。我族须切记之。

遵法禁

窃惟安分守己，大道维昭。远害洁身，交游必谨。在昔聚众赛会，久奉例禁之严。况名曰添弟，合从肆横，生端滋祸，尤为不法。凡子孙有入此会者，不许入祠载谱。

正行术

先贤有云，择术不可不慎。是以商贾农民百工技艺，多载简篇。唯差役则殊弗尚。夫岂非人所为，但一置身其间，便逞威作恶，上违宪谕，下悖家规，鱼肉乡愚，肆行无忌。故俗曰衙。今为子孙，切勿身充差役。其有从前有做者，姑置不计，自兹以后，如若新充，不许入祠载谱。

（池开养　供稿）

汤 氏

祖 训

1. 敬天地

大德无疆，厥惟天地，雨润日暄，风行雷厉，养育群生，万古勿替，戏豫驰驱，只自取戾，敬之敬之，是在诚意。

2. 礼神明

威灵显赫，厥惟神明，尔室相在，勿见勿闻，夙兴夜寐，洁供粢盛，以妥以侑，惟寅惟清，质旁临上，勿爽权衡。

3. 尊君上

惟君之德，溥及万方，中和位育，时若雨旸，恩深覆帱，共乐徜徉，炰羔奉酒，祝寿跻堂，愿言献曝，拜手赓扬。

4. 孝父母

父生母鞠，罔极深恩，承欢祗事，木本水源，温凊冬夏，定省晨昏，捧盈执玉，颂祷椿萱，丧哀祭敬，重裕后昆。

5. 和夫妇

夫义妇顺，如鼓瑟琴，正内正外，福禄来临，宜尔家室，和乐且耽，绸缪义切，伉俪情深，流芳苹藻，秩秩德音。

6. 睦兄弟

兄友弟恭，理宜亲睦，傥不兼容，尺布斗粟，昔日姜肱，大被同宿，吹埙吹篪，如手如足，式好同心，无伤骨肉。

7. 敦师谊

惟师教授，体分尊崇，礼取博喻，易重发蒙，游扬立雪，情谊何隆，问难请业，就养服动，心丧三祀，君文攸同。

8. 笃交情

惟友切劘，是为心腹，籍订金兰，迁乔出谷，善劝过规，作为式谷，慎勿猜虞，云翻雨覆，事贤友仁，熏陶涵育。

9. 课诗书

增光门第，诵诗读书，辛勤搜讨，讹辨鲁鱼，一生职业，万事权舆，库储元凯，帷下仲舒，知人论世，莫负居诸。

10. 劝稼穑

民生在勤，各司厥职，无逸名篇，首重稼穑，惟黍与与，惟稷翼翼，是蓘是蔗，出作入息，春秋禴尝，以为酒食。

11. 守俭约

处身立身，贵崇俭约，毋涉奢华，毋为耽乐，日用周旋，自甘淡泊，敬直义方，容止俨若，净涤靡风，光明磊落。

12. 尚廉让

希圣希贤，自立名望，洁己惟廉，与人惟让，屏绝贪私，彬彬雅量，勿趋末流，随波逐浪，君子存心，克成直谅。

13. 务诚信

束身儒林，务存诚信，无伪无欺，恐惧戒慎，立身有常，修己以敬，金诺鼎言，芳名远震，特达圭璋，德音玉润。

14. 崇正直

立品端方，好是正直，邪曲胥蠲，古训是式，澳涩依阿，是为失德，视听貌言，无容差慝，树厥表坊，为子孙则。

15. 联宗族

同姓亲疏，莫非宗族，血脉相连，昆弟伯叔，玉笋班班，花团锦簇，傧尔豆笾，山肴野蔌，情志相孚，何来怨讟。

16. 和乡邻

相友相助，是为乡邻，随时周急，敬老恤贫，岁时伏腊，饮蜡歆豳，吊贺庆祝，足见性真，风醲俗厚，和蔼如春。

17. 屏私嫌

天真坦白，勿挟私嫌，伤人暗箭，痛下针砭，心无忌刻，身自端严，天人可质，大言炎炎，潜移默化，气静神恬。

18. 急公义

浩气流行，惟奉公义，踊跃赴功，毋图名利，硕彦襟怀，高人节谊，稍有逡巡，难逃清议，卓彼先贤，克干大事。

19. 凛国法

弼教明刑，是为国法，矩步规行，毋容亵狎，遇事辛勤，
先庚后甲，凛之凛之，彷徨周洽，君子常怀，敬德修业。

20. 守家规

祖宗遗训，世守家规，耳提面命，聪听勿违，整齐严肃，
切戒嘻嘻，勤俭为本，耕读为基，一门孝顺，合室咸宜。

家　训

德优、体健、业精；惜时、博学、奋斗。
生命不息、创（新）奋（斗）不止。

家　规

遵纪守法、孝老爱幼、尊师友人、勤俭尽职。

家　风

整洁、和谐、向上。

家　教

良好的习惯养成务必从娃娃抓起。

（汤权斌　供稿）

杨　氏

家　训

顺父母

父母者，天地也。顺父母即顺天地，逆父母即逆天地矣。故百行以孝为先，养育之恩永世难报。孝顺必有孝顺子，忤逆终养忤逆儿。只顾妻子儿女而不赡养父母者，如禽兽也。敬老好儿女人人称赞，以为榜样；虐待父母者，

家法应训之，国法应惩之。

睦兄弟

兄弟者，手足也，骨肉也。世间最难得者，兄弟也。兄弟间或因语言伤和，或因财产相争，或听信妇人谗言，萋菲便成贝锦，以致骨肉相残，大则惨伤构讼，互打官司，小则朝夕怨言，一时之忿，终身阋墙，所谓同室操戈，或家破人亡，或不如相交朋友，成为父母之过错，你本身又何必生儿育女也。为人者以友为兄弟，族人当睦更有于别。宗族之兄弟，是一脉相传，更应敦睦和谐。

和宗族

宗族者，同宗共祖之人也。虽有亲疏贵贱之别，其始同出于一人之身，故尧典曰亲睦九族，周室则大封同姓，宗亲之谊，由来重矣。今世俗浇薄，间有挟富贵而厌贫贱，恃强众而凌寡弱者，独不思富贵强众，为祖宗身后之身乎。观于此，而利与害共，休戚相关，一体同视可也。凡我族人，当和宗族。以强欺弱者，家法诛之，国法惩之。

完国赋

赋税者，朝廷国课也。依期交纳，及时完成，是公民之本分，抗税不交，抵赋不纳，有损于自身的人格，拖欠欺骗，贻误乡村，严重者则受法律之制。凡我族众，应以自觉完成所任赋税，则是报国之表率也。

务勤俭

勤俭者，起家之本，传家之宝也；立业之基，人生所当务也。勤而不俭，则财流于奢；俭而不勤，则财终于困。人世间，常见名门世族，莫不由祖考勤俭，以成立之本。下代之祸，莫不由子孙奢侈，以败家之业。盖俭则富贵长保，家计不难振兴。倘男不务耕作，女不事机杼，好逸恶劳，鲜衣美食，一旦骄惰，俯仰无资，将祖资财一败而空，鹑衣漏食。凡我族众，当务勤俭。

勤耕读

我祖教诲，守祖宗一脉相传，克勤克俭，教儿孙奉行正道。宜读宜耕，耕读者遂生复性之良策也。王政首重农桑，大学必先明德。语云："地内出黄金，一字值千金。"又古训曰："少壮不努力，老大徒伤悲。""有志者，事竟成。""一夫不耕，或受之饥。"又曰："子孙虽愚，经书不可不读。"凡我族人，当耕读也。

谨丧祭

丧祭者，慎终追远之大事也。丧尽其礼，祭尽其诚。父母在生之时，尽力供养，逝后要从俭治丧，毋须无财大操大办。丧事从简，也不能俭而不顺民情。凡我族人，当慎谨丧事也。

肃闺门

闺门，为起化之源，家规不可不肃。男大当婚，女大当嫁，古之常情。应扫除旧的男尊女卑、重男轻女的思想，提倡男女平等。

慎嫁娶

嫁女乃人伦之始，联姻不可不慎。男女婚姻，不能包办代替。嫁女择佳婿，娶媳求淑女，勿求厚奁，重取聘金，贻误后代子女。凡我族众，当共凛之。

安本分

本分者，人生分内当为之事也，未老不能享老之福，未贵不能享贵之福，未富不能享富之福，未官不能享官之福。凡事尽在其中，不以干名犯义，而取优辱。人要经少中壮老，享受要与年龄相当，超前享受害自己，勤劳发奋富终身。安分守己，立志做人。好逸恶劳，贪图享受，葬送自己。凡我族人，应共戒之。

禁非为

守法奉公，全躯保身之要道，灭理犯义，亏体辱亲之污行。工、农、商、学、兵，各有本业，为官为民，社会之分工。偷抢嫖娼，为非作歹，法律之不容。为人者，切忌把个人幸福建立在他人痛苦之上。目不视恶色，耳不听恶声，长幼有别，老少有分，敬老尊贤，社会之美德。好淫喜赌，则是偷盗之祸根。吾族忠厚传家，清白世宗，岂容不肖子孙败坏家风。凡我族人，立应禁之。

守公法

公法乃治国之法，守法是爱国公民；杨震家风名千古，清白世代把名扬；文明礼貌人称赞，知法犯法罪应当；当官要为民谋利，为民要为国担当。

记铭言

黎明即起，洒扫庭除，要内外整洁。夜睡早起，关锁门户，为安全着想。

米粟一粒，半丝半缕，银钱毫分，当思来之不易。

祖宗虽远，祭祀不可不诚；子孙虽愚，诗书不可不读。穷不丢猪，富不丢书。

居身务求质朴，训子要以义方，言传身教，当启蒙者。一言一行，必须有利于儿女成长。

莫贪意外之财，莫饮过量之酒。肩挑贸易，勿占便宜，见贫苦亲邻，必加温恤。刻薄成家，理无久享。伦常乖舛，立见消亡。

弟兄叔侄，勿争多论寡，长幼内外，宜法肃词严。听妇言，乖骨肉，岂是丈夫。夫妇平等，互相体谅，才是男人。

勿歪戴帽子斜穿衣，正人先正己。重资财，薄父母，不成人子。嫁女求佳婿，勿索重聘。娶妻求淑女，勿计厚奁。

见贫贱而有骄态者，贱莫甚。见富贵而生淫心者，最可耻。

居家戒争讼，讼则终凶。处事戒多言，言多必失。

依仗势力，而凌孤逼寡，捧红踏黑，非人生之阶。欺穷敬富，乃不道之人。

六言家规明训

古遗家规明训，裕后房族儿孙。先祖历代厚德，尔我后人沾恩。
但我族众人繁，贫富不以均匀。富者休夸福分，贫者莫怨祖人。
人生勤劳为本，懒惰难了终身。父慈子孝尊重，兄友弟恭和平。
有子必须教读，有女谨慎闺门。幼儿从小教训，惯惜娇养不成。
年轻学习正业，偷赌两字误人。财要公平义取，酒能好人误人。
兄弟同胞手足，休听闲言伤情。昔有张公百忍，九世同居不分。
江州陈氏孝和，家口七百余人。家和人兴财旺，勿以小利相争。
亲富难靠大力，好歪还是族人。邻里乡党和好，是非不入其门。
九族五伦敦重，国家法纪钦尊。此系人伦道理，族正万古标名。
世有朱子家训，后代传子传孙。

杨氏家规

不准虐待父母　背离伦理　不准忤逆无道　不孝行为
不准歧视兄弟　姐妹妯娌　不准在族淫乱　禽兽行为

不准虐待子女　重男轻女　不准夫妇相欺　损害家庭
不准包办婚姻　骗取钱财　不准血表结亲　影响后裔
不准奢侈淫逸　败坏风俗　不准纵子非为　罪及父母
不准好逸恶劳　拨弄是非　不准铺张浪费　腐化为之
不准偷盗赌博　触犯法律　不准骄横无惮　欺族凌戚
不准刁唆进谗　制造事端　不准窝藏坏人　陷害好人
不准酗酒滋事　扰乱秩序　不准趋炎附势　行为越轨
不准损害公益　肥私利己　不准打击报复　倒颠真理
如有故意违犯　讼之公理　家规国法昭彰　族众谨遵
今立明训家规　告诫族人　汝等遵依执行　乐及平生
如若置之度外　纵性非为　轻者必当损财　重者丧身
此乃合族拟订　示尔谆谆　族众谨遵勿忘　福荫子孙

（杨彬芳　供稿）

李　氏

连城李氏族训族诫新编

十　训

一训爱家国，遵法纪；二训敦孝悌，和亲邻；三训正心术，端品行；四训知廉耻，积德善；五训明礼让，通情理；六训尽职责，尚勤俭；七训严教诲，重读书；八训笃信敬，慎交游；九训延嗣续，慎婚配；十训修祠墓，崇祭扫。

十　诫

一诫叛国不孝　二诫谣言邪教　三诫赌毒匪盗　四诫懒惰乱伦
五诫坑蒙拐骗　六诫酗酒斗殴　七诫恃强凌弱　八诫骄奢浪费
九诫见利忘义　十诫轻生出家

（李治权　供稿）

城西李氏家训

祠规

1. 洁祭祀；2. 序昭穆；3. 定尊卑；4. 睦亲族；5. 谨言行；6. 恤孤寡。

家规

1. 事亲孝；2. 敬长悌；3. 谨家政；4. 肃闺仪；5. 早训教；6. 慎交游；7. 安婚媾；8. 慎丧葬；9. 谨祭祀；10. 严继嗣；11. 勤职业；12. 御仆侍。

（李治权　供稿）

城南李氏家训

家训

——训孝顺父母

人之百行，莫大于孝，家庭中有善事父母，克供子职者，理合褒嘉，呈请给匾，以旌孝行。

——训敬老尊贤

高年、硕望、模范，具为国家，且有优待之典，族姓可无推崇之文？今与子姓约，尚敬礼之，毋或敢忽。

——训和睦亲族

子姓蕃衍，皆祖宗一脉分形之人，忍漠外亲乎？凡我族人尚笃亲亲之谊，方不愧为望族。

——训勤读诗书

报国荣亲，诗书之泽甚大，凡我子姓，有志诵读者，品行文章，着力砥励，或列广序，或掇巍科，非特祖有光，亦副族人之望。

——训诚实正业

农工商贾，各有专业，敦本务实，乃克有成，凡我子姓，宜执其业，实其职者，方为齐家子孙。

——训早完钱粮

钱粮为惟正之供，输纳实臣民之分，凡我族人，宜各早完，毋累亲族。

族　诫

——诫不孝不友

五伦之大，孝友为先，倘明发有亏，天显罔念，甚不足齿，维我众人定以不孝、不友之罪，罪之。

——诫挖卖祖坟

宅兆安厝，祖先之灵爽所栖也，俗有不肖之徒，以卖坟墓为生涯，忍心害理，莫此为甚。倘子姓蹈此恶习，众削其图谱，呈官重惩，永不许入祠与祭。

——诫为匪乱伦

淫乱一事，律载五刑，况灭伦坏纪，尤禽兽不如。子姓若犯此禁，削其图谱，拒其与祭，家法所在，绝无轻纵。

——诫承充隶卒

隶卒，世所共耻，以是人而列谱系、与祠祭，岂不玷祖宗而坏家风。倘有误践者，宜亲房令从正业，如固执迷，图谱摈黜。

——诫欺祖霸尝

祖宗尝田，完粮办祭所从出也，如有抗欠，借端欺霸，以致祭祀不敷、钱粮贻累，情同悖祖，众共攻之。

——诫酗酒打架

家燕合欢，礼法所在，若酒酣耳热，攘臂逞凶，乱我笾豆，礼法奚存，长少虽异，均当惩戒。

（李治权　供稿）

新泉（杨家坊）李氏家训

祖　训

——训热爱祖国，忠于民族

国家、民族高于一切。凡我族人，要尽自己能力为国为民做出贡献。有功于国家民族者，予以褒奖，事迹记入族谱，以励后裔。

——训遵纪守法，和睦宗族

法律、法规乃国家安定之根本。凡我族人必须遵守国家法律，维护公共秩序，尊重社会公德，保持和弘扬我族文明之风。

千支同根，万脉同源，宗族吾身之亲。凡我族人，不得相残，不得相欺，有难相扶，有灾相济。

——训孝顺父母，敬老尊贤

百善孝为先，赡养父母是子女应尽的义务和职责。凡是族人必须克尽子职，善事父母。

尊敬年高硕望者，是中华民族的传统美德。凡我族人都要尊长、敬贤，以示文明。

——训兴教育人，勤奋学习

教育是人才培养之基和立国之本。凡我族人必须尊重知识，尊重人才，尊师重教，重视子女的培养。掌握科学知识，方能报效祖国，荣宗耀祖。凡我族人务须励志求学，努力上进，力争做有理想、有道德、有文化、有纪律的人。

——训立本业，克勤克俭

士农工商各业造就社会繁荣。凡我族人务必敦本务实，各勤其业，拼搏进取，自强不息。

克勤克俭治家上策。凡我族人务须牢记"旋马遗风"，廉洁自律，克己奉公，勤劳俭朴。

——训敬奉祖宗，爱护祠墓

祖祠乃先祖英灵之所倚。凡我族人均要保护祖祠，定期祭祀，缅怀先祖之功，不得占用，不得毁坏。

祖墓为先辈遗骸之所安。凡我族人均要爱护祖墓，春秋祭扫，寄托哀思，不得自损，不得撂荒。

族　诫

——诫叛国投敌

国以民为本，民以国为家，叛国投敌者，不齿于国人。族人若犯此条，削其图谱，不许入祠与祭。

——诫为匪作盗

为匪作盗国法不容。若犯此禁，族众决不庇护、纵容，报官法办，通报族众以示惩戒。

——诫不孝不友

五伦之大，孝友为先。孝，善事父母；友，友爱兄弟、亲朋。不孝不友，天地不容，族人共责之。

——诫吸毒赌博

吸毒赌博亡身倾家之源。族人若犯此禁，以不肖子弟责之，以败家之罪罪之。

——诫嫖娼卖淫

嫖娼卖淫，十恶之首。凡我族人务宜告诫子女，切不可犯此诫，保持一生清白，免受臭名玷污。

——诫酗酒打架

酗酒打架既伤身体又损和气。若酒酣耳热，攘臂逞凶，不论长幼，均受众责。

（李光化摘自《杨家坊李氏族谱》）

城东李氏家训

祖　训

为朝、积德、仰谦、书馨。

家　规

忠孝为本，仁义待人，耕读传家，勤俭立业。

（李治权　供稿）

严　氏

四堡严氏族规

一、急输公

朱文公家训云：国课早完，即囊橐无余，自得至乐，信斯言也。吾人当应急输，庶免差掾之虑。

二、承顺亲

父母系吾生身之本，贫则菽水承欢，富则鸡豚逮养，言听意从。生事奉，死祭葬，吾侪安敢推诿。

三、敬长上

伯叔兄弟，昭穆攸关，岂可率意妄行，侄克尊兮弟克恭，兄友弟恭，其乐融融。

四、勤事业

士农工贾，各宜请供克勤，士克勤而显亲扬名，农克勤而仓箱有庆，工克勤而艺精廪丰，贾克勤而交平获利。吾家具有四美，安有不光大门闾者。

五、戒悖伦

不忠不孝谓之大逆，奸淫邪盗谓之不道，吾族流传至今，从无辈出。倘有游手放荡忤逆悖伦，男则捍逐削谱，妇则发嫁归宗，断难姑纵不贷。

上录规例五则，以象五伦，语虽泛常，实为切己，当佩诸绅，时恒猛醒。愿吾族世世子孙谨守奉行，矢公矢慎永矢弗替，倘有一乖忤及过失，互相规诫，如或冥顽不悛，合族共攻，不陷于非礼非义之场，庶几无辱于祖德，无玷于宗功也，斯亦幸矣。若夫嘉言懿行，纲举目张，端有待于后世秉笔，贤肖子孙，诚为厚望焉。

（严仰云　供稿）

巫 氏

家 规

家之有规，犹国之有法。然国法治于未事，家规禁于既事，所系为尤急也。我族户口日蕃，防微杜渐，不可不慎。因立规条若干，事不嫌于琐屑，语无取乎艰深，凡以求其易知易从，俾贤愚皆有所率循尔。

父子

父子之亲，天性也。父无有不慈，特患子之有不孝。孝亦不必苛求也，惟善体乎父母之心，如父母望子成名，即当奋志诗书，以图上进。父母望子耕田，即当勤力稼穑，以求温饱。父母望子学工商，即当尽力经营以专一业。又如父母畏子疾病，即当节制嗜欲，以保身体。父母畏子贫穷，即当爱惜钱财，以成室家。父母畏子多事，即当平和血气，以求免祸。如是虽不得为大孝，亦可以稍慰亲心，而不致获罪。若有忤逆不孝，或以家贫而懈供养，或以亲老而生憎嫌，或以督率而萌怒心，或以使令而生怨语；或以妻子之爱而疏定省，或以货财之私而忘本原，甚敢于父母之前，而显然干犯者，若斯之类，万剐犹轻。族房长即当鸣之于官，颁法重究。

兄弟

兄弟，手足也。人虽至愚，未有使手与手相残，足与足相残者，以其属在一体，知为痛痒故也。而不知兄弟之与兄弟，其痛痒莫不有如是者。夫兄弟本一父母所生，自形迹视之，则兄一人，弟一人。自父母视之，则一体也。以兄弟残害兄弟，则是分父母之血肉，而交相残害也，于心安乎？且论其残害也，或因微嫌小隙芥蒂胸中，即如手足间，偶生疥癞之疾，返之于身，必有坐卧不安者矣！是故兄当知友于之谊，弟尤当念天显之伦。如有同室参商，日相阋墙，不祥莫大。族房长处此，宜先详察颠末，若事可稍恕，或以理论之，以情晓之，使其归于和睦可也。如不获已，送官究治，不可姑贷。

夫妇

夫妇，道之造端也。不得戾情，亦不得溺情，而责则专归于夫男。何谓戾情？妇人见理未明，往往狃于一己之偏，而不知自反。惟为夫者，躬先倡率，事事导之以正，其或有小不是处，不妨宽为包容，默俟自化，若任一时血气，偶不如意，便恶言诟詈，必恩谊疏隔，夫妻反目，所由来矣！何谓溺情？夫情闺房静好之地，易于狎昵，不节以礼，心将陷入于淫，其在女子贤淑者，可无他虑。若为阴险之妇，一意奉承，百般献媚。为丈夫者，渐且入其彀中，始则渔其色，继则信其言，终且显予以权。主持家政，干预外事，甚且离间骨肉，招尤朋友。一念溺情，遂至于此。可不畏哉！有室家之责者，尚其思之。

朋友

朋友有信，固也，而要必以择交为先。日近于老成端谨之人，则吾有不好处，必直言告诫，受益自多。且不贪我钱，不要我吃，变故患难，事事可倚。是与善人交，为天下第一件大便宜处！若日近匪人，不惟坏我心术，损我品行，其设心处虑，无非谋吾所有，诱之声色，饵之以酒肉，势不至于破钞败家而不肯已。是与不善人交，为天下第一件大吃亏处！故曰择交为先也。人能择交，而后可以无失信于朋友。

戒酒

酒，固可以合欢，而亦最足丧德。旷观古来嗜酒之徒，或因此而偾事，或因此而致疾，或因此而破家者，种种召灾，不可胜道。且无论召灾也，即幸无事，而终日酊酩，笑语癫狂，成何事体！故量可饮五分，只可饮二三分；量可饮十分，只可饮六七分。总之，酒非养人之物，自冠昏祭祀外，不可多饮，亦不可常饮，愿我辈其慎之。

戒色

色者，人之所共爱也。然人知色之所可爱，而不知其可畏。姑勿论乱人伦常，紊人宗祀，冥冥中之有报应也。惑于色，聪明蔽，而足以丧志；牵于色，钱钞破，而足以丧家；困于色，精神耗，而足以丧身。且恶有贯盈之日，一旦泄露，或为人捕获，而献丑乡邻者有之，构讼公堂者有之，登时殒命者有之，人亦何苦贪此一刻快活，而招此莫解之祸耶！凡我子姓，各宜猛省，不特他人妻女，不可有苟且也。即自己夫妇之间，亦当相敬如宾，毋涉于淫。如有贪图非礼之色，甚且有关服制者，族房长即当鸣之于官，颁法究治。

戒财

财为养命之源。然不爱财者，非好人。而过于爱财者，亦非好人。盖我爱财，未必他人之不爱财。因我之爱财，而遂夺他人共爱之财，人能忍乎？人不能忍，势必怀恨于心，将悖而出，吾能长保此财乎？即吾之及身，幸保此财，而显招人怨，隐干神怒，其家必有横祸。或出不肖子孙，而败家荡产，前人之所得者，不偿后人之所失，庸有济乎？总之财有定分，分内之财，不可不爱。分外之财，不如勿爱也。

戒气

今日开口，动曰争气之云者。如见人大富，自己即当勤俭，而与人争为富；见人大贵，自己即当发愤，而与人争为贵；见人为君子，自己即当敦品立行，而与人争为君子。如此则气不大伸乎？本无所争，而有似乎争之也。若任一己之暴性，小有不合便忿戾难忍。以本身之言，则为怒气伤肝，必生疾病。以他人当之，君子则大度包荒，视如牛犬之不足较；小人则力相等，势相均，必致两下争，而大祸起矣！圣人云："一朝之忿，忘其身，以及其亲，非惑与？"即此之谓，然则人可不平气哉！

戒奢华

凡人处世，只犯得一个奢字，足以破家，更足以折福，何也？天地生财，原以供人之正用，非以供人之浮靡。苟不知节，一年之费，致耗数年之费。一人之用，致耗数人之用。毋论其为中下户也，即号称素封，亦立见其空匮矣！且不止于空匮也，暴殄天物，鬼神厌弃。又其人奢侈过度，嗜欲必多，匮或病或夭，而福亦折尽矣！是故《尚书》有曰："克俭于家。"俭非啬鄙之谓。惟量入以为出，不过于丰，亦不过于啬，治家之道，于此得矣！

戒游荡

人无论贫富，必有专业。自不致长其佚志，萌其邪心，而家可长保矣！业不一业，须视其人之资力以为定。聪明子弟，使之就学，上矣！若果悟性有限，亦当改图，切不可虚慕读书之名，致今年纪长大，筋力疲弱，百无可成，所误亦不浅也。须知人生天地间，断无废材，为农为商为工艺，各就一业，皆足以成家室，求饱暖，特在人之能自立志耳！苟使游手好闲，虚度日月，此即国家之游民，天地之弃物也。愿我辈共勉之。

戒争讼

争讼之端，费钱费业费心肠，居家所切戒也。戒之之道有二：其上者，横逆之来，如孟子之三个必自反，不可及矣；其次，则当退一步思量，又进一步思量，彼如一事也，人来欺我，便要心上打算一番，先要算着输，不要算着胜。非理之不可胜也，理即胜矣，而差役需索，门房讹诈，费几多钱钞来，受几多委曲来。与其忍辱于公堂而其费大，曷若忍气于乡党而其费小。所谓退一步者此也。至于进一步工夫，彼无理而敢于欺人者，必属凶徒，苟与之角，我输则固受其辱，我胜则亦结其仇，是不如让之为吉也。我愈让而彼愈横，我不杀他，必为人杀。是虽以奸雄之术处世，而亦戒讼之一道。

禁盗贼

盗贼之治，国有常刑，不必赘矣。而所以防盗贼于未然者，则专在父兄之责。其始，不可失于姑息。孺子无知，偶尔戏弄，匿人小物，父兄视为寻常而不之惩，日久手猾，遂成惯盗，此一弊也。其继，不可失于隐忍。盗贼之名，人所羞称，父兄救全体面，明知子弟为非，不肯声张，是讳盗适所以诲盗，一弊也。其尤甚者，不可好小便宜。父母行事，子弟奉为楷模，苟使贪谋小利，明知盗贼贱卖收买，家人习见，日与盗亲，出尔反尔，异日必出盗子孙，此又一弊也。除此三弊，而又有弭外盗之法在，盖贼必有窝，同里同室之人，必先知之。业已知之，不妨先以婉言开导，如不见听，然后合众力而驱逐之。否则搜获盗贼，送诸官而惩究之。此防盗之大端也，本姓族众人繁，不可不虑，万一有此，族房长必严加处治，勿稍延纵。

禁吸毒

毒品之害有三，而荒工废事，犹其后焉者矣！吸毒之人，多不生子，即生子，而亦多不育，绝祖宗之祀，一害也；毒品价格昂贵，过于纹银，食者必费钱钞，足以破家，二害也；食久必有瘾，考之医书，瘾为暗疾，即如腹生症瘕之症，足以丧命，三害也。现今国家禁吸毒品，甚为森严，有犯此者，族房长速行戒止，如不率教，鸣之于官可也。

禁邪教

邪教之所以惑人者，莫不诈言得有异书，或托符咒以治疾病，或托师巫以治鬼神，或托吃斋而拜佛念经，或托结义而聚盟拜会。其实皆借为掩饰官府之谋，以为蛊惑人心计也。愚民无知，误认为真。其初，尚未知其害也，及一入其术中，拜师投帖，彼得有所挟以制我，拒之则引其徒党以攻我，亲之则引其徒党以狎我。欲钱，则不得不与之用，欲食，则不得不与之餐，将家由此破矣。家既破，而养生无门，因亦学其术以传徒，我传徒，而徒复传徒，匪党日多，渐生歹心，国家法令森严，岂能容此？势必杀身灭家而无可逃。吾辈于目所见，耳所闻，若白莲教、八卦教、义和拳、哥老会、天弟会、千刀会，无不俯首就戮，一无漏网。往事历历，可为昭鉴，族房长更事已多，其于此等邪术须详为讲明，俾子弟知所惩戒，万一有不率教者，送官究治，不得暂宽。

谨祭祀

祭祀，礼之大经也。人之祭祖先者，徒以酒醴香帛，奉行故事，无济也。盖祭以报本，古人制礼，始为饮食者祭之，始为宫室衣服者祭之，示不忘所自也。况我为一本相传，如无祖宗，此身从何而来？与言及此有不知，其诚敬之心何由生也？祭祀之礼，期前二三日，必须斋戒沐浴，素具祭仪，及期，整肃衣冠，齐集祠内，分尊卑长幼，随班行礼。若有陨越失仪，跛倚以临者，当即逐出，不许分胙。

笃宗族

宗族，一本也。虽千百世以下，皆一祖宗所生，而况于五服之亲乎？自古兴发之家，太和一堂，尊长在前，凡卑幼辈，隅坐侍立，无敢少越。斯何如气象也！若小家子则不然，叔侄斗殴，兄弟分争，此等人家，销亡立见。若斯之类，族房长即当鸣之于官，颁法征究。

谨闺门

闺门，为帝王起化之地，一有不谨，则长舌厉之阶。冶容诲淫，防闲不可以不早也。防闲无他，操井臼，勤纺绩。即当无事，但令静处闺阃，不得招呼婶媳们，笑语戏谑。尤当分别男女，非特外人不与交谈，即弟侄辈，亦不可聚处偶语，此闺范之大概也。至于寺观之地，演戏之场，尤当绝迹。若有犯此，除归咎夫男外，仍将该妇唤至宗祠，聚伯叔父母等，质诸祖宗之灵，公众惩戒。

举族正

一姓之中，有族长，有房长，而尤重有族正。族房长，多属尊辈年高之人，不能任事。惟于各房之中，不拘年齿，公举正直谦明之人，奉为族正。凡同姓有是非口角事，投明族房长外，请族正判断。小事，则以家法处治；大事，则诉官究办。其理屈之家，固不得妄行怨怼，族正亦不得徇情。

护祖尝

祖尝凡二。一有祖手拨成，一有后裔集成，皆所以崇祀祖宗，纪念祖德，血食奕业，以维亲善一脉之义也。倘无尝业，祭扫无由，则其祖之葬所，其人之何传，莫不茫然。甚至坟茔失考，被人占去，其他更无论矣！所以古今尝厚之家，除春秋崇祭祖先外，如兴办学校，作育人才，或助贫苦子侄远方求学。及逢荒年，酌量赈济，诸凡善举，几皆借尝业之挹注有以成之者也。由此推之，尝业关系存殁之大，不其重乎！是故为人子孙，须如何爱护之，方不失为贤肖之裔。勿以私害公，致起纷争，勿以尊欺卑，把持独揽。务使一本至公，永作存殁之善举。倘有不肖，只顾一己之私，攘夺侵犯者，族房长族正，宜鸣之于官，严惩不贷。

十九则家规，因时势不同，略有增损，凡我族人均应恪守毋忽。

（巫声铸、巫伦淦　供稿）

吴　氏

培田吴氏家训

家训十六则

家之有训，所以昭示来兹，为子孙法守也。书曰：聪听祖考之彝训。诗曰：不愆不忘，率由旧章。愿我世世子孙守之勿忘。

1. 敬祖宗

维桑与梓，必恭敬止。矧乃祖宗，人所托始。

溯流穷源，虽远犹迩。春露秋霜，庶其毖祀。

2. 孝父母

父兮母兮，恩泽靡底。椎牛祭墓，何如负米。

毋贻亲忧，毋辱亲体。大孝小孝，备载于礼。

3. 和兄弟

戚戚兄弟，本之一人。如手如足，非越与秦。
有侮宜御，有财宜均。克笃天显，式用顺亲。

4. 序长幼

父事兄事，各视其年。随行雁行，毋与比肩。
凡属卑幼，各宜勉旃。以少凌长，维德之愆。

5. 别男女

男女别涂，授受不亲。别嫌明微，风化乃淳。
嘱尔家室，各宜自珍。桑中溱洧，贻诮风人。

6. 睦宗族

惇叙九族，古有明训。一木之亲，无分远近。
相侃相赒，释争解忿。岂若涂人，肥瘠不问。

7. 谨婚姻

婚姻之礼，万化之原。家道之系，胚胎子孙。
彼昏不知，财利是论。予言弗信，盍视姜嫄。

8. 慎丧葬

亲丧自尽，事莫大焉。比其葬也，慎择于先。
无使土亲，当令骸全。一朝失措，永贻后愆。

9. 勉读书

士为民首，读书最高。希贤希圣，作用俊髦。
扬名显亲，宠爱恩褒。各宜努力，毋惮勤劳。

10. 勤生业

民生在勤，勤则不匮。里布夫征，游民是出。
农工商贾，勉励乃事。酒食游戏，终亦自累。

11. 崇节俭

制节谨度，满而不溢。慎乃俭德，家国理一。
一念骄奢，遂生淫佚。转眼空虚，言之可慄。

12. 戒淫行

淫为恶首，厥罪弥天。况兹同族，一本相连。
渎伦灭理，人面兽膻。削系送官，法不其延。

13. 戒匪僻

盗窃赌博，无赖之尤。辱人贱行，隶卒倡优。
家世清白，恶居下流。敢或蹈此，屏逐不收。

14. 戒刻薄

积善余庆，积恶余殃。天命不僭，隐有主张。
忠厚传世，久而弥昌。从事刻薄，立见灭亡。

15. 戒贪饕

贫穷有命，富贵在天。莫为莫致，听其自然。
一萌贪念，遂从众愆。败廉丧耻，罔或不颠。

16. 戒争讼

民之失德，干糇以愆。一朝之忿，永世祸连。
强弱胜负，不能独全。各笃宗盟，幸勿相煎。

家法十条

前辈立家训十六则，详且备矣。今增家法十条，诚恐训之不从，必继之以法。顾立训使人遵，立法使人畏。愿后嗣其恪遵前训，而无劳用法焉，则甚慰也。

1. 孝弟宜敦也。如有逆亲犯长者，通知房长族绅严行惩罚。若仍怙恶不悛，佥呈究办，决不宽宥。

2. 勤俭宜崇也。如有不读不耕不务正业者，凡属伯叔兄长务宜严训重责，毋得姑息。

3. 伦常宜励也。如有犯奸淫众著者，通知房长族绅从严惩治，男逐女出。服内通奸确获者，佥呈照例科办，毋得纵庇。

4. 廉耻宜励也。如有肆行盗窃确有证据者，通知房长族绅，照盗物轻重处罚。倘敢抗违，轻则驱逐出境，重则捆送呈官。

5. 忠厚宜尚也。如有以强欺弱，以众凌寡者，凡属伯叔兄长，各宜极力弹压，毋得置身事外。

6. 品行宜端也。如有赌博、鸦片，务宜父教子，兄教弟，毋得蹈此弊。而开庄聚赌尤宜禁止处罚，倘敢抗违，呈官究治。

7. 礼仪宜明也。如有结党为匪者，务必通众捆送呈官究办。纵容包庇者，一体严究。

8. 争竞宜平也。如有小而雀角，大而械斗者，凡属尊长，务宜公是公非，照公处息，毋得坐视。

9. 刑法宜公也。如有逞凶毙命重案，务宜通众，将正凶送官究办，不得任其逋逃累及他人。

10. 身家宜清也。如有甘为倡优卒隶者，务宜通众出逐，永不许登坟入祠。

族规十则

家训家法之后，再立族规十则，俾后人永远遵行，庶风纯俗美，可称仁里也欤。

1. 祖堂，所以妥先灵而庇后裔也。住持者务宜灯火长明，香茶奉祀。厅堂坪宇洒扫洁净。各房间不准堆积柴秆粪草等物。违者重罚搬出，另招人居住。

2. 图谱，所以考世系而知终始也。递年四房（敬、崇、中、宏）流存，锁匙则别房收执。倘有散失亵渎，惟领存人是问。

3. 图银，所以权子母[①]而资修刻也。此项公款视他项尤关紧要，理事者务择殷实公正，递年结算一次，出入数目榜示通衢。

4. 后龙水口，所以蓄树木而卫风水也。住祖堂者务宜逐日鸣锣申禁，如有盗砍生柴，铲松光挖枫仁者，通知董理协同绅耆严行重罚。割芦萁者一体议罚。

5. 前朝屏山，所以拱祖堂而壮观瞻也。不准擅自铲土粪，违者重罚。后龙山同此例。

6. 路内圳水，所以护祖堂而便汲饮也。务宜长流清洁，毋得投以秽物等

---

① 注：权子母，即公款放贷生息。

件，违者处罚。

7. 冠冕婚娶，所以荣宗族而继宗祧也。进泮登科第，谒祖请宴，随东家意，不得刻以相绳，其所请者务宜酌中馈送礼仪。婚娶、祝寿，亦同此例。

8. 丧制，所以尽子道而报亲恩也。初丧服制，本为服内亲房而设；服外者毋劳用烛帛，以益丧家之累。若贫不能葬者，尤宜体恤。

9. 田禾蔬菜，所以备饥馑而佐饔飧也。乡内六畜务宜雇人看守，不准滥放，违者处罚。窃者加倍处罚。

10. 松杉竹木，所以生财源而资利用也。无论何人山场、坟林、古树，遇有盗砍者，通众从重处罚，买者同罚。

公益社章程

禀稿：敝乡山多田少，所有山场杉竹种植不少，贫民赖以生存。无奈盗风日炽，肆无忌惮。即经查实捉获，彼反借命图赖，或以捕杀恫吓，失主多属畏事，只得忍气吞声，任其所为。由是贼胆愈张，贼势愈强。或盗割田禾，或盗牵耕牛，或盗出仓谷，或扛养猪，或穿窬而劫取银钱，或逾墙而偷器具……此害不除，利何以兴？兹佥议仿照福州茶亭办法，立公益社以挽颓风而正人心。遇有前项事件以及诸凡不平之事，由社内董绅分别事情轻重，秉公裁判理处。此系为地方公益起见，并无私意其间。

粘抄《培田公益社章程十节》，伏乞仁宪察核，准于立案，一面出示晓谕，庶奸宄知儆而良弱有赖。并准公举吴诚为培田乡约。地方幸甚，载德切禀。

宗旨：本社以兴利除害为宗旨，凡有可兴乡利、除乡害，视力所能为者，逐渐推行，以明公益。尤赖地方官出示保护，以垂久远。

条目：

一、警察盗匪。迩来游手好闲之辈，不事正业，专行盗窃，若不设法警察，良民何以为生。本社佥议，如有失盗查获，报明绅董，分别处罚。倘敢抗违，送官究治。庶稂莠除而后良苗呈秀，盗匪去而后良善获全。

二、严禁赌博。赌博、花会为害最烈。本社设法严禁，不准开场聚赌。即使花会开设他乡，亦不准乡人带引。如敢故违不遵约束，由绅董呈官究治。

三、劝戒鸦片。鸦片之禁，上谕森严。本社敬谨恪遵，剀切劝戒，以副朝廷振兴自强，为民除害之至意。

四、改良地约。吾里乡约向规十甲轮流，逐年更换。本社属八甲，人烟数百，讼端迭出，如遇六甲、七甲、九甲值役，相距数十里之遥，一旦有事应投地约，跋涉维艰，缓不济急，每致小事酿成大事。且拘于轮流，不由公举，其中恒多昏庸不谙事理者，其巧黠者簸弄是非，借为居奇，害伊胡底。本社公举吴诚为培田地约，其人正直练达，可资办公，是为息讼之基础。

五、平息争讼。乡中遇有争讼，报知地约，由地约通知本社绅董，请两造到局，分别曲直，调和理处。用以推广上宪爱民息讼之至意。

六、振兴实业。迩来饥馑荐臻，半由实业不兴。本社拟设一劝农工所，督率子弟务农兴工，勤者有赏，懒者处罚，以昭激励。

七、修蓄杉竹。吾乡杉竹之利甲于他乡，因不法之徒肆行盗伐，渐形童濯。本社佥议申禁滥伐偷盗，鼓励修蓄种植，以生财源与利用。

八、崇尚勤俭。迩来物力维艰，非勤无以浚财源，非俭无以节财流。本社佥议，如有不耕不读，徒事酗酒嬉戏者，时加训诲，严为督责。至于迎神赛会徒耗财用者，一概禁绝，以塞漏卮。

九、敦崇伦纪。每凡朔望，本社绅董传集乡民到局，演说孝经及圣谕广训，俾人人遵守。如有逆亲犯长不遵训诲者，严行惩罚；若仍怙恶不悛，送官究办。

十、修明礼法。如乡内有结党为匪，以及逞凶毙命者，本社绅董务必捕获送官究办，以免株连。纵容包庇者，一体严究。

（吴有春　供稿）

罗胜吴山吴氏祖训家规

祖　训

泰伯始祖，至德名扬；吴氏族裔，福泽绵长；家风淳厚，光大发扬。
社会为先，国家至上；教子务严，健康成长；耕读传家，造就栋梁。
恭亲敬老，勤俭温良；夫妇和睦，尊兄敬长；友爱兄弟，孝顺爹娘。
上善若水，行止有方；热心公益，友邻相帮；注重道德，正正堂堂。
自强不息，齐家兴邦；承我族德，光我郡望；同心协力，源远流长。

家 规

培植心田

一生吃穿不尽，只是半点心思。反躬自问实无愆，到处有人称羡。且看欺瞒等辈，将来坠落深渊。吃斋念佛也徒然，心好日长便见。

品行端正

从来人有三品，持身端正为良。弄文侮法有何长？但见天良尽丧。尽心无点邪曲，作事没些乖张。光明磊落子孙昌，莫要奸邪伎俩。

孝顺父母

终身报答不尽，唯尔父母之恩。亲意欣欣子色温，便见一门孝顺。乌雏尚知报本，羊羔跪乳殷勤。春晖无限寸草心，后裔毋忘斯训。

友爱兄弟

兄弟分形连气，一对羽翼双飞。皆因娶室话是非，自家互相作对。酒肉结交异姓，认尔骨肉是谁？莫因些小心相违，手足以和为贵。

和邻睦族

风俗何以为善？总在和族睦邻。三家五户要相亲，缓急大家帮衬。是非与他拆散，结好不亚朱陈。莫恃豪富莫欺贫，有事常相问讯。

教训子孙

子孙何以贤知？长辈教训有方。做工务农或经商，不许闲游放荡。雕琢方成美器，姑息未必善良。教子须如窦十郎，娇惯养成无状。

矜怜孤寡

世人凄怆有四，孤寡最宜周全。儿雏母苦实堪怜，因贫被诋下贱。寒则予以旧絮，饥则授之余粮。积些阴德福无边，劝尔行些方便。

婚姻随宜

由来男婚女嫁，媒妁言必虚夸。一时逞兴务繁华，债台高筑如塔。聘礼不可嫌寡，筵席切忌虚花。大家从俭莫从奢，彼此永称姻娅。

奋志读书

坐我明窗学习，风吹日晒不愁。驱蚊嘘寒志无休，不分黑夜白昼。任他三伏数九，我只与书为友。桂冠不上懒人头，刻苦便居人右。

勤劳本业

天下有本有末，必须务本为高。百般做作尽糠糟，纵有便宜休讨。

有业且勤尔业，一艺亦足自豪。栉风沐雨把身操，切勿投机取巧。

（吴尧生　供稿）

城关渤海吴氏家训

家训八条

一训孝、二训弟、三训忠、四训信、五训礼、六训义、七训廉、八训耻

族规十条

钱粮为维正之供；孝悌为伦常之本；闺门为风化之原；执业为立身之要；尝田为祀事之资；坟墓为发祥之地；承祭为明礼之典；考试为晋身之阶；族谱为系次之纪；配享为祔食之义。

（吴振希　供稿）

余　氏

忠　孝　廉　节

（余石明　供稿）

邹　氏

龙足邹氏家训

孝父母　第一

夫孝者，天之经，地之义，人之行也。人不知孝父母，独不思父母爱子之心乎？方其未离怀抱，饥不能自哺，寒不能自衣，为父母者审音察色，笑则为之喜，啼则为之忧，行动则步不离，疾痛则饮食俱废，以养以教。至于成人，复为之授室家，谋生理，百计图维，心力悉瘁。父母之恩，昊

天罔极。人子欲报亲恩于万一，自当内尽其心，外竭其力，谨身节用，以养父母，如曾子所谓居处不庄非孝也，事君不忠非孝也，莅官不敬非孝也，朋友不信非孝也，战阵无勇非孝也，凡此者孝子分内事也。为人子者，若遇父母有过则当下气怡色，柔声以谏，谏若不入，越敬越孝，悦则复谏，惟谏入而后已。

敬兄长　第二

孟子云："徐行后长者谓之弟，疾行先长者谓之不弟，夫徐行者，岂人所不能哉？所不为也，尧舜之道，孝弟而已矣。"凡遇尊长，言语必顺，步趋必舒缓，坐立必居下，饮食必推让。典祀曰："见父之执，不谓之进，不敢进；不谓之退，不敢退；不问，不敢对。""居乡之礼，年长以倍，则父事之；十年以长，则兄事之；五年以长，则肩随之。"凡遇尊长且然，况同宗共族之父兄伯叔哉！

睦宗族　第三

尊祖敬宗，人之大体也，尊祖即所以敬宗，敬宗即所以睦族，故人道必以睦族为重也，夫家有宗犹水有源，木有本，虽远近异势，疏密异形，要其本源则一，故人之待其宗族也，必如身之四肢百体，务使血脉相通而疴痒相关。如《周礼·大司徒》以乡三物教万民，而宾兴之。一曰六德，智仁圣义忠和。二曰六行，孝友睦姻任恤。三曰六艺，礼乐射御书数。以乡八刑纠万民。一曰不孝之刑，二曰不睦之刑，三曰不姻之刑，四曰不悌之刑，五曰不任之刑，六曰不恤之刑，七曰造言之刑，八曰乱民之刑。

尚勤俭　第四

人生不能一日而无用，即不可一日而无财，然必留有余之财，然后可供不时之用。故节俭尚焉。夫财犹水也，水之流不蓄，则一泻无余而水立涸，财之流不节，则用之无度而财立匮矣。自古民风皆贵乎勤俭，然而不勤则无以开其源。凡为吾族者，各宜遵之。

务正业　第五

上天生民必付一业，使为立身之本。凡为士为民，为工为商，名虽不同，而所当务则一。为士者谨身修行，矻矻穷年，服习诗书，敦崇礼让，退则为有本之学，进则为有用之才。为农者春耕秋敛不失其时，撙节爱养不愆于度，先事以备水旱，如期而纳税课，使地无余利、人无余力。工则审四时饬六材，日省而月试，居肆以事成。商则通有无，权贵贱，交易而退，各得其所，务本公平，勿蹈欺诈。苟能各尽其职，各力乃业，上以继祖宗之传，下以绵子孙之绪，庶富丰亨，共游于光天化日之下，岂不安受其福欤。

严教训　第六

人生十年曰幼学，二十曰弱冠，血气未定，知识渐开，利导惩戒之方莫切于此，大凡子弟之率不谨，皆由父兄之教不先所恃。为父兄者启其德性，遏其邪心，广其器识，谨其嗜好，俾知父子有亲，君臣有义，夫妇有别，长幼有序，朋友有信，以端其本，干纪犯分之咎自解矣。语云："少成若天性，习惯成自然。"人间非为之事渐渍成风，或游手好闲，博弈饮酒，或结纳匪类，放辟邪侈，往往陷溺而不悟，甚者罹法网，犯刑章，为父兄者独能晏然而已乎？与其追悔于事后，孰若严训于平时。盖行莫重于孝弟忠信，心必存于礼义廉耻，可模可范，以身教之，耳提面命，以言训之，使子弟见闻日熟，循蹈规矩之。心地淳良，行止端重，可以寡过而保家，即可以进德而成材也。凡为父兄子弟者，宜凛遵毋忽。

不和病根多在任气二字。任气则以胜负为竞，小而争产与讼，大而阋狠危亲。昔有诗曰："谗小争端莫若休，何须经府与经州。费钱辛苦赔茶酒，赢得猫儿卖了牛。"又云："忍得一时之气，可免百日之忧。"可铭之座右。

闺门必严，古人制礼："叔嫂不亲授受；女已嫁，兄弟来家，止语于中堂，不坐谈房中；女归宁，不与兄弟、甥侄同席而坐，与舅及叔伯侄相值五步之外即宜也；僮仆十三岁以上，不得入房。"其严于至亲至近尚如此，况疏远？礼云："外言不入于阃，内言不出于阃。"所以别嫌防微也。

（邹荣华、邹春松　供稿）

双泉邹氏族规

——祖坟之宜重也。先人坟冢，惟赖子孙严行稽查，时相保获，若惑于风水，妄信地师，敢于祖坟近旁侵犯盗葬，是天良尽丧，藐法欺公，莫此为甚，验明呈究迁移，决不稍宥。

——吞尝之宜究也。各祖蒸尝，原供祭祀及修立祠坟之用，如有不肖子孙，霸占祀田不纳租课，或轮收尝租，止图肥已，不顾祭需，及假公事妄冒开销，均属胆玩合行，究追从严办理。

——不孝之宜惩也。夫孝为百行之首，了翁云：天下无不是的父母。朱子曰：凡人于父母不和顺者，满腔都是杀机。可知人一不孝，大本已失，何论其他？查律载，骂祖父母父母，及妻妾骂夫之祖父母父母者并绞，又子孙殴祖父母父母，及妻妾殴夫之祖父母父母者皆斩各等语。法纪何等森严。如有干犯，亲告族长，即除族谱名，严送法究，决不使逆子忤孙幸图漏网。

——奸淫之宜儆也。男女有别，内外宜严，所以修斋设醮，男女混杂，有禁纵令；妇女入寺观神庙烧香，有禁防微杜渐。律意何深。若亲属相奸，律例尤严。徙流斩绞，俱按服制，男妇同科。倘敢肆己淫心，行同禽兽。一经捉获，明族保呈控按，仍除谱名，以端风俗。

——窃盗之宜严也。物各有主，务宜守分安贫，不敢妄生觊觎，即至饥寒切身，尤当益坚其志。若能努力谋生，自可渐致富有，乃不务本业，辄敢勾引盗贼，窝家肆窃贻害。岂知律例均严，自枷杖至徙流军绞，俱分别首从，计赃论罪刺字，仍追原赃给主，徒自辱身玷名耳。如果赃贼现获，或经告发，有案报明，族保验实除名，严刑获送究处，以靖地方。

以上族规，皆我先叔祖渭庵公前经族众议定，非余等私言，其应行除名者，该房长检齐公谱，即于本犯名下，注明事由删除其名，如或徇私阿纵，合族并行理论，决不姑宽。凡我族人各宜砥行立节，大振家声，慎毋违犯，永贻子孙之辱也。

续增族规

——本族祖山内，有不肖子侄，新开草窨卖出外乡，及同场扛帮作中，及代笔者，公逐以杜借坟占山之弊。

——祖山原葬有众祖及各房私祖私坟，其茔葬之处，前后左右，不敢侵犯人之祖坟葬自己之父母，不思人各有祖，富贵有命，若起心妄行，斗阋伤情，构讼无已，正所谓福未至而祸先临矣。今合族议定，后来开窨葬坟，遇有老祖私坟之处，左右各离坟一丈五尺，前后离坟十丈，不得拦龙截穴，丈尺之外，任凭新迁，丈尺之内，不敢侵犯。凡我子姓，谊切同族，各宜上体祖宗之意，下敦伯叔兄弟之情，胥恪遵议例，其麟叠聚葬之处，左右前后，亦不敢逞强动辄侵犯。如有不遵约束者，俱依议究处。

续增族规

——民主国家，崇尚节俭，戒除奢靡。公议自民国三十四年（1945）起，本乡八郎公裔孙，凡有高小以上毕业者，对于旧习验凭设宴客，绝对废除。改为后列等级贡献干谷，归八郎公族谱下存放生息，永为本公裔孙肄业之费，惟应将毕业证书及应出之谷，均限于正月十五日送出祖祠。经众验看及量收，方准分收肄资，其已经出仕者，国有薪俸，应即停收。若应收人员逝世者，如在立冬以前，并本年共收三年，若在立冬以后除本年外，仍收三年。特此载明，希各遵行毋违。

兹将各级毕业者应出干谷分列于左：

一、高小毕业出干谷三石。

二、初中毕业者出干谷六石。

三、高中毕业者出干谷九石。

四、大学毕业者出干谷十二石。

前列各款所得之谷除本谷留存外，其递年所得之息谷作为左列各种分配：

一、族谱下得十分之一。

二、凡在初中肄业者得十分之三。

三、凡在高中肄业者得十分之三。

四、凡在大学肄业者得十分之三。

五、凡在专门学校肄业者，视其等级，与前所列某级同等则与某级共同均分。

——民国制度废止科举，亦无监生名称，日后如无监生，其监生肄资公议归与大学毕业者收；如无大学毕业者，归与高小初中高中毕业者按名均收。

——民主国家人民一律平等，用人行政，不拘资格，公举贤能。公议自民国三十四年（1945）起，本乡八郎公裔孙，如白身担任保长以上官公事务人员，经政府委任有案者，在现任期内，对于景初公以下，各祖宗举行庆祝或祭祀典礼时，准与绅耆一体共同参加并同享饮福之权，但系雇员性质者不在此例。

（邹仪玉　供稿）

沈　氏
家　训

释　孝

为人子，孝于亲，子不孝，己生嗔，己不孝，宜自惩。
父母在，奉鸡豚，非唯养，色笑承，显父母，立功名。
身不辱，亲有荣，亲殁后，莫久停，要择地，先择心。
祖虽远，祭必诚，祀祠庙，如事生，作榜样，教儿孙。

释　弟

最难得，惟兄弟，如手足，不可废，古夷齐，让国位。
其次者，张公艺，不分居，凡九世，田氏分，荆树悴。
今之人，不知弟，起争端，多因利，为财产，伤同气。
最不肖，兴讼事，将银钱，饱胥隶，若此者，非人类。

释　忠

何谓忠，在心中，为国事，终于民，人不一，心如分。
循天理，顺人情，便是忠，宜体行，为人谋，必尽诚。
人重托，我担承，要始终，不负人，人有善，扬其名。
人有恶，舌宜扪，存忠厚，与儿孙，忠良子，鬼神钦。

释　信

何谓信，在人言，一言出，不可谖，千斤重，九鼎传。
昔仲由，孔门贤，无宿诺，信义全，处朋友，信为先。
共患难，死生连，家庭内，信宜兼，托孤幼，宗祀绵。
死者话，犹生前，欺诬泯，诈伪捐，人若此，庶近焉。

释　礼

敬天地，礼神明，守国法，涉春冰，尊祖先，孝双亲。

修坟祠，奉尝蒸，敬高年，重师人，衣冠楚，文质彬。
别长幼，辨卑尊，谨夫妇，明人伦，既同姓，不配婚。
遵周礼，久久行，一礼字，抵千斤，人无礼，兽与禽。

释　义

见义在，便当行，居国土，沐皇仁，完国课，莫逡巡。
处骨肉，及姻亲，若宗族，若乡邻，恤穷困，悯零丁。
修路渡，架桥亭，施茶汤，便行人，凡美举，赞其成。
力有余，捐尝蒸，置学田，培人文，一义字，亘古今。

释　廉

人非蚓，饮黄泉，谋衣食，也需钱，取有道，不伤廉。
有执业，得自全，工商次，耕读先，勤和俭，抵万千。
富有命，听自然，非我有，莫垂涎，义与利，须衡权。
最不肖，侵尝田，私囊饱，喜翩翩，若此者，罪弥天。

释　耻

言在耳，记在心，一耻字，宜认真，人无耻，便辱身。
男盗窃，女娼淫，其次者，为优伶，若皂隶，失其伦。
辱宗祖，玷子孙，三代后，难求荣，有犯者，宜改行。
不知耻，谱除名，去良莠，不徇情，训八条，仔细听。

沈氏家训诗

孝父母以重人伦，敬长上以笃同气。慎亲终以正丧事，追祖考以永孝思。
正家法以敦风俗，睦家族以敦骨肉。笃懿亲以廉世好，敦朋友以全信义。
报国恩以安本分，重儒师以资教育。习勤劳以养耕读，崇节俭以惜物力。
务本业以正心术，息争讼以重身心。戒赌博以肃家教，节嗜欲以养天和。

（沈君生、沈家财　供稿）

张　氏

新泉张氏族规条款摘录

古者家有塾，党有庠，春秋教以礼乐，冬夏教以诗书，作养多方，所以人才彬彬辈出。今议设立义学二所：经馆一所，在东山楼；蒙馆一所，即在祠内。但束脩诸费，无所从出，酌重于各房祖尝中内摘捐，并好善乐施者助出，或殷实家有捐至十两以上者，合族以“培植后学”四字匾额，送至其家以奖之。

族内众山树木，前人修蓄，所以护卫风水，不许入山砍伐。即风吹倒者，必众卖以充公用。不得恃强擅搬，违者经看山人报知，从重罚惩。

不得偷鸡盗狗，攫人财物，自投法网，且赌博为盗贼之源，荡散家业，斗殴行凶，皆源于此，殊为万恨。至于开场纵博，名为窝赌……报官重究。

请客筵宴，只论主人诚敬，不在饮食食品，须丰俭得宜，繁费实感无益。今议，喜庆会客只五簋、四盘、二汤，或请官府及凡礼所当加厚者，则四大碗头、四小碗头、四盘、三汤，酒惟微醺，不许乱仪乱德。

世俗信浮屠诳诱，丧事供佛饮僧，云为死者减罪，免入地狱。不知死者无罪而强加之罪，是故人入罪，自干严律。若果有罪，可以追与法事买免，则阎罗老子必以枉法受人之贿，先入地狱矣。昔程朱大贤，治丧不用浮屠，守礼君子当以此为法。

交易公平，乃称仁里。吾乡山多田少，买米者十居八九；市侩用大升粜米，以致米价腾贵。不知粜者升大升小，那有错卖。……今议，照依官升、官斗、公立式样，不得任意加减，亦不得渗糠灌水。应如众议，遵守良规，违者公罚，顽则呈官究后。

祖堂所以妥先灵，若迎佛至家，则先灵不安；先灵不安，则子孙必不蒙福，反致灾害。此淫祀所当禁者也。

吾先祖原购店铺，经年日久占为已业。今议，天地人和四号，公估新旧修整费用银两，每值多寡给还，其店仍归大宗永远管业。正月十四日收租，不得推前越后……此所以承先人之志而扩大蒸尝者也。

（张长明　供稿）

陈　氏

隔川陈氏九经公祖祠家规

敦孝悌以重人伦，明礼让以厚风俗。立宗庙以思报本，诚祭祀以孝先灵。

笃宗族以昭雍睦，和乡党以息事端。黜异端以崇正学，重廉耻以正颓风。

勤稼穑以足衣食，尚节俭以惜才用。隆学校以端士习，训子弟以禁非为。

尚武德以健身体，讲法律以警愚顽。息诬讼以全善良，恤孤寡以体苦贫。

禁赌博以利安宁，不螟蛉以免乱宗。崇儒学以尽心志，明德理以修己身。

隔川陈氏十四世祖世盛公老屋家训

事亲必孝，侍长必敬，兄友弟恭，夫义妇顺。冠婚丧祭，秉礼必慎。

学文必功，习武必勤。效国必忠，治家必严。居功毋骄，受恩必谢。

士农工商，择业必正，毋听谗言，而伤和气。毋违法纪，而犯典刑。

毋以众而暴寡，毋以贵而忘形。毋以强而凌弱，毋以势而压人。毋以贫而妄自菲薄，毋以富而傲世欺贫。毋以赌博而薄产业，毋以淫逸而坠家声。修身唯严以律己，处世当宽以待人。苟能行之于久久，当必报之以冥冥。兹训谕实系废兴，诵之再三尔其敬听。

隔川陈氏百五郎祠（重建）家训八则

修身齐家，礼义廉耻；圣贤良训，切莫遗忘。

爱国爱乡，万古之常；读书尚礼，家兴国强。

刻苦学习，敬业爱岗；崇尚科学，利民兴邦。

缅怀祖德，谱牒明宗；敦宗睦族，行止端庄。

轻财尚义，济困扶伤；诚信谦让，真善美扬。

孝顺父母，孝敬师长；见义勇为，正气伸张。

兄弟姐妹，手足情长；婆媳妯娌，和气致祥。

交朋结友，宜择贤良；明辨是非，眼光明亮。

（陈桂明　供稿）

林　氏

家　训

凡林子孙，父慈子孝，兄友弟恭，夫正妇顺，内外有别，尊幼有序。礼义廉耻，兼修四维，士农工商，各守一业。气必正，心必厚，事必公，用必俭，学必勤，动必端，言必谨。事君必忠敬，居官必廉慎，处乡里必和平。人非善不交，物非义不取。毋富而骄，毋贫而滥，毋信妇言伤骨肉，毋言人过长薄风。毋嫉妒贤能，伤人害物；毋出入公府，营私召怨；毋奸盗谲诈，饮博斗讼；毋满盈不戒，妙微不谨；毋坏名丧节，灾己辱先。善者嘉之，贫难死丧疾病周恤之；不善者劝悔之，不改，与众弃之，不许入祠。以共绵诗礼仁厚之泽。敬之，戒之，毋忽。

（林家新　供稿）

范　氏

家训（一）

一、耕读：田必力耕，书必勤读，不耕不读，不如犬畜。

二、教子：家有子弟，教之成人，若任游荡，必害终身。

三、安分：为人在世，各安本分，利己损人，终必无用。

四、贸易：公平交易，童叟莫欺，奸媒巧诈，害己损人。

五、交接：与人交接，务必正人，此须茶酒，切莫吝惜。

六、嫁娶：男婚女配，为理之常，慎择贤否，门户相当。

七、慎终：父母丧亡，早宜思量，不称有无，尽孝尽忠。

八、追远：祖宗虽远，祭祀必诚，清明冬至，不是闲临。

九、修身：严以待己，恕以待人，花街柳巷，谨步莫临。

十、谨训：家训至此，句句格言，子孙恪守，世代相传。

（范汝融　供稿）

家训（二）

孝道当竭力，忠勇表丹诚；兄弟互相助，慈悲无过境。
勤读圣贤书，尊师如重亲；礼义勿疏狂，逊让敦睦邻。
敬长与怀幼，怜恤孤寡贫；谦恭尚廉洁，绝戒骄傲情。
字纸莫乱废，须报五谷恩；作事循天理，博爱惜生灵。
处世行八德，修身率祖神；儿孙坚心守，成家种义根。

（范戊均　供稿）

卓　氏

家　训

1. 爱国家；2. 孝父母；3. 友兄弟；4. 睦宗族；5. 崇祭扫；6. 敬祖宗；7. 完国税；8. 训儿女；9. 和邻里；10. 端心术；11. 慎交游；12. 安本分；13. 息争讼；14. 禁赌博；15. 惩恶端；16. 戒轻生；17. 戒淫行；18. 延嗣续；19. 尚勤俭；20. 端品行；21. 重读书。

（李治权　供稿）

罗　氏

珠公遗训

诰尔子孙，诫尔子孙，原尔所生，出我一本。虽有外亲，不如族人。荣辱相同，利害相及。宗族为重，财气为轻。为父当慈，为子当孝。为兄者宜爱其弟，为弟者宜敬其兄。士农工商，各勤其事。冠婚丧祭，必须于礼。乐士敬贤，隆师教子。守分事公，及人推己。闺门有法，亲朋有义。立行必诚而无伪，御下必恩而有礼。务勤俭以兴家庭，务谦厚以处乡里。毋事奢淫，毋习赌博，毋争讼而害俗，毋酗酒以丧德，毋以贵骄贱，毋以富欺贫，毋以强凌弱，毋以下犯上，毋以小念而失大义，毋听妇言而伤和气，毋多言以取祸，毋责人以求备，毋为亏心之事以损阴骘，毋为不洁之行以辱先人，毋以小善而不为，毋以小不善而为之，勿谓无知，冥冥鉴临，勿谓无人，寂寂闻声。依我训者，是谓孝也，我其佑之；逆我训者，是不肖也，与众弃之；不惟弃之，倾覆随之，子子孙孙，咸听斯训。

（罗土卿摘自2001年版《连城县青岩罗坊罗氏族谱》）

治家祖训

父之所贵者慈也，子之所贵者孝也，君之所贵者仁也，臣之所贵者忠也，兄之所贵者爱也，弟之所贵者敬也，夫之所贵者和也，妇之所贵者柔也。事师长贵乎礼，交朋友贵乎信。见老者敬之，见幼者爱之。有德者，年虽卑于我，我必尊之；不肖者，年虽长于我，我必远之。慎勿谈人之短，切勿矜己之长。仇将以善解之，怨将以宽散之。人有小过，含容而忍之。人有大过，以理而论之。勿以善小而不为，勿以恶小而为之。人有过则谅之，人有善则扬之。处公无私，治家无仇。勿损人利己，勿妒贤嫉能。勿逞怒而报横逆，勿非理以害物命。见不义之财勿取，遇合理之事必从。诗书不可不读，礼义不可不知。子孙不可不教，僮仆不可不恤。守我之分理也，安我之命天也。人能如是，天必相之。此乃日常信行之道，若衣服之于身体，饮食之于口腹，不可一日无也，不可不慎哉！

家　训

一、奉祖先：物本乎天，人本乎祖。如木有根，无根则朽。如水有源，无源不久。尊祖之道，旧章恪守。竖表立碑，修茔覆土。祠堂享祀，趋跄奔走。言念先人，光前裕后。

二、孝父母：羊能跪乳，乌能反哺。惟人最灵，谁无父母？生我劬劳，提携捧抚。罔极恩深，捐躯难补。朝夕温恭，殷勤寒暑。扶养无方，承欢安慰。岂敢拂违，自罹罪苦。

三、睦兄弟：关怀兄弟，同气连枝。如手如足，痛痒关之。骨肉天性，安忍乖离？弟恭兄友，雁行依依。患难相顾，疾病扶持。毋生嫌隙，雅奏埙篪。

旨哉圣训，兄弟怡怡。

四、和夫妇：阴阳交和，雨泽斯行。夫妇调和，家道乃成。夫为妻纲，正心修身。妇主中馈，内助殷勤。毋伤反目，毋玷家声。雍雍肃肃，如鼓瑟琴。君子偕老，诗咏雎麟。

五、严闺阃：男女有别，授受不亲。嫌疑须避，内外须分。责在家长，约束严明。防微杜渐，寡欲清心。三姑六婆，断绝逢迎。词严法肃，玉洁冰清。闺门之内，聿著仪型。

六、亲宗族：属在同宗，谁非骨肉？一本万殊，瓜延瓞续。吉利相庆，凶则相助。婚姻不通，昭穆严肃。分多润寡，悯孤恤独。义学义田，古道敦笃。语亦有之，敬宗收族。

七、敬师长：德无常师，主善为师。先生长者，德业兼资。随行隅坐，问难析疑。勿生厌薄，勿敢荒嬉。耳提面命，敬而听之。程门高弟，立雪忘疲。隆师重道，自古如斯。

八、信朋友：同类为朋，同志为友。有无相通，守望相助。然诺勿欺，订交勿苟。白头如新，握手话旧。况在士林，择交某某。直谅多闻，尤宜亲厚。善乎平仲，相敬耐久。

九、力耕种：艰难稼穑，无逸陈书。食为民天，敢不念诸？春田秋圃，莫令荒芜。游民失业，非日良图。深耕易耨，水旱无虞。勿失其时，仓廪不虚。仰事俯育，其乐何如！

十、勤诵读：为学日益，不学无术。圣人论学，首重时习。春诵夏弦，苦心孤诣。嘉言善状，典型在昔。玉不受琢，焉能成器？猛着祖鞭，出人头地。道德文章，功建名立。

十一、存忠厚：刻薄成家，理无久享。悖入悖出，毫厘不爽。幸灾乐祸，刁唆冤枉。鬼神难欺，赫赫在上。善恶之报，捷如影响。孰无天良，须加培养。在家存心，阴德无量。

十二、尚勤俭：俭可助廉，勤能补拙。开财之源，非勤莫克。节财之流，惟俭是则。士农工商，各精其业。怠惰奢华，切宜刻责。休待老年，徒伤落魄。克勤克俭，是为美德。

十三、习礼仪：相鼠有齿，相鼠有皮。人而无礼，走肉行尸。廉耻道丧，蠢虫无知。大家子弟，俭点威仪。一言一动，中矩中规。束身名教，可法可师。人贵自立，勉之望之。

十四、戒淫恶：勿听淫声，勿视邪色。勿看淫词，勿为妄说。我重闺风，人重名节。恕道存心，淫念自绝。况有鬼神，难容恶薄。淫人妇女，报在妻妾。跳过此关，英雄豪杰。

十五、戒为非：天之生人，各有本分。富贵贫贱，皆由前定。素位而行，事由已尽。勿学庸流，行险侥幸。贪得无厌，终归穷困。端方君子，行不由径。顺时听天，安分守命。

十六、戒赌博：人生世间，为善最乐。正业多端，随事可学。独恨愚顽，甘心赌博。同流合污，此争彼夺。浮念浇风，自斯皆祸。富者立贫，贫者益薄。欲正家规，先除此着。

十七、戒酗酒：古人制酒，非以为祸。冠昏丧祭，礼用清酌。洗爵尊戽，献酬交错。惟彼贪夫，不知节约。终日醉乡，癫狂失措。耗气损精，形骸脱落。戒之戒之，量饮无过。

十八、戒争讼：免讼有道，忍忿息争。一事不忍，贻累终身。纵云理直，听断难凭。易生嫌隙，和气焉存？多藏机械，民行焉兴？倾家荡产，后悔无门。莫学痴汉，惯入公庭。

十九、戒溺女：男女虽别，性命一般。呱呱而泣，胆战心寒。水中一抛，于心何安？乍离母腹，旋入鬼关！生死反掌，天理伤残。故杀子孙，律法难宽。奉劝慈亲，救命血盘。

二十、戒洋烟：世人何蠢，误嗜洋烟！枪炮齐整，名声森严。男女混杂，晨昏倒颠。倾家荡产，绝嗣戕年。全无利益，自取尤愆。堕其术者，猛着祖鞭！

（罗土卿　供稿）

莒溪镇怀伸公房家训

祖德在心，不时缅怀。须知晓根源，明了衍派。先祖灵前，须叩首焚香；春秋二祭，当亲临奉祀。久居异乡，故里莫忘。梓叔均是至亲，容当视同家人。孝顺理当，忤逆不允。长辈面前，须恭敬俯首，不可冲撞造次。身体发肤，受之父母，须倍加爱惜。家庭须和睦，兄弟如手足。

夫妻敬如宾，妯娌如妹姊。长幼应有序，婆媳妥相处。须遵纪守法，忌嗣讼是非。凡事以理服人，切莫夺理强词。勿恶语伤人，勿气盛动粗。赌博莫染，毒品莫沾。不可恃强凌弱，不可为富不仁。心存善念，怀盈慈悲。多行善举，多赢口碑。遇残疾孤苦，多予体恤爱怜；人有难处，竭力帮扶。铭记他人好，涌泉报深恩。私念力去除，处事应公心。须诚信重义，不可失信毁约。勤俭持家，力戒奢靡。权贵不攀，富豪不附。不卑不亢，俯仰自如。须温文尔雅，谦逊礼让，虚怀若谷。择偶以德，婚嫁宜时。生儿育女，即是行孝。无论男女，均须教导。求知尊贤，读书为要。礼义廉耻，务必记牢。男儿当自强不息，奋发有为；女子须守身如玉，贤淑矜持。言语思得体，谈吐似鸿儒。万事求上进，千载展宏图。斯训谆谆，万望如是！

（罗道豹　供稿）

连城城北罗氏十训

孝顺二亲

属毛离里，一德一心。立身行道，扬名显亲。

生事葬祭，尽礼尽诚。夙夜无忝，务守在身。

尊敬祖宗

本深末茂，源远流长。前作后述，世业书香。

缵绪成德，复旦重光。僾见忾闻，丰洁蒸尝。

友爱兄弟

一本所出，形分气连。炙艾分痛，大被同眠。

鸿雁居渚，脊令在原。相彼鸟矣，犹爱比肩。

早完钱粮

古有三征，今纳粮银。四月摘半，三秋完清。

输将依限，圣世良民。授衣乘屋，共乐升平。

和睦乡里

同乡共里，非友则亲。历代相交，谊如亲人。

善宜诱掖，过必规箴。扶持友助，钦乃四邻。

型于室家

五伦之首，万化之基。和无反目，敬无徇私。

勖德勉业，戒旦警鸡。子妇矜式，嗣续音徽。

慎于择交

穷理修身，需友而进。偶尔相因，亲远宜慎。

直谅多闻，便辟柔佞。损益攸分，毋滥宁吝。

勤俭持家

惰难致富，奢必速贫。不耕不织，仓箱莫盈。

滥食滥衣，产业荡倾。勤可拗命，俭免求人。

教子读书

愚顽之子，虽有如无。变化气质，陶铸诗书。

闻多愚破，已克顽除。贤智可爱，能勿劳乎。

居官清正

隐居求志，行义达道。致君泽民，家邦荣耀。

贪利行邪，必有恶报。家破身亡，罪无可幬。

（罗滔　供稿）

周　氏
家　训

一教儿孙多读书，知识高深是财富，博学方能有建树，少年不学老何为。

二教儿孙要孝顺，生身父母恩最深，十月怀胎娘辛苦，养育成人父费心。

三教儿孙要戒贪，罪恶根源是贪心，不义之财决莫取，欲壑难填害自身。

四教儿孙莫逞雄，风头好出破金银，让人三分便是福，脾气暴躁是祸根。

五教儿孙莫贪杯，美酒好似迷魂汤，几多丑事酒后发，几多酗酒把命丧。

六教儿孙要勤俭，学习劳作都须勤，勤能致富俭积福，成由勤俭败由奢。

七教儿孙莫赌钱，赌博场中冒风险，十个赌徒九个输，输了钱财起歪念。

八教儿孙要慈仁，亲邻和睦少是非，设身处地将心比，己所不欲勿施人。

九教儿孙讲信义，人而无信自身轻，商贾交友靠信用，处世往来存义心。

十教儿孙要忠诚，廉洁正直受人敬，奸诈虚伪行不久，为国为民要忠心。

十一教儿孙守法规，法律规章是准绳，一切行为依法办，天下才能得太平。

（周兴栋　供稿）

孟　氏

家　规

怀仁举义，积德扬善，尽孝为悌，富贵不淫，贫贱不移，威武不屈，浩然正气，这就是孟氏族人信奉的金科玉律。

家　风

1. 前言篇：正心诚意，怀仁存义，积德扬善，恪守孝悌，富贵不淫，贫贱不移，威武不屈，浩然正气。

2. 修身篇：寡欲清心，乐道安贫，秉持善念，三省吾身。读书为本，常思祖训，志存高远，鱼跃龙门，谦虚谨慎，心宽体勤，勿贪名利，勿恃聪敏，养性宁神，砥砺德品，不慕浮华，返璞归真。

3. 理家篇：睦族敦亲，持家以仁，长幼有序；互助互尊，父慈子孝，兄友弟敦，夫妇相敬，乐享天伦；一线一针，思之艰辛，家兴于和，业精于勤；良言谆谆，诲语谆谆，传家淑德，垂宪儿孙。

4. 处世篇：帮贫济困，善远睦邻，九鼎之诺，义重千钧。择友当慎，损朋莫亲，益友之道，正直多闻。逆耳直陈，蜜口难真，察言观色，独善其身。言必讲信，图报知恩，严以律己，宽以待人。

5. 报国篇：爱国爱民，正义倡伸，明德崇法，去伪存真。友善诚信，敬业须勤，矢志不移，革故创新。守荣为尊，知耻后奋，持之以恒，与时俱进。家国天下，铭记于心，报效中华，大爱无垠。

家　训

合天人，养正气，励忠孝，敦亲睦，和闾里。要耕读为传家之本，要仁义为修身之法，要勤俭为资身之策，要孝悌为立身之务，要谦厚为处世之道，要慎守为处事之基。

（孟宗辉　供稿）

项　氏

家　训

一、法

知天地恩，守朝廷法；体念祖宗德泽，承顺父母志意；尊敬伯叔，友爱兄弟；和睦邻里，教训子侄；崇尚礼义，顾惜廉耻；言必忠信，行必正直；过必速改，善必多积；亲疏有等，尊卑有序；男女有别，喜怒有常；丰俭得宜，饮食中节；勤俭惜福，淡薄安分；忍人横逆，济人危急；恭敬神明，孝祀祖先；劝谕耕读，解释争斗；乐输国课，勉绍书香。

二、戒

勿失坟墓，勿忘祭祀；勿珍奇巧，勿务奢华；勿贪酒色，勿夺货财；勿学赌博，勿效懒惰；勿用机智，勿肆猖狂；勿扬人短，勿炫己长；勿淫人妻，勿生人祸；勿趋权势，勿弃故旧；勿忘人恩，勿背人约；勿听妇言，勿伤手足；勿行欺诈，勿用刻薄；勿友不如己，勿执己自是；勿轻亲友，勿慢师长：勿妄欺孤寡，勿苛责婢仆。

三、格训

1.孝悌为百行之首。有子曰：孝悌为行仁之本。孟子曰：尧舜之道，孝悌而已矣。盖父子兄弟，乃五伦中以天合者也，又曰孩提之童，无不知爱其亲，及其长也，无不知敬其兄，是能孝能弟，岂非天性自然者哉。彼古之圣帝明王往哲先贤，莫不从孝弟中克尽其道，推之家国天下事，敬长型妻处友待人接物，莫不咸得其宜，而后可为法于天下，可传于后世，今之人言行未必书尽符乎。古人其事父母也，能冬温夏凊，昏定晨省，出告返面，则虽未尽日隆鼎烹之养，而一茶饭之顷，能先意承志，即茹菽饮水亦无不可以。承欢如是者，不谓之孝，可乎？其处兄弟也，能出敬入爱，上友下恭，言逊色和，则虽未尽日宴花蕊之楼，而一举一动之间，能怡怡相笃，即推梨让枣亦无不可以，将敬如是，不谓之弟，可乎？故一言孝弟，而百行可推矣，人诚能于此克尽其道，自不敢贻亲忧，亏亲体，残骨肉，伤手足，又何患者有之乎，愿我子姓各于父子兄弟间，求尽其孝弟可也。

2. 家训为子姓之箴。维祖有训，所以勉励子孙者至矣。吾祖训谆谆，不特后人当遵而行之，即古人之嘉言懿行可迹而志者，亦当世为法也。柳玭之言有曰，夫门第高者，一事坠先训，则无异他人。余每见名门右族，莫不由祖考忠厚勤俭而成立之，莫不由子孙顽奢骄傲以覆坠之。成立之难如登天，覆坠之易如燎毛，言之痛心，尔宜刻骨。愿我子姓宜各凛先训，以继祖烈，庶曰其有后哉。

3. 读书为传家之宝。读书乃人才之所由出，簪缨之所从生也。颜氏家训曰，凡人家子弟不可以不读书，上之可以希圣贤，下之亦不失为衣冠翘楚之士，甚矣。书诚不可以不读也，不读书则家声替，家声替则门第因之不振矣。吾每见人之门户衰落，子弟陷于匪僻者，不读书故也。吾家世绍书香，迄今族众人繁，贫富虽有不齐，聪明常多世出。凡我族中不论贫富，各宜鼓舞延师，训课子弟。如是则中智可移为上智，凡才可以化为英才，何患冠盖之不相望，书香之不世绍哉，余诚以是厚望也夫。

4. 睦族为敦伦之本。宗族为一本之亲，务宜欢然有恩以相洽，秩然有礼以相接，庶雍睦之风著，而乖戾之患息。若使以尊凌卑，以下犯上，以强欺弱，以众暴寡，甚至假公事以报私仇，借他人而伸己怨，阴谋诡计，酿祸生非，以至阋墙起兴，同室操戈，此岂睦族者所宜有哉？况祖宗灵赫在上，必不愿生如是之人。凡我子姓，各安分守礼，上慰祖考，下睦族众，则和气致祥，而家道日兴，彝伦自叙矣。

5. 婚配为人道之始。关雎著风教曲，礼重亲迎，盖以夫妇为人道之始也。朱子有曰，夫有人民而后有夫妇，有夫妇而后有父子，有父子而后有兄弟，一家之亲，此三者而已。自兹以往，至于九族，皆本于三亲焉，故婚配于人伦为重者也，司马温公曰，凡议婚姻，当先察其婿，考之性行及家法如何，切勿徒慕其富贵，婿苟贤，今虽贫贱，安知异时不富贵乎？苟为不肖，今虽富盛，安知异时不贫贱乎？妇者，家之所由盛衰也，苟慕一时之富贵而娶之，彼挟其富贵，鲜有不轻其夫而傲其舅姑，养成骄妒之性，异日为患，庸有及乎？借使因妇财以致富，依妇势以取贵，苟有丈夫之志气者，能无愧乎？安定胡公曰，嫁女必须胜吾家者，胜吾家则女之事人必钦必戒，娶妇必须不若吾家者，不若吾家则妇之事舅姑必执妇道。由此观之，婚配若不顾人之家范门第，惟财利是尚，苟且从事，不惟陷于夷虏之道，诚恐异日贻羞于里党也。凡结姻亲，不必强攀豪门势要贵族，亦不可滥配逆乱刑恶失教之女。惟择名门德族，礼义之家，或世守耕读，淳厚孝友之子，自不至苟且轻易，以贱家声。

（项贤洲　供稿）

柯　氏

家　训

孝父母，友兄弟，睦宗族，和邻里，敦品行，

励廉耻，重学问，勤劝勉，训子弟，尚勤俭。

（李治权　供稿）

胡　氏

族　规

一、孝父母

父子纲常，人之大伦，百善孝为先，自古忠臣孝子，人人敬仰，忤逆不孝，人神共愤，故凡我族中人，凡不孝者，皆可训之。

二、亲兄弟

长枕大被，天子且然；让枣推梨，昔人称美。但人家兄弟，当幼小时无不十分友爱。其后之不睦者，大抵因妻子、争财产而已。抑或此贫彼富，有求莫应，若秦、越人之相视。同气参商，半皆由此。夫一父之子，即非同胎共乳，有前后之别，亦属一气所生。骨肉至亲，尚成嫌隙，子孙尤而效之，有不破家者乎。堂从兄弟，尚宜和睦，况在同气乎。族中宜互相教戒，共笃友矣，则出入怡怡，家风不陨，亦同宗之光矣。

三、睦宗族

贵贵贤贤，义无偏诎；亲亲长长，分有常伸。凡子姓之分支，皆祖宗之一脉；尊卑之分，秩然不淆；长幼之情，蔼然相浃。喜则相庆，忧则相吊。贫弱之人，富实者宜时周恤之。愚鲁之徒，贤智者宜时教导之。总以相扶相助为念。至于尊长，尤不得与卑幼戏谑，致为有识者所笑。此吾乡之陋俗，不可不切戒矣。

四、和乡邻

岁时款洽，谊笃比邻；患难扶持，世称乡里。我先世以忠厚传家，凡属子孙，务必谦虚乐易，与人无争。不得恃血气以凌人，逞奸诈以滋事，徒害邻里，终累身家。若有不肖子弟，恃强恃诈，或倚仗族人之势，欺侮乡党者，长辈亟诫责。尤宜念睦姻任恤之风，实为古道，待人务从乎厚，处世毋涉乎骄。至于修桥、补路、拯溺、救饥、恤寡孤、劝善、教不能诸事，凡有益于桑梓者，量力行之。生长聚族之邦，其亦共有所赖也夫。

五、教子弟

子弟以读书明理为上。为父兄者必师从德者，慎择益友，俾得朝夕渐摩，学问有所成就。光前裕后之图，计莫逾此。其有资质不能读，及力不能读者，则为农、为工、为商，即佣雇营生，亦属正业。总当责以勤俭，教以安分，令其学为好人，切不可任令游手好闲，以致败坏家声。至于富贵之家子弟，性质即有琰刘，亦当以师为约束，切勿娇养溺爱，终受必家之富。所谓子孙虽愚，经书不可不读也。

六、戒习染

习俗之坏人子弟，事不一端。其显者则嫖也，赌也，酒也，烟也，而近年尤有入会、结盟等恶习也。江湖无赖随处煽诱，年轻子弟每为所牵。轻则有玷行为，重则显干法纪，其祸不可胜言。即轻薄之行，猾利之语，戏谑、骂詈、欺诞、狂佻，市井恶少情形，亦当引为切戒。至于干预词讼，习以为能，亦非立身之道，曷若不入公门之为愈乎？

七、奖名节

忠臣孝子，代有表彰；潜德幽光，岂容湮没。族中如有孝子、悌弟、义夫、节妇，确有实迹未经旌奖者，应由族人备录行状，录入族谱，以彰其行。斯亦一族与有荣焉之事，不可不知。

八、慎婚嫁

玉洁冰清，固称佳偶；荆钗布裙，不失良姻。凡族姓为男配，为女择婚，必须清白之家，门户相当者，方许联姻。不得贪图财物，轻信冰人，不辨薰莸，苟且作合。万一误结朱陈，使日后儿女竟不齿于乡曲，深为可惜。

祖　训

荣辱相关，利害相及；忠义为重，财帛为轻。为父母当慈，为子女当孝。夫妻应互敬互谅，兄弟应相亲相助。立身以品德第一，读书以济世至上，强身以运动为主，处世以谦和为本，立业以奋斗为先，治家以勤俭为重。子孙都能遵守，胡家庶几有望。

为人谦和　居官清廉
静以修身　俭以养德

祖　戒

勿失坟墓，勿忘祭祀，勿珍奇巧，勿务奢侈。
勿贪酒色，勿夺财货，勿学赌博，勿用机智。
勿扬人恶，勿淫人妻，勿弃故旧，勿趋权势。
勿忘人恩，勿背人约，勿听谗言，勿用刻薄。
勿友不如己，勿执己自是，勿妄欺孤寡，勿苛责奴婢。

（胡求南　供稿）

俞　氏

家　规

凡祖宗所立之良规，与先人治家之法言，今皆斟酌受益，树荣知耻，修身谨行，庶不至于有辱先祖也。

敦孝悌：凡为人子，必孝其亲，尊老慈幼。孝亲敬长之道载诸经传，吾宗子弟宜遵行。不孝不悌之人，族人共责之。

崇忠信：子孙出仕者，务以报国为心，恤民为念，不可一毫妄取于民。吾宗子弟贫富当须以义命自安，一言一行务要诚信，遵纪守法，治田经商本分勤苦。凡有子弟心术不正者，家长当极陈利害以训诫，不可坐视而玷家声。

明礼仪：凡立身行己出处去就，心循礼而动，由义而行。舍此何以立世？

知廉耻：安贞养素，以恃其刚；正直果毅，以励其节。自尔垂芳于世。

务正业：民生在勤，勤则不匮。凡吾宗子弟士农工商应勤苦经营。士勤于读，富诗书；农勤于耕，裕谷粟；女勤于织，余布帛；商贾百工皆以勤为业。切不可游手好闲，虚度光阴。

睦宗党：族中子弟年龄大而无婚不能娶者，过世族亲不能举葬者，族亲应共挟辅之；向学有进者，苦志力学子弟，不拘其家窘有，亲人应量行措置资助。惟是死之必赴，冠婚必告。少而孤老而贫无所归者，富实者应收之。患难相恤，疾病相扶，庶尽敦睦之道。凡吾同宗，不得恃血气凌人，逞奸诈以滋事，徒害乡里。若有不肖子弟，恃强凌弱，欺侮乡党者，长辈亟戒责。

尊师傅：师者，所以传道、授业、解惑者也。徒弟对师傅则要爱戴、尊重、钦佩。随行隅坐，问难析疑。勿生厌薄，勿敢荒嬉。耳提面命，敬而听之。程门高弟，立雪忘疲。隆师重道，自古如斯。

教子弟：生育子女，重在教养。启其愚顽，启迪智商。德才学识，全面向上。立志成才，以仕栋梁。子弟以读书明理为上，为父兄者必延聘名师，慎择益友，俾得朝夕渐摩，学问有所成就。遇则掇芹取第，不遇亦不失为通人。光前裕后之图，计莫逾此。

丧葬慎：治丧仪制自宜从厚，然亦视其力之所可为，与分之所当为与否，可为而不为，与不当为而为者，皆非礼也。况父母之丧戚莫大焉，在致敬尽哀而已。世族多有务为观美，越分竞华，燕饮鼓乐，意在显亲，而不知殊乖礼法，大悖古人理丧葬之道，慎勿效之。

积阴骘：祖宗积德行善，福泽波及子孙。古人言，功名利禄皆由积德之士所有，故积德亦可以成为有形的回报，只要能安分守己，处处以守为重，则不会迷失心性。

（俞德亮　供稿）

饶　氏

家　训

敦孝弟，睦宗族，息争讼，勤职业，戒奢侈，戒鄙吝，存忠厚，正家庭。

（饶春如　供稿）

姚　氏

家　训

一、人子莫大于孝，孝莫过于顺；顺意，则悦；顺命，则喜。膝下承欢，虽家贫者，菽水可奉，何必膏粱！有一等于父母之前，厉声秽语、忤逆不顺，甚至一子分灶，不顾父母之养。一经父母投首家房，立唤到祖厅，细询情由，小则责罚，大则革名，不许与祭。更有纵妇不孝舅姑，询其情实，议其去取并重罚其故纵之罪。公议后来收族，其夫妇不许入谱，盖祖宗有不愿此子孙，实有愧于祖宗矣。

二、兄弟务要和气，勿因些少财物、田地遂生嫌隙。语云：难得者，兄弟；易失者，田地。中有兄弟少占便宜，宜相让，不宜相争。语云：但得家和贫也好，若教不义富如何。

三、要宜家室。凡为人者，欲全孝悌之美名，切勿轻听妇人言。诗云：妇有长舌，维厉之阶。且妇人见浅，不知大义，男子溺爱，不知其非，以致犯大恶，冒不韪，其流弊所底，不敢告人者，悉缘此也。愿世世子孙，毋蹈柔肠，须立刚节，乃称无忝所生云。

四、要睦宗族。子孙十百千万，莫非同源共流。故于长上，则思尊崇之，（于）弟侄，则思抚爱之，吉相庆，凶相恤，疾病相扶持，贫乏相济。所以宗族亲睦而先业不坠也。间有挟私泄私愤，致乖和气，甚非一体之义，为子孙者，宜切戒之。

五、要崇祀典。诗云“禴祠蒸尝”，盖言祭也。习俗之坏，固有家累千金，祖宗弗享二簋，日食万钱，岁时罔供俎豆，忍已甚矣。存著之义谓何？

但报本追远，人道之至大者，或四时而祭，或春秋而祀，礼仪必备，必志必虔，不可不急讲焉。

六、要勤生业。士农工商，四民之正，横经负耒，生理之常。故居肆则成事为本，近市则贸易为生，俱要及时勉力，不可错过光阴。游惰嬉戏，蹈入穷途，悔之晚矣。

七、要奖劝书香。合房子孙贤俊者少，而粗粝者多，祖宗在天之灵，必有所不安者。端有未曾读书，往往如是。兹合房有子孙可以造就者，必深加勉励，使成肄业，以振书香。语云：黄金满箱，不如教子一经。宜毋忘斯言焉可！

八、要完国课。朝廷每岁所需，必赖乎此。苟积之不完，甚非为臣之道。后人各宜勉力，毋得挨延，实为美事。朱子云：国课早完，即囊橐无余，自得至乐。诚哉是言也。

九、淫行为万恶之首，子孙有蹈此行，立即革名，不许与祭。其有帷薄不修之为，丈夫明知而故纵之，此尤甚于辱身贱行之所为，一经捉获，夫妇不许入谱，以辱先灵。

十、贫穷无赖、自入匪类、行流穿窬者，一经通族闻知，必鸣鼓共攻，使其改过自新。苟仍蹈前辙，或经外人拿获，立即革名除谱，不许与饮。

（姚永沂、姚家财　供稿）

钱　氏

武肃王八训

（一）曰：吾祖自晋朝过江，已经二十七代。承京公枝叶居住安国。吾七岁修文，十七习武，二十一上入军。江南多事，溪洞猖獗，训练义师，助州县平溪洞。寻佐陇西，镇临石镜。又值黄巢大寇奔冲，日夜领兵，七十来战，固守安国、余杭、于潜等县，免被焚烧。自后辅佐杭州郡守，为十三部指挥使。值刘汉宏谶起金刀，拟兴东土，此时挂甲七年，身经百战，方定东瓯。初领郡印，寻加廉察。又值刘浩作乱于京口，将兵收复，即绾浙西节旌。又值陇西僭号，诏敕兴兵，三年收复罗平，蒙大唐双授两浙节制，加封郡王。自是恭奉化条，匡扶九帝，家传衣锦，立戟私门。梁室受禅，三帝加爵，封锡国号。后唐兴霸，重封国号，玉册金符，专降使臣，宣扬帝道，受非常之叨，忝播今古之嘉名。自固封疆，勤修贡奉。吾五十年理政钱唐，无一日耽于三惑，孜孜矻矻，皆为万姓三军，子父土客之军，并是一家之体。

（二）曰：自吾主军六十年来，见天下多少兴亡成败，孝于家者，十无一二。忠于国者，百无一人。予志佐九州，誓匡王室，依吾法则，世代可受光荣。如违吾理，一朝兴亡不定。

（三）曰：吾见江西钟氏，养子不睦，自相图谋，亡败其家，星分瓦解。又见河中王氏、幽州刘氏，皆兄弟不顺不从，自相鱼肉，构讼破家，子孙遂皆绝种。又见襄州赵氏、鄂州杜氏、青州王氏，皆被小人斗狯，尽丧家门。汝等兄弟，或分守节制，或连绾郡符，五升国号，一领藩节。汝等各立台衡，并存功业。古人云：妻子如衣服，衣服破而更新。兄弟如手足，手足断而难续。汝等恭承王法，莫纵骄奢，兄弟相同，上下和睦。

（四）曰：为婚姻须择门户，不得将骨肉流落他乡，及与小人之家，污辱门风。所娶之家，亦须拣择门阀。宗国旧亲，是吾乡县人物，粗知礼义，便可为亲。若他处人，必不合祖宗之望。

（五）曰：莫欺孤幼，莫损平民，莫信谗人，莫听妇言。

（六）曰：两国管内，绫绢绸绵等贱，盖谓吾广种桑麻。斗米十文，盖谓吾遍开荒亩。莫广爱资财，莫贪人钱物。教人勤耕勤种，岁岁自得丰盈。

（七）曰：吾家门世代居衣锦之城郭，守高祖之松楸。今日兴隆，化家为国，子孙后代，莫轻弃吾祖先。

（八）曰：吾立名之后，须子孙绍续家风，宣明礼教。子孙若不忠、不孝、不仁、不义，便是破家灭门，千叮万嘱，慎勿违训。

祖　训

个人：

心术不可得罪于天地，言行皆当无愧于圣贤。曾子之三省勿忘，程子之四箴宜佩。持躬不可不谨严，临财不可不廉介。处事不可不决断，存心不可不宽厚。尽前行者地步窄，向后看者眼界宽。花繁柳密处拨得开，方见手段；风狂雨骤时立得定，才是脚跟。能改过则天地不怒，能安分则鬼神无权。读经传则根柢深，看史鉴则议论伟。能文章则称述多，蓄道德则福报厚。

家庭：

欲造优美之家庭，须立良好之规则。内外门闾整洁，尊卑次序谨严。父母伯叔孝敬欢愉，妯娌弟兄和睦友爱。祖宗虽远，祭祀宜诚；子孙虽愚，诗书须读。娶媳求淑女，勿计妆奁；嫁女择佳婿，勿慕富贵。家富提携宗族，置义塾与公田；岁饥赈济亲朋，筹仁浆与义粟。勤俭为本，自必丰亨；忠厚传家，乃能长久。

社会：

信交朋友，惠普乡邻。恤寡矜孤，敬老怀幼。救灾周急，排难解纷。修桥路以利人行，造河船以济众渡。兴启蒙之义塾，设积谷之社仓。私见尽要铲除，公益概行提倡。不见利而起谋，不见才而生嫉。小人固当远，断不可显为仇敌；君子固当亲，亦不可曲为附和。

国家：

执法如山，守身如玉。爱民如子，去蠹如仇。严以驭役，宽以恤民。官肯着意一分，民受十分之惠；上能吃苦一点，民沾万点之恩。利在一身勿谋也，利在天下者必谋之；利在一时固谋也，利在万世者更谋之。大智兴邦，不过集众思；大愚误国，只为好自用。聪明睿智，守之以愚；功被天下，守之以让；勇力振世，守之以怯；富有四海，守之以谦。庙堂之上，以养正气为先；海宇之内，以养元气为本。务本节用则国富，进贤使能则国强，兴学育才则国盛，交邻有道则国安。

族规十则

——钱粮为维正之供，食毛践土之伦。理宜激发天良，输将国课。凡我族众，务各应时清纳，毋累亲房。

——孝悌为伦常之本，爱亲敬长，自具良能。子姓中倘有狂悖之徒，敢于忤逆父母，干犯长上者，通知族房尊长，召之家庙，集众惩之。再敢不驯，送官处治，免启效尤之渐。

——闺门为风化之原，男女授受不亲。礼垂明戒吾族，诗书裕后，义教传芳。祖训昭然，自当恪守。倘有无耻子弟，渎伦乱纪，一经发觉，无论亲疏长幼，均在必惩之例，男逐女出，法不容宽。

——执业为立身之要，读书筮仕洵堪耀祖光宗，贸易耕田多易兴家创业。即或食贫居贱而肩挑佣作，亦可谋生。苟为隶卒倡优，实属家门之玷。甚或名称堂子优且兼倡，羞恶牿亡，莫如斯极，黜之族外，谁曰不宜。

——尝田为祀事之资，前代流遗端宜宝守，后贤慈孝尤望加倍。倘有不肖子孙，擅敢私行典卖，罪无旁贷，立即革逐呈追。果能悔改前非，赎还归众，宽以自新之路，许其与祭入祠。

——坟墓为发祥之地，先茔所在，灵爽攸栖。凡我族人，果其善种心田，则灵气应钟，自可添丁发贵。倘或惑信堪舆，贪谋风水，敢在祖坟左右盗掘，妄希侧葬附葬者，心存险恶，不惟天理所不宥，抑亦家法所难容，众共黜之，咎何可逭。

——承祭为明礼之典，我族簪缨累叶，济济人文执事，骏奔观瞻共属，主祭序齿，虽曰旧规，然必须名列绅衿，衣冠整肃。如系白丁褴褛，何妨退让一班。

——配享为祔食之义，序依祖庙分享馨香。下以尽人子之心，上以叨先人之荫，礼所宜然。前人因公尝产微薄，故议定，每名例出银贰两，交理人收存，必须汇齐置产额定，递年中元之期，每名发大钱贰拾文，庶事归实际而祖业益永。

——题名为耀祖之光，凡科举廪增附以及捐职顶御，均应祠内题名书匾，方准照规颁胙。每名上例额定贴出酒席笔资银壹两，交理人备用，免致没而无名。

——古树为遮阴之益，凡祖坟宗祠祖堂前后左右所蓄树木，风水攸关，务宜父诫其子，兄勉其弟，不敢胆然妄砍。如有不肖之裔贪利盗伐，一经擒获，定即送官究治，决不姑贷，以杜效尤，而免伤害。

家训八则

一、训孝

父生母育，离里属毛。瞻依所在，膝下非遥。顾我复我，永夕永朝。三年免怀，殷望承祧。恩深地厚，德极天高。报恩报德，义不容逃。周公大舜，千古人豪。不匮难学，用力用劳。鸡鸣盥漱，笄总拂髦。高堂百岁，子难半遭。一有不孝，例载明条。家法严肃，权自众操。

二、训弟

事长之道，不外一恭。天伦是重，手足相通。弟惟爱敬，兄乃顺从。兄弟和乐，父母融融。角弓翩反，玷辱祖宗。埙篪叶奏，孝在其中。有侮宜御，有财宜公。莫因争产，攘臂逞凶。莫惑妇语，平地波风。类如此犯，族中不容。言亲而切，暮鼓晨钟。嘱尔卑幼，尚其敬共。

三、训忠

忠主无伪，道大而微。二三其德，是为自欺。表里如一，无从诡随。丹心贯日，屋漏莫亏。我思古人，节义昭垂。生死弗顾，鼎镬如饴。大忠匪易，小忠可为。为人谋事，曾子省之。一念不尽，念念皆私。私心一起，业脞堪危。奸雄祸至，咎归于谁。约我子姓，学忠勿违。

四、训信

言而有信，州里可行。信友有道，首在顺亲。人要不忘，相应同声。仪型文王，止善交盟。岂若为谅，徒交硁硁。豚鱼可及，中孚利贞。毋轻然诺，毋肆讥评。果确其志，金石其音。言不妄发，修辞立诚。人而无信，何以立身。大则失义，小则忘情。譬彼軏輗，无之斯惩。

五、训礼

道德仁义，非礼不成。礼之为用，自卑尊人。释回增美，措正施行。嫌疑以决，是非以明。文素多少，详于礼经。视听言动，载在缄铭。为子无礼，何以孝亲。为臣无礼，何以忠君。富贵无礼，非骄则淫。贫贱无礼，志莫能伸。人而无礼，禽兽之心。为礼以敬，须知步绳。

六、训义

义之与比，君子凛然。无莫无适，守经达权。性无胶固，行毋拘偏。制事详审，谋虑周全。积而能散，安而能迁。张公好义，万亩曾捐。施德行惠，绩著简编。矜孤恤寡，敬老尊贤。勿吝己有，勿谋良田。邻里乡党，济急为先。愿我子姓，任恤睦姻。义以为质，庶几勉旃。

七、训廉

避兄离母，仲子非廉。操之有要，守之为坚。临财毋苟，见异勿迁。昔有项氏，饮马投钱。四知夙凛，杨震流传。一介不取，一丝不牵。清操自适，孰与比肩。我族宜法，知足为贤。始有苟合，少有苟完。淡泊明志，天君泰然。穷达分定，切莫求怜。一念之贪，祸不期延。

八、训耻

行己有耻，是为寡尤。不愧不怍，始见真修。立功立德，引为己优。耻不若人，作逸日休。耻躬不逮，言虑贻羞。耻为人役，各正厥谋。人而无耻，甘居下流。放辟邪侈，分外营求。笑骂弗顾，礼义不由。或为隶卒，或作倡优。一旦干咎，性命难保。子姓犯此，屏之勿留。

（钱师淮　供稿）

徐　氏

家　训

传家二字曰：读与耕；兴家二字曰：勤与俭；安家二字曰：忍与让；妨家二字曰：盗与奸；亡家二字曰：淫与暴。家庭要和睦，家族要强大，宗族要团结，天下在心中。

告　诫

休生猜疑之心，休听离间之语，休做生忿之事，休赚公共之利。吃紧在尽力求实，切要在潜消未形。子孙不愁少而愁不才，产业不愁贫而愁喜张，门房不愁衰而愁无志，交友不愁寡而愁从邪。不肖子孙眼底无几句诗书，胸中无一段道理，神昏如醉，体懈如瘫，意纵如狂，行卑如丐，败祖宗成业，辱父母家声。是人也乡党为之羞，妻子为之泣，岂可入吾祠。

（徐金华　供稿）

黄 氏

家 训

忠君上，孝双亲，笃友爱，重祠墓，敬尊长，肃家门，谨嫁娶，亲族属，睦里党，训诵读，崇勤俭，遵训迪，慎交游，戒兴讼，戒奸淫，戒赌博。

家规十则

一、效忠顺

尊君亲，上为下至之义。凡我族人，为官者尽心报国，廉明自守，毋作贪婪以贻父母羞；为民者竭力奉上，国课早完，毋作愚顽以贻上人尤。则忠顺之道，得合族有光矣，各宜慎之。

二、敦孝友

爱亲敬长，天性自然。有亲而不知爱，有兄而不知敬，谓之行尸走肉，与牛马何异？凡我族人，各念所生，亲在之日，极宜和颜悦色，柔声下气，朝夕奉养。无惓兄弟，则怡怡一堂，式好无尤。勿贪财产，勿私妻妾，则孝友之道，克全人生，可无憾矣，毋贻后悔。

三、崇师友

师严友亲，集益甚大，终身事业，悉从此出。凡我族人，延师教子，当择其文行兼优者而从之，务宜恭敬周密，毋致怠忽，若遇同仁则赤心见胆，勿生虞诈，投编赠疗，勿怀鄙吝，斯文之报，断在不爽。

四、重丧祭

丧者不过为父母一时之费也，祭者不过为祖宗一日之养也。父母之恩，昊天罔极，祖宗之德，没世难忘。古之仁人，设为丧祭，特借此一时一日，稍报无穷之思于万一耳。于此而不用诚敬，良心安在。凡我族人不幸临丧之时，食衾棺木，缞麻擗踊，务要件件周密，祭祀之日，牺牲粢盛，衣冠笾豆，务要事事精洁，追思父母、祖宗生前恩仪，若何俨然，如在其上，庶乎近之。

五、联族谊

族系繁衍，螽斯之庆，子姓虽远，皆同一脉，苟分亲疏，各立门户，皆非敦本之道。凡我族人，务宜联为一体，有无相通，吉凶同患，毋致以强凌弱，以众暴寡，即有不情，必须经族剖断，若遽然斗殴兴讼失命，于祖宗面前，众共罚之。

六、和睦乡里

同乡共井号曰桑梓之地。人生不过百年，微逐游戏，何可多得，不宜争长执短，离析间里。凡我族人，务宜漫自怀思，各敦厚道，如孟子所谓：出入相友，守望相助，疾病相扶持，则其交邻也善矣。

七、慎言行

言足招尤、行多惹祸，丧身丧家，皆由此来。自古圣贤，莫不兢兢戒慎也。嗣后凡我族人，各宜慎重。凡出一言，必令可入人耳；凡发一行，必令可合人心。无论大庭广众，所当顾虑，即寻常游戏亦必警心，此守身保家之道也。宜亟识之。

八、宝善类

善人为国家之宝，不特一乡一邑而已。凡我族人，其有孝子慈孙，品行端方之士，不拘贫富务要公举。大则呈官旌奖，小则限于清明祭祖扫坟之日，鸣众举篇，交口赞扬，亦所以表扬善类，勉励后人之意也，亟宜行之。

九、治生业

人赖衣食以生，常思从何处来，惟生财有道，庶免匮乏之虞。凡我族人，务要耕者勤耕，读者勤读，为工为商各习一业，不可虚度光阴，游荡过日，则家有职事，吾族永无饥寒之患矣，尚其思之。

十、崇节俭

天地生物止有此数。若用费奢侈，不惜物力，天地亦所不容。凡我族人，务宜收敛樽节，除祭祀宴宾之外，各宜布衣粗饭，无致冻馁则可矣，语云：俭食得食，俭着得着，其斯之谓矣。

（黄坚　供稿）

曹　氏

十要：

要热爱祖国，要诚信做人，要奉献社会，要友善和睦，要维护公德，要帮困济贫，要勤俭节约，要从政廉明，要敬老爱幼，要科学育人。

十禁：

禁结黑拉帮，禁混迹赌场，禁吸毒贩毒，禁卖淫嫖娼，禁偷窃诈骗，禁欺弱逞强，禁酗酒闹事，禁浪费铺张，禁用权谋私，禁抗法违章。

（曹诚　供稿）

董　氏

城南董氏族规十条

教家之道，千条万绪，非言语文字能罄述。然以身教者从，以言教者讼。为父兄者不可不知，欲求好子孙，未有不自贤父兄培植而来者也。教子之方，要于读书。必能读书乃能明理，能明理始能成器，始能保家，至进取成名。登科、发甲，固视乎命运。然所识科甲中人，其家三世读书而始发达者，十居八九；若先世目不识丁，而其身崛起田间，至登甲、乙榜者，百中仅一二焉。俗语所以有“书读三世发”之言也。兹所定族规十条，皆众立之。故纂而存之，刊之于此，愿与族之子弟，世世共遵守之。或有遗漏及应添立规条，异日重刻时，固可增入。

奉祖先

水源木本，理不可忘。但思身所自来，则由吾父而吾祖，一一追溯，虽十世、百世固不得以为远也。奉先思孝，古训昭垂，帝王且然，况大夫、士庶哉。吾家自远祖以来所立家规：凡先世考妣生日、忌辰，家中必当设祭之礼。岁首、岁除、端午、中秋亦如之。新岁暨清明，必相率扫墓，古人所谓上冢也。各家无论老幼，必当亲诣墓前，行三叩首礼。虽大风雨雪，不得惮劳。此乡族所同，子孙宜永永循守。庶几因时感慕，不至忘春露、秋霜之恩乎。万物本乎天，人本乎祖，但有心知，亦可共明此理也。

孝父母

属毛离里，怀抱恩深；择傅延师，劬劳念切。苟或不孝，禽兽何别。但不孝匪一端，如《孟子》言，世俗所谓不孝者五，大略该之。而好货财、私妻子，尤为乡俗通弊，不可不以为切戒。至于违犯孝令，律有明条。凡子孙于及父母，骂者罪即绞决；殴则斩决；杀者凌迟处死。例禁森严，虽下愚亦当知畏。苟念生我、鞠我、抚我、育我之德，则服劳、致敬、就养，无方天性所流，自有不能已者，何至尚有忤逆哉。倘有不孝之子，合族须预为教戒，俾知悛改。庶免酿成枭獍，贻累族人。

和兄弟

长枕大被，天子且然；让枣推梨，昔人称美。但人家兄弟，当幼小时无不十分友爱。其后之不睦者，大抵因妻子、争财产而已。抑或此贫彼富，有求莫应，若秦、越人之相视。同气参商，半皆由此。夫一父之子，即非同胎共乳，有前后嫡庶之别，亦属一气所生。骨肉至亲，尚成嫌隙，子孙尤而效之，有不破家者乎？堂从兄弟，尚宜和睦，况在同气乎？族中宜互相教戒，共笃友矣，则出入怡怡，家风不陨，亦同宗之光矣。

睦宗族

贵贵贤贤，义无偏诎。亲亲长长，分有常伸。凡子姓之分支，皆祖宗之一脉。尊卑之分，秩然不淆。长幼之情，蔼然相浃。喜则相庆，忧则相吊。贫弱之人，富实者宜时周恤之。愚鲁之徒，贤智者宜时教导之。总以相扶相助为念。至于尊长，尤不得与卑幼戏谑，致为有识者所笑。此吾族之陋俗，不可不切戒矣。

和乡邻

岁时款洽，谊笃比邻；患难扶持，世称乡里。先世以忠厚传家，凡属子孙，务必谦虚乐易，与人无争。不得恃血气以凌人，逞奸诈以滋事，徒害邻里，终累身家。若有不肖子弟，恃强恃诈，或倚仗族人之势，欺侮乡党者，长辈亟诫责。尤宜念睦姻任恤之风，实为古道，待人务从乎厚，处世毋涉乎骄。至于修桥、补路、拯溺、救饥、恤寡孤、劝善、教不能诸事，凡有益于桑梓者，量力行之。生长聚族之邦，其亦共有所赖也夫。

教子弟

子弟以读书明理为上。为父兄者必延聘名师，慎择益友，俾得朝夕渐摩，学问有所成就。遇则掇芹取第，不遇亦不失为通人。光前裕后之图，计莫逾此。其有资质不能读，及力不能读者，则为农、为工、为商，即佣雇营生，亦属正业。总当责以勤俭，教以安分，令其学为好人，切不可任令游手好闲，以致败坏家声。至于富贵之家子弟，性质即有琰刘，亦当以师为约束，切勿娇养溺爱，终受必家之富。所谓子孙虽愚，经书不可不读也。

戒习染

习俗之坏人子弟，事不一端。其显者则嫖也，赌也，酒也，烟也，而近年尤有入会、结盟等恶习也。江湖无赖随处煽诱，年轻子弟每为所牵。轻则有玷行为，重则显干法纪，其祸不可胜言。即轻薄之行，猖利之语，戏谑、骂詈、欺诞、狂佻，市井恶少情形，为大雅所深鄙，亦当引为切戒。至于干预词讼，习以为能，亦非立身之道，曷若不入公门之为愈乎。

奖名节

忠臣孝子，代有表彰；潜德幽光，岂容湮没。族中如有孝子、悌弟、义夫、节妇，确有实迹未经旌奖者，应由族人备录行状，会众覆实，联名举报，或请匾额，或请旌表。斯亦一族与有荣焉之事，不可不知。

慎婚嫁

玉洁冰清，固称佳偶；荆钗布裙，不失良姻。凡族姓为男配，为女择婚，必须清白之家，门户相当者，方许联姻。不得贪图财物，轻信冰人，不辨薰莸，苟且作合。万一误结朱陈，使日后儿女竟不齿于乡曲，深为可惜。嗣后，如有不分良贱，不论可否，与奴隶倡优等为姻者，合族公屏之，不复与齿。

急赋税

践土食毛，自应输赋；急公好义，岂许逋粮。况国家惟正之供，按季征收，如额而止，先后不免。何苦延挨观望，伺候公庭，自取鞭扑耶？凡吾族于本户地丁漕粮各项，须依期投纳。即近年筹饷捐输，亦朝廷万不得已之举，亦不可逾延拖欠。庶催科不扰，门户晏如，岂非乐事？至佃田耕种，亦宜早纳年租。荒歉求减，必须情理相商。族中宜交相劝导，谕以急公。此所谓国课早完，自得至于乐者也。

城南董氏族禁六条

族禁以下六条，仅就其大者言之，皆断断不可有之事。又如族中妇女，不幸夫故孀居，自宜以守节为贵。然此非可强自他人。惟既经改醮，即非本族之妇，古人所谓“出则与庙绝者”也。虽有子孙，谱中必削其名氏。续修之日，概不许刊入。其余亦概以族禁为准。至于乱宗一事，关系尤重。有载“无子者，许令同宗昭穆相当之侄承继，先尽同父周亲，次及大功、小功、缌麻。如俱无，许择立远房为嗣”。又有“长子无子，次子不得有子”，必“于昭穆相当亲族内，择贤择爱，听从其便”之例。是立嗣，总以同宗为准。其乞养异姓义子，以乱宗族者，有“杖六十，其子归宗”之律。吾族四百余年以来，尚未闻有此弊端，自当永远为法。如有螟蛉乞养、出自异姓者，虽不能绝其往来，而其名及所后子孙，则概不入谱。嗣后修谱时，务当严守勿易。倘徇情迁就，即属不肖子孙，必遭祖宗阴殛。慎之，志之。

禁当差

皂、快、壮各班，门子、禁、卒、捕役、仵作，皆统名之曰“隶”，例不准考，本族子孙不得充当。违者，屏勿齿，谱削其名。

禁为匪

盗必干诛，窃亦罹罪，诱拐等事，均犯科条，辱宗甚大。族中子孙，不得有犯。违者，预行逐出，屏勿齿，谱削其名。

禁入会

哥老、添弟等名，及江湖放飘、结盟、拈香，皆匪徒所为，显干法纪。族中子孙，不得听其引诱，致罹重咎。违者，屏勿齿，谱削其名。

禁从教

白莲、闻香、灯花等名目，屡奉严禁，皆系妖言，近年尤实繁有徒。或传自远方，或起自内地，总之不可学习、信从。族中子孙，惟宜守孔孟之规，勿为邪说所诱。违者，屏勿齿，谱削其名。

禁出家

释老之宗，流传虽久，而为僧、为道，则已弃父母，何论祖宗。族中子孙，不得甘于削发、易服。违者，屏勿齿，谱削其名。

禁自贱

优伶等诸乐户、生、旦、净、丑、末，均系下流，而娼妓更无论矣。族中子孙，宜世保清白，不得自甘下贱。违者，屏勿齿，谱削其名。

（董隽　供稿）

蒋　氏

家　训

伯龄裔，名望族；重礼义，严家训。爱祖国，爱人民；树正气，立忠诚。
敬天地，敬祖宗；虔祭祀，永传承。孝父母，天地鉴；护孩童，敬长辈。
兄弟睦，妯娌亲；夫妇和，大家庭。教子女，立壮志；博才学，造诣深。
明礼义，讲文明；好风范，人钦佩。德智体，须兼备；栋梁材，献国家。
若从政，守清廉；严法纪，奖罚明。好心肠，扶危困；怜孤寡，真修行。
勤与俭，为上策；和而忍，是良规。富不奢，贫不靡；胜不骄，败不馁。
戒赌毒，忌奸淫；亏心事，切莫为。辨善佞，远小人；守法纪，正品行。
全忠孝，一片心；倡廉节，三径风。才华溢，德性坚；好男儿，锦绣程。
站得高，看得远；与时代，共奋进。

（蒋继林、蒋文达　供稿）

揭　氏

族　规

规之为言模也范也，模范不立则无所遵守，用是设立规条，俾族中子孙讲之素而行之熟，循循于准绳之中而莫之敢肆，则孝子贤孙自此而林林辈出矣，谨陈其事如下。

孝弟当先

孝敬父母尊敬长上，乃百行之首万善之源，人能尽得此道，天地鬼神相之，亲戚邻里重之。但人子尽孝不必定要酒肉，菽水亦可承欢。言语须听从，颜色须和婉，进馔须恭敬，晨昏须定省，疾病勿离左右，衰迈勿失照料，随分尽礼便是孝顺。至于兄弟乃一体所生，兄友弟，弟恭兄，天叙当然，言语须巽顺，座次须雁行，勿因家财而起争斗，勿听妻子而生嫌隙，一堂雍睦何等快事。倘不孝不弟不但子弟效尤，即天理不容，祖宗不佑，官府不赦，族法不饶。家长者每饭教之，以启其良心可也。

职业当勤

士农工商，业虽不同，是皆本职，勤则业修，惰则业废。修则仰事父母、抚养妻子有赖，废则资身无策，不免贻笑乡里。然所谓勤者非徒尽力，实要尽道，如为士者则当先德行后文艺，切勿因读书识字侮文法，颠倒是非，造欧谣匿名帖。举监生员不得出入公门，有玷行止；仕宦不得以贿败官，玷辱祖宗；农者不得欺赖田租；工者不得作淫巧售敝器；商者不得纨绔冶游，酒色浪费。亦不得越四民之外为僧道，为胥隶，为游戏，为椎埋屠宰。若赌博一事，近来相习成风，凡倾家荡产招祸速衅，无不由此犯者，宜会族众送官惩治，否则罪坐房长。

节俭当崇

人生福分各有限，若饮食衣服日用起居从朴啬，有余不尽之物以还造化。且以俭示后，子孙可法，有益于家，以俭事率人，敝俗可挽，有益于国也。顾莫之能行，何哉？其弊在好门面一念始，如争讼好赢的门面，则售产借贷讨人情，钻刺吉凶；礼节好门面，则卖田嫁女，厚赂聘媳，铺张发引，开厨设供，击鲜散帛，浪用绫纱；又如搬戏许愿，预修祈福，力实不支，设法应用，不知挖肉成疮，所损日甚。此等恶俗可悲可怜。

四礼当行

先王制冠婚丧祭四礼以范后人，载在性理大全及家礼，仪节者皆奉。

国朝颁降者也，民生日用常行，此惟最切，惟礼则成父子兄弟夫妇之道，无礼则禽彘耳。冠有三加，此礼已古，其衣冠履袜，士农工商在各安其分耳。婚则择门第辨良贱，无贪下户货财，将女许配，作践骨肉，玷辱宗祊；丧则惟竭力于食衾棺椁，遵礼哀泣，棺内不得用金银珠宝等物，吊者止款茶，途远待以素饭，不设酒筵，服未除不嫁娶，不听乐，不与宴贺，丧经不入公门。葬必择地避五患，亦不泥风水邀福，以致年远不葬祭，亦不得混葬祖坟。祭则聚精神致孝享内外一心，长幼整肃，具物惟称有无，不得为非礼之礼。此皆孝子慈孙所当尽者。

祠堂当肃

祠乃祖宗神灵所依，墓乃祖宗体魄所藏。子孙思祖宗不可见，见所依所藏之处即如见祖宗一般。时而祠祭，时而墓祭，皆展亲大礼，必加敬谨，凡栋宇有坏则葺之，罅隙则补之，垣砌碑石有损则重整之，蓬棘则剪之，树木什器则爱惜之；或被侵害盗卖盗葬，则同心合力复之。或前后左右子孙犯规傍葬，合族公击责罚，务令起迁，如强梗不遵，即鸣官究治押迁。患无忽小，事无徇情。庶祖灵有依，祖墓得安。族人所宜首遵者。

名分当正

五服之亲，叔侄兄弟，井然不紊，言语必巽，拜揖必恭。座次必依先后，至于同族之人仍照叔侄序列。彼此情意相洽，心亦相安，名门故家，礼可法也。又有尊庶母为嫡，跻妾为妻者，大乖纲常，反滋诟笑。若同族义勇亦必有约束，不得凌犯疏房长幼，有失族谊，且寓防微杜渐之意。

族谊当重

睦族之要有三，曰尊尊，曰老老，曰贤贤，各名分属。尊者尊也，则恭顺退逊不敢触犯；分属虽卑而齿迈众老也，则扶持保护事以高年之礼；有文行兼彦贤也，贤者乃本宗桢干，则亲炙之景仰之，每事效法，忘分忘年以敬之，此之为三要。又有四务：曰矜幼弱，曰恤孤寡，曰周窘急，曰解忿竞。幼者稚年，弱者鲜势，人所易欺，为之矜悯扶持可也；鳏寡孤独王政所先，况乎同族岂忍坐视？贫者恤以善言，富者恤以财谷，皆阴德也；衣食窘急，生计无聊，命运亦乖，则量己力以周之，不必望其报，不必使人知，亦尽吾心焉；人有忿则争竞，得一人劝之气遂平，遇一人助之气愈激，然当局而迷者多矣，居间解之，族人之责也，亦积善之一事也，此之为四务。

继嗣当慎

立后承继所以重宗嗣也，但立继时必先择同父周亲，次及缌功五服，如俱无人可立，另择远房，亦必伦序相应，倘尊卑失序，律杖六十，改立应继之人。至立嗣子后又得生子，而立后必以其家产所生者与原立继子均分，或夫妻俱亡，生前未经立继死后不必立也。当如礼之无后祔食祖庙，将遗产祔祭田，永杜争夺之患。现奉例载，应继不得于所后之亲，其所择立贤能及所亲爱者，不许亲房指以次序告争。

闺门当肃

教妇在初来，择必世德。礼曰：逆家子不娶，乱家子不娶。颜氏家训曰：娶妇必欲不如吾家者，盖言娶贫妇有益也。至于近时恶俗，人家妇女，有相聚二三十人结社讲经不分晓夜者，有跋涉数千里外，望南海走东岱祈福者，有朔望入寺观烧香者，有春节看春灯者，有纵容妇女往来搬弄是非者。闲家之道，一切严禁，庶无他患。

蒙养当豫

闺门之内，古有胎教，又有能言之教。父兄又有小学之教、大学之教，是以子弟易于成材。族中各父兄须知子弟之当教，又须知教法之当正，养正之当豫，七岁便入乡塾学字学书，随其资质渐长有知识，便择端态师友，将正经书史严加训迪，务使变化气质，陶镕德性。他日若做秀才做官，固为良士为廉吏，就是为农工为商亦不失为醇谨君子。

姻里当厚

姻者族之亲，里者族之邻，远则情义相关，近则出门相见。宇宙茫茫幸而聚集亦是良缘，况当蒙时，或多同馆，或共游戏，比之路人迥别。凡事皆当从厚，通有无恤患难，不论相与否俱以诚心和气遇之，即使彼曾待我薄、我不可以薄待，久之且感而化矣，若恃强凌弱倚众暴寡靠富欺贫，捏故占人田地风水，侵人山林疆界，放债违例过三分取息，此皆薄恶凶习，天道好还。尤宜急戒毋自害儿孙也。

守望当严

上司设立保甲办为地方，而百姓却乃欺瞒官府虚应故事，以致防盗无术束手待寇，小则窃，大则强，乃至告官得不偿失。即能护盗，牵累无时，抛弃本业，是百姓之自为计疏也。民族虽散居然多者数百，少者数十户，兼有同邻同井相友相助，依奉上司条约，平居互议出入，有事递为应援，或合或分随分邀截，若族中有不遵防范踪迹可疑者即时察之，如果有事实可据即会呈送官究治，盖思患预防不可不虑，奢靡之乡尤所当虑也。

邪巫当禁

禁止师巫邪术，律有明条。一切左道惑众诸辈宜勿令至门，至于妇女识见庸下，更喜媚神邀福，具感于邪巫，甚于男子。且风俗日偷，僧道之外，又有斋婆、卖婆、卜妇、女相女戏等项穿门入户，人不知禁，以致哄诱费财，甚有犯奸者，为害不小，各夫男须皆预防其动静，杜其往来，以免后悔。此事是齐家最紧事。

赋役当供

以下事上，古今通宜。赋税力役之征，国家法度所系。若拖欠钱粮躲避差徭，便是不良百姓。连累家属，烦恼官府，追呼问罪，甚至枷号，身家被亏，玷辱父母，又准不得事，仍要赋役完官，大失算计。故勤业之人，将一年本等差粮先要办纳明白，讨印押收票存证，上不欠官钱何等自在，亦良民职分所当尽者。

争讼当止

太平百姓，完赋役无争讼便是居家乐事。盖讼事有害无利，要盘缠要奔走，若造机谋又坏心术，且无论官府廉明何如，到歇家便被歇家撮弄到衙门，便受胥役呵斥。伺候几朝夕，方得见官。理直犹可，理曲到底吃亏，受笞杖受罪罚，甚至破家亡身辱亲，害及子孙。总之，自一念客气始，不可不慎，即有万不得已或关系祖宗父母兄弟妻子事情私下处不得，没奈何闻官，只宜从真告诉，官府善察情更易明白，切勿捏假虚词致使反坐，又要早知回头，不可缠讼。

谱牒当珍

谱牒所载，皆宗族祖父名讳，孝子顺孙目可得睹，口不可言，收藏贵密，保守贵久，每岁祭祖时宜各带所编发字号原本到宗祠会看一遍，祭毕仍各自带回收藏。如有鼠侵油淤磨坏字迹者，族长同族正即在祖宗前量加惩戒，另择本房贤能子孙收管，登名于簿以便稽察。或有不肖辈卖谱誊写原本瞒众觅利，致使以赝混真，紊乱支派者，不惟得罪族人抑且得罪祖宗，众共黜之不许入祠。

族 戒

严侵蚀

礼有之：君子虽贫不鬻祭器，虽寒不衣祭服，为宫室不斩于坟木。古人之尊祖敬宗也如此。由是推之，则凡属祖宗物业，其不容有私意于其间也，慎矣。故自今以后，有私伐祠山林树木及与盗卖醮田者同罪，均行黜族。至于管首必公佥正直者一人为总理，数人为副理，遇清明冬至将出入单账共同算明登簿，若有肥侵肥己，及管首而妄收祠租者，合族公击示儆。

杜尖葬

坟茔安厝，原以掩覆先人形体，非为庇荫后人设也。世俗贪谋风水，籍称祠山或越房尖傍，或斩骑龙，甚有山本无分但因同族而冒葬者，福未可知祸已先召，构讼破家事所必至，今后若有犯此者投明族长、族正副、正房长辈，即时押迁。乃带本人入祠责罚，倘强梗不遵公同送官治罪。

防假冒

族大人繁，难以稽考，居址星散，必多假冒，故本邑之揭虽众而莫详所自者，不敢令其入谱，自后有非族而认为族，或同姓而杂居一里，或自外邑移居本村，或继同姓为嗣，或恩养他姓之子，或随母带归之儿，或混冒主姓之仆，虽窃有谱，务须屏拒，无致异类凌乱宗支，即或远年外出归认宗亲者，亦必确实方许入族，敢有贪其货财私卖宗谱者合众共攻，追还原谱，定行黜族。

禁欺凌

族虽分祖，宗则一自。世风不古，罔识亲睦之义。每见族中有以强凌弱者，有以众暴寡者，更有挟富贵而骄，借尊长而傲者，种种恶习殊堪发指，今后若有犯此者合众公罚。

以上规诫谆详严切，惟冀宗人共相恪守，恶念既除善念自生，不为不肖定为贤嗣，于以光前裕后又何愧于世族之云。

（揭象标　供稿）

傅 氏

家规十条

1. 遵纪守法，恪守公德，不酗酒闹事，不聚众斗殴，不赌博盗窃嫖娼。

2. 努力学习文化知识，按科学办一切事业，艰苦创业，自学成才。

3. 孝敬父母，敬待祖辈，生活照顾，疾病要医治，年老要赡养，寿终要安葬。

4. 尊祖敬宗，和族睦亲，做到尊老爱幼，敬大恤小，耿亲别疏，互相谅解。

5. 搞好家庭团结，做到大小和睦，夫妻恩爱，兄弟互恭，婆媳互敬，妯娌互和。

6. 工作认真负责，做事谨慎肯干，积极完成任务。

7. 生活勤俭朴素，持家节约俭用，不铺张浪费，不怠慢懒惰，不好逸恶劳。

8. 待人和气诚实，不骄傲，不粗暴，不阴险奸诈，不献媚取宠。

9. 做事讲求信义，反对口是心非，言行不一，阳奉阴违。

10. 团结乡邻，友爱街坊，做到患难相顾，疾病相扶，守望相助，喜庆相贺。

（傅铋才　供稿）

童 氏

家 训

祇事父母　友爱兄弟　刑于家室　训育子孙
尊敬祖先　敦睦宗族　和协邻里　字恤婢仆
申饬勤俭　慎择婚嫁　严饬闺范　必行善事
居官明鉴　择交良箴

（童乃初　供稿）

温 氏

祖训一

忠社稷，孝为先。雍乡邻，尚礼仪。睦宗族，谐昆季。
敬师长，严子弟。和夫妇，友正人。敦忠厚，端品行。
崇勤俭，重耕读。经商贸，讲诚信。遵法纪，息争讼。

祖训二

忠：为人要忠，对天地、真理、信仰、职守、国家及他人等都至公无私，始终如一。

孝：孝顺父母，尊敬长辈，居致其敬、养致其乐、病致其忧、丧致其哀、祭致其严。

廉：清正廉明、奉公守法、弘扬正气、刚直为人。

节：尊老爱幼、敬老尊贤、守身立志、身心清正。

家训一

热爱祖国，卫国兴邦，维护国格，不卑不亢。
忠厚传家，诗书济世。勤劳致富，理财有方。
立身处世，诚信为本，立足本业，尽心尽责。
尊敬长辈，孝敬父母，赡养老人，细声殷勤。
兄弟姐妹，同胞手足，互相关爱，情真意诚。
夫妻恩爱，相敬如宾，同甘共苦，携手并进。
教育子女，循循善诱，言传身教，宽严适中。
尊敬师长，爱护同学，品学兼优，立志成才。
热心公益，关爱集体，爱护公物，利人利己。
见义勇为，弘扬正气，扬善去恶，义不容辞。
树立爱心，筹募善款，救灾济困，助学扶贫。
健身习武，崇尚武德，锻炼体魄，提高素质。

团结友爱，文明礼貌，乡里和睦，社会安宁。
宁静致远，淡泊明志。谦虚忍让，贵和重义。
破除迷信，崇尚科学。崇俭戒奢，远离黄赌。

家训二

孝父母以报劬劳，和兄弟以敦一本。
敬尊长以明礼让，亲九族以昭雍睦。
及时祭以隆孝道，常醮扫以杜侵占。
勤耕读以务本业，禁淫慝以修帷薄。
息忿争以全身命，崇节俭以免饥寒。
肃子弟以振家风，训妻子以兴家道。

（温金旺　供稿）

曾　氏

家　训

1. 勤字功夫，第一贵早起，第二贵有恒；凡将相无种，圣贤豪杰无种，只要人肯立志，都可以做得到的。

2. 盖士人读书，第一要有志，第二要有识，第三要有恒。有志则不甘为下流，有识则知学问无尽，不能以一得自足，有恒则断无不成之事。此三者缺一不可。

3. 且苟能发奋自立，则家塾可读书，即旷野之地、热闹之场亦可读书，负薪牧牛，皆可读书。苟不能发奋自立，则家塾不宜读书，即清净之乡、神仙之境皆不能读书。何必择地？何必择时？但自问立志之真不真耳！

4. 我要步步站得稳，须知他人也要站得稳，所谓立也。我要处处行得通，须知他人也要行得通，所谓达也。今日我处顺境，预想他日也有处逆境之时；今日我以盛气凌人，预想他日人亦有以盛气凌我之身，或凌我之子孙。常以“恕”字自惕，常留余地处人，则荆棘少矣。

5. 静中细思，古今亿万年无有穷期，人生其间，数十寒暑，仅须臾耳；

大地数万里无有纪极，人于其中，寝处游息，昼仅一室耳，夜仅一榻耳；古人书籍，近人著述，浩如烟海，人生目光之所能及者，不过九牛之一毛耳；事变万端，美名百途，人生才力之能办者，不过太仓之一粒耳。

知天之长而吾所历者短，则遇忧患横逆之来，当少忍以待其定；知地之大而吾所居者小，则遇荣利争夺之境，当退让以守其雌；知书籍之多而吾所见者寡，则不敢以一得自喜，而当思择善而约守之；知事变之多而吾所办者少，则不敢以功名自矜，而当思举贤而共图之。夫如是，则自私自满之见可渐渐蠲除矣。

6. 家中兄弟子侄，惟当记祖父之八个字，曰："考、宝、早、扫、书、蔬、鱼、猪。"余日记册中又有八本之说，曰："读书以训诂为本，作诗文以声调为本，事亲以得欢心为本，养生以戒恼怒为本，立身以不妄语为本，居家以不晏起为本，作官以不要钱为本，行军以不扰民为本。"此八本者，皆余阅历而确把握之论，弟亦当教诸子侄谨记之，无论世之治乱，家之贫富，但能守星冈公之八字与余之八本，总不失为上等人家。

7. 一曰慎独则心安，二曰主敬则身强，三曰求仁则人悦，四曰习劳则神钦。

8. 读经有一耐字诀。一句不通，不看下句，今日不通，明日再读；今年不精，明年再读，此所谓耐也。困时切莫间断，熬过此关，便可少进。再进再困，再熬再奋，自有亨通精进之日。不特写字，凡事都有极困难之时，打得通的，便是好汉。

9. 诸弟在家读书，不审每日如何用功？余自十月初一立志自新以来，虽懒惰如故，而每日楷书写日记，每日读史十页，每日记茶余偶谈一则，此三事未尝一日间断。十月二十一日立誓永戒吃水烟，洎今已两月不吃烟，已习惯成自然矣。予自立课程甚多，惟记茶余偶谈、读史十面、写日记楷本，此三事者誓终身不间断也。

10. 凡人之情，莫不好逸而恶劳，无论贵贱智愚老少，皆贪于逸而惮于劳，古今之所同也。

11. 凡一家之中，勤敬二字能守得几分，未有不兴；若全无一分，未有不败。和字能守几分，未有不兴；不和未有不败者。诸弟试在乡间将此三字于族戚人家历历验之，必以吾言为不谬也。

12. 三乐：勤劳而且憩息，一乐也；至淡以消嫉妒之心，二乐也；读书声出金石，三乐也。

13. 八德：勤、俭、刚、明、忠、恕、谦、浑。

14. 一生之成败，皆关乎朋友之贤否，不可不慎也。

15. 吾家祖父教人，亦以懦弱无刚四字为大耻。故男儿自立，必须有倔强之气。

16. 困心横虑，正是磨炼英雄，玉汝于成。李申夫尝谓余怄气从不说出，一味忍耐，徐图自强。因引谚曰："好汉打脱牙，和血吞。"此二语，是余生平咬牙立志之诀。

17. 谚云：吃一堑长一智。吾生平长进全在受挫受辱之时，务须明励志，蓄其气而长其智，切不可戡恭然自馁也。

18. 家败离不得个奢字，人败离不得个逸字，讨人嫌离不得个骄字。

19. 天下古今之庸人，皆以一惰字致败，天下古今之才人，皆以一傲字致败。

（曾海泉　供稿）

谢　氏

祖训十三条

一、孝父母

父母生养子女身，恩比山高比海深。为人子兮侍左右，宜思养教方成人。
在家婉容愉悦色，奉命唯谨从容身。长上有过容劝谏，莫为琐事伤天恩。
兼听则明尽子职，和妻共孝悦双亲。病则侍奉汤药熬，逝则守孝祭葬殡。
违逆执拗莫仿效，惰行结怨是辱亲。出仕公仆则移孝，作忠显亲扬名真。

二、友兄弟

兄弟姐妹是一体，何分父母亲疏味？小敬大是伦常事，大必爱小亲情意。
长大各自有家室，相互帮衬难亲拒。友恭之道斯合意，无别你我不妒忌。
若为财产起阋墙，听任教唆燃豆萁。同室操戈如仇敌，何以亲情续棠棣？

同胞异乳皆兄弟，支子庶子莫分比。亲情也须亲情护，我为人人是第一。

三、敬长上

在官在家有长上，年龄先我亦是矣。正其尊称敬长上，不论地位高与低。
隅坐揖礼谦恭让，随行罔敢有戏娱。干名犯分使不得，目无尊长素养低。
贤智先人莫凌长，血气方刚自恃愚。侮慢高年是大过，炫耀自我为自迷。
矜富贵兮夸门第，狂悖之行莫姑息。道德伦常有顺序，长幼尊卑同心理。

四、和邻里

同乡共饮一井水，出门先见是邻居。虽不是吾亲骨肉，出入相友不攀比。
守望相助助为乐，相互关照好亲密。患病患难相扶持，有无相济友根续。
贫富相欺是愚心，势利相投是邻忌。强弱相凌为短见，大小相拼耗神气。
何必微资起争讼，何必小忿仇杀疾。有邻莫把恶习扰，不睦之举当戒去。

五、安本业

士农工商可为职，承先裕后本根巨。司职敬业当自真，才智与日俱进兮。
无业莫把游民做，择其所能再自立。吾身能在囹圄驻，吾心未敢安然居。
小工可作大渔船，小业能供温饱躯。开源助流长河汾，业工个个是福渠。
游荡不立枉为人，若成事业劳有逸。春夏秋冬敬其时，安享本业不心疲。

六、明学术

学校林立学无异，学者异焉成实际。中学纯而西学杂，西学实兮中学虚。
西学列邦相驰逐，东学国粹去存以。偏中易愚偏西躁，两者兼顾大可为。
中学为体西为用，相辅相成无缺遗。按时而学术克广，人才有树赏林夕。
学有实践方长惠，学而不研何未疑？学海无涯明学术，立德立言功相济。

七、尚勤俭

业精于勤荒于嬉，勤耕苦读节俭为。勤操苦练可立业，戒骄戒躁人和气。
四时种垦勤也巧，披星戴月有劳曲。士农工商首在勤，鸡鸣夙兴可亲躯。
亲朋往来俭为待，鸡黍相迎重情意。布衣之道常成乐，无酒无茶水有趣。
家户充盈勤为宝，手里有粮可轮回。为民安可做庶事，为官清贫廉可掬。

八、明趋向

制度可改明趋向，风俗可移志未移。爱亲敬长化日月，天经地义不规谁？
人际可贵在平等，长幼尊卑怎能违？少小何可辱长上？除非无礼和智愚。

纵酒嗜烟非善为，逞凶斗狠是颓废。冶游赌博为恶习，不顾廉耻自痴迷。
败名丧节须惩戒，长辈同胞共促规。遵纪守法洁身事，光宗耀祖方自愉。
九、慎婚嫁
儿女婚嫁须慎重，恋爱自由也警惕。世间婚恋有迷途，随波逐流防自欺。
看人要看言和行，莫见诺言敞心扉。家长及时来辅导，莫让晚生伤心躯。
婚前重在防心计，洁身自好不可摧。择婿嫁女轻聘礼，娶媳求淑薄奁蓄。
父母善为伦之始，儿女仿效学道理。治化之源自长辈，迁善自觉有接力。
十、勤祭扫
氏族祖坟是圣地，时常祭扫敬先驱。无论年轻和老幼，先人之所莫疏离。
路之远兮可遥祭，双手合十随时礼。各致其诚为感恩，家族兴旺有延续。
常怀敬虔来拜寄，感谢长上爱抚育。我生若无先人助，哪来前途和希冀？
春来喜赏燕护巢，夏到热观蚁队奇。秋迎落叶重任了，冬慕白雪洁天地。
十一、慎交友
交友以信慎交际，诚实为人总相宜。可叹人际有荆棘，从来难把心相与。
友以义合好相对，肝胆相照才有益。劝善规过友情事，点到为止有缓急。
口是心非是非理，友人之间莫此为。交友也交品正人，酒肉之朋难久聚。
友情最好是父母，无欲无求不防御。只要友人能相济，不论贵贱与聪愚。
十二、重忍耐
一时之忿难自抑，不忍不耐常越礼。浅则祸及本身心，深则害及儿孙女。
公艺九世同居张，陈氏八百共食饮。万事当前忍能为，从容忍让创奇迹。
忿之逞凶多成过，追悔莫及叹可畏。小事大事皆能忍，忍耐为上品行美。
凡事能忍胸怀宽，处变不惊有勇气。世间大忍忍贪欲，可忍可耐阔天地。
十三、戒溺爱
子弟之率有不谨，皆由父兄教不及。养育后人戒溺爱，艰苦奋斗可自立。
贫穷可享苦中乐，富足可省饭中味。诫子勉弟教当知，学有所成是第一。
专横跋扈为戒行，骄娇二气须除去。谦虚谨慎日日做，从小便学融让梨。
姑息养奸是罪过，迁善改过自敢为。倘有过犯不纵容，爱到深处是启迪。

族规十则

一、孝父母

亲者身所自出，爱敬尚矣。自古仁人君子，流徽史册者，皆由庸德之常践之以造其极也。景芳型于往昔，谁不慕之？而门庭多悖德者，不以亲之心为心，世故深而天良没也。试思为人子者，转眼为人父母，我有子而恩勤之，训诲之，亦已毕乃心力，未几而败度纵欲，始缺昔时之养，终贻戮辱之忧。迟暮之隐痛何如矣？念及此而竭诚尽礼，以求无忝所生者，勃勃难释也。

二、友兄弟

岂无他人？不如我同父兄弟至戚也。往往角弓之反，起于阋墙，不克终埙篪之谊者，习闻熟见，无有动其不能已之情，是以戚者疏之也。尝验之，肴核既具之余，兄弟不在，往往感慨生焉。仳离死丧之秋，旧识良朋，只伤心局外，而兄弟之绸缪固结者，极流连转，徙而不变。非一本之真，何以息息相关也。是究是图而忧忧乐乐，让产公财，以全骨肉者，油然日生也。

三、睦宗族

有祖宗而后有子孙。子孙者，祖宗之遗体，分之为众人，合之则一人。古之人赈贫济困，以厚宗族者，诚有见于此也。知一体之谊，手足腹心，自相顾矣。疾病惨怛，自相通矣。试验之：殊乡别井中，接千百异姓之人，而漠然无所感，及遇一同宗，不觉殷勤致询者，无他，暂相识焉，莫有间之，而天性自动也。尝存此天性之心，自吉凶同患，爱敬周流矣。

四、和邻里

家庭宜优恤矣。有谊同于家，而所关甚切，则邻里之属也。古人谓相友、相助、相扶持，而亲睦之者，处之诚有道矣。常情一室之外，视为秦越，而休戚不相通，未尝动念于同井之维系也。彼人有水火，有盗贼，有饥馑从丧，万万无可措者，望我之拯救之，防卫之，赈济调理之，而我曾不动心，初不知其过也；及我有水火，有盗贼，有饥馑从丧，万万无可措者，望人之拯救之，防卫之，赈济调理之，而人不我应，未尝不怨人之刻且毒矣。苟于人我之间，易地而参观其情，而恩相爱，义相笃者，自不容已矣。

五、敦品行

人有身而言动著焉，取与彰焉，品行之所由起也。明礼义而动静罔越，尚廉耻而辞受不苟，爱吾身也。若逾闲荡检以狥耳目之私，身斯玷矣。玷则不可磨矣。夫人有珠玉焉，所值虽高，犹可以数计也。往往爱恤之，维持之，惟恐其伤也。稍损焉，而滋痛矣。一身之贵，方之珠玉之贵，所谓什百千万而无算者也。坐视其含羞受垢，而恬不知重乎？思及此而饬操励节以自爱者，莫已也。

六、重学问

天下无学问，天下陋矣。一族无学问，一族鄙矣。昔人谓书声能振家声者，宏且远也。百代之载籍，贻留以示后人备矣，从究心焉。天地古今归吾胸次，何高明广大如之，而乐无极也。试观侪髅并处之中，有一博物洽闻者，盼其言论丰裁，尝觉高出于我，而我万万不相及，不禁愧且慕之矣。均是人也，忍以高者、大者与人而以卑者、小者自安乎？度及此而研几极深，与古人争得失者，自奋发勇往也。

七、饬勤俭

勤以开财源，俭以节财流，治国天下且然，况居家乎。人非生而不勤不俭，往往流于骄奢淫逸者，祸起于几微，积累之而成也。一时之逸甚暂也，以为无害而弛之。未几而暂者久矣。一事之费甚小也，以为无伤而侈之。无何而小者大矣。故生之者寡，而食之者众，为之者约，用之者泰。亡一身之饥寒，不可得也。饥寒切于肌肤，亡为奸邪不可得也。古之人所以逸中思劳，甘中念苦，处安乐之地不忘振作淡素之风者，不肯肆靡之端自我肇之也。凡兹有家者，可弗凛然念乎。

八、训子孙

家之盛衰，关子孙之贤否。子孙之贤否，由训诲之废修。古之人，由胎而生，而长，而成，皆有节文度数以整饬之。是以仁让相先，成世家望族者，善教之所致也。若燕贻无法，爱忘劳，恩胜义，只嘻嘻相导，淫逸成风，而丑类败孽，顽然无耻，秽德腥闻，身丧名裂。旁观者目之曰：此某某之子若孙也。伤何如矣？噫！子孙之才不才，祖父之荣辱系焉。有人父人祖之责者，盖惕然省之。

九、保坟墓

葬者，藏也，藏父母之体也。坟墓重矣。故人无不死，死归于土，精魂灵魄与地俱存，是以徘徊丘陇，油然生哀者，亲在故也。仁人爱亲重亲，虽一抔一木，不忍毁伤剪伐之。世俗炽于风水之说，荒郊蔓草有可以任佳城者，寸土寸金，不惜高价致之也。而贪残隐昧之流，见利忘义，视白骨黄壤，居然奇货，掘其冢，碎其尸，拾之瓦罐之中，置之厕室之内，久之若存若亡，而已不可知者。呜呼！所值虽多，不逾什百；弃百年之荫，供一时之需，会快乐之几何？长逝者抱痛千秋矣。且肆然作孽，非尽子孙过也。发端于不肖之裔，赞劝于败类之族。弃一地而群然蝇附者，彼此流涎，视为利薮，为主者入屑，余旁观者得大半。盖其人不出，其事不济，挖冢抛骸，皆群丑成之。春秋诛乱臣贼子，而必穷极于所与者，义致精也。吾族痛惩斯弊，其敦仁孝，首保墟丘，所有先代坟墓，绘其形势，志其地理，俾白叟黄童，了然于心目。倘有包藏祸心，思窃先灵，而魍魉魑魅从中以遂其恶者，天理不容，王章不宥。凡我同族，执谱鸣官，以请当事之三尺。弃亲而不顾者，忍也。助人而弃亲者，贼也。知而不救者，不仁也。救而不力者，不勇也。有人心无坠阙义焉可。

十、守蒸尝

尝产之设，所以报本追远，典至巨也。盖代遥则分疏，族繁则谊解，非尝无以系仁孝之心，无以动春秋之慕也。故尝旷观流俗，彼有田则祭，而牲杀器皿之交备，孙会云集，且亡奔走跋涉之劳。以将以亨，世世守之。若无田之家，而牺牲酒醴视为扰累之端，虽子孙千百而相推相诿，反不若一二人之关心独切者。在烈祖显宗，文学事业之辉煌，彬彬在目，而世远年湮，何因而起云礽之凭吊，叹明德之馨，终非黍稷之馨也。呜呼！尝多则疏者且戚，尝鲜而戚者亦疏。凡兹有尝者，当不以尝视尝，而以亲视尝，则尝重矣。

家规八则

一、尊敬祖宗

物生自天，人本乎祖。人之有祖宗，犹木之有根，水之有源也。木必培其根，而后干丰枝茂。春华秋实，皆由根而发也。水必浚其源，而后盈科习坎，派别支分，皆自源而出也。盖祖宗之于子孙，世代虽隔，而血脉实通，故陆机之诵清芬，灵运之述祖德，莫非尊敬之心所流露。而其大者，尤莫要于春秋祠祀与墓祭之礼。恒叹世俗相沿，备牺牲则少长咸集，薄粢盛则托故不前。噫！为肉耶？为无礼耶？又其甚者，有事则聚族而谋，名虽为公，实则为私，是欺也，慢也，尊敬之何矣。嗟乎！种本者，戕其根而望其叶之茂，治水者，塞其源而欲其流之长，岂可得哉！吾家代多贤哲，似此者，盖鲜。惟冀人人共切本源之思，事事不忘尊敬之念，则竭情尽慎以求尽其报本追远之诚者，自不容已矣。

二、营葬父母

事亲之当孝，旧谱言之详矣。然生事死葬，皆礼之大者。故孝经曰：卜其宅兆而安厝之，宅兆者，亲骸之所栖也。后世惑于形家之说，只求庇荫后人，罔顾先人之暴露，或兄弟间有不齐，又难免互相推诿，观望迁延，甚而挟房分之见，以致棺停日久，令人惨目伤心。或且赁自他家，异姓杂处，男女混淆。试问吾亲安否？为人子者，能无隐痛乎？朱子尝论伊川程子，所谓道路窑井之类，固不可不避，上色生物之美，固不可不择。然欲尽人子之心，则再求众山拱揖，水泉环绕，藏风聚气之地，以图久远安宁，但不当任意过求，必为富贵利达计耳。此为酌中之论，可行之百世而无疑。诚愿仁人孝子，念亲骸为重，勿徒邀福荫，勿互相推诿，勿私挟房分，庶免露积尘封之惨。昔人云：有天理而后有地理，能循天理之人，必为鬼神所佑。如陶侃之获牛眠，尤邪之护湖灯，其发福又岂有艾哉。

三、勤督家课

文章为华国之资，经史乃传家之宝，其所系綦重矣。第玉以追琢而后成，业以研摩而益进。亲仁就传，固借师友之磨砻，而礼立诗言，尤待过庭之启迪。故孟子曰：中也养不中，才也养不才，故人乐有贤父兄也。吾家文学相承，代生贤哲，缅仪型于在昔，学问经济可法可传。迩来家运益隆，人文彬郁，登贤书，捷南宫者，后先辉映；赖前贤培植之厚，余泽存焉耳。惟是懈弛日久，子弟亦鲜折中。苟训导不先，虽有美才，或且涉于骄吝，何由克底于成。然则家课诚不容缓矣。今酌每月在祠，命题作课一次，试卷编列字号以杜弊端。

慎选二三贤达，监督约束，务尽一日之长，各抒夙蕴。请名宿评阅甲乙，列前茅者，酌予赏格，以示鼓励。夫以父兄而课艺，属望倍切于严师；以族姓而会文，劝勉更亲于益友。由是而提撕警觉，益励观摩，行见贤者进而愈上，而气以志帅，恒怵他人之我先，不及者愧而思企，而勇由耻生，岂肯甘居乎人后。于以培后学，造就人才，俾一家之文风骎骎日上，其于家政未必无小补云。

四、肃整闺门

风化始于闺门，家人利在女贞，闺教亦家政之大者。盖妇人守无成之义，中馈酒食而外，概不宜干预事权，故曰牝鸡司晨，惟家之索。而曲礼内则，垂训彰彰，则女之淑慝关于家之盛衰者匪轻矣。恒见村塾之家，罔知礼教，嬉笑之声，喧于阃外；诟谇之语，闻于四邻；甚而徙倚门户，窥阚路人，为门风玷辱。抑或首满金珠，体遍罗縠，闲游村落，取笑道旁，良由家教不严，议论并及家主。至于神堂寺观，礼佛烧香，三姑六婆，往来接应，尤宜痛加屏绝，不可稍事冶容。古人型于式化，诚以生民之始，万福之原，杜渐防微，不可不预为之所也。若能惩骄肆于未萌，严礼法于不坠，俾一家中，内外整饬，室鲜嚣凌之态，门无诟厉之声，舅姑称其婉顺，妯娌式其肃雍，夜闻织纴之勤，岁奏桑蚕之利，则其家之兴，不卜可知也。然而端本善则有自来矣。有闲家之责者，尚其慎诸。

五、宏奖善类

邑有善士，邑之望也。家有善士，家之望也。古者，旌别淑慝，表宅里而树之风声，非徒重其人也，所以鼓励人心厚风俗典綦重矣。顾穷乡僻壤，不乏砥行立名之士，而姓氏或壅于上闻，何也？比闾族党中无有表而彰之者。故风尘物色，亦莫之及此；汝南之月旦，所以有真评也。吾家一德相承，先代以来，为孝子、为悌弟、为乡宾、为优行善人，与夫孀闺苦节，或赐坊旌，或膺祠祀，或宾筵秩秩，或棹楔煌煌，固已交辉史乘，至今奉为典型。洵所谓芝蕙之香，久而弥盛者矣。然而幽岩之松柏，或劲节自全，空谷之丛兰，或清香自秘；是皆不求人知，人亦莫从而知之者。则当途之采访，诚不若里巷之舆评，见闻确而赏识特真也。其有敦伦纪，笃睦姻，慕义怀仁，乐善不以，及柏舟矢志，贞烈可风者，公议允协，即当纪实录，悬额以示表扬。待轴轩之采取，庶几闻风向慕，人人知善之可为，而熏其德，而善良者观感兴起之念，勃勃然生矣。

六、广捐义田

昔范文正公置义田千亩，以养济群族。族之人日有食，岁有衣，嫁娶凶葬皆有赡。又立义学以造群士，士蒙其休。徐文贞公在内阁置腴田千亩，为义庄；陈恭愍公置义田百四十亩，充祝先赈助之用，号恩远庄。古人之笃于宗族，何先后一辙若此哉？盖其视同族若同体，故痛痒相恤，休戚相关，有不能自已者。而今人且无数亩以惠宗族，岂真古今人不相及耶？亦囿于习而独任维艰耳。我邑设立乡会筹资，各姓捐集，岁入租一万六千有奇，一时鼓舞作兴，文风骎骎日上矣。窃谓合众族之力，可培一邑之文风，岂合一族之力，不足培一家之气运，诚不忍疏远族人而联为一体，则尤觉情亲而难恝，事近而易举也。惟异笃同宗者，共施睦族之仁，一倡众和，咸知观感而兴起，并择族中贤者主其计，时其出纳，先以培植多士。俾寒窗辛苦者得所借共奋青云，为族党光，其有余以赡老病衣食及嫁娶凶葬之艰者，殆亦文正诸公所心契欤！夫以文正诸公一人而延累世之遗泽，况合族众而为之，未有不可以垂远者也。所赖后人，修其业，承其志，叠增而附益之，将义田弥广，义廪之储益辟，由是而建义庄，设义学，族益显大，称吾门为义门也。岂不休哉。

七、严禁赌博

士农工商，各有专业。若弃四业而不修，必为奸淫赌博。违国法而败家声，诚不可不严为禁绝。夫奸淫之大者，谱例首禁，固已黜之不宥。惟赌博一事，竟习以为常，恬然莫知警省，不知苟一入其中，而士堕青云之志，农乏白粲之炊，工则百技就荒，商亦万金囊尽。既已废时失业，因而荡产倾家，甚至沦为窃盗，流为乞丐，莫不以此基之，亦可危矣。况例禁森严，一经觉获，固难免亏体辱亲，而子弟渐染日深，将必效尤不已。苟欲禁之乎，且反唇而讥矣。又其习使然也。此皆事有必至，理有固然，可为殷鉴者。而彼昏不知，且以此为乐事。方其角胜场中，千金一掷，大抵皆为囊家所误耳。囊家者，麈史谓之公子家，或谓之录事，即今所谓窝家也。其人最工逢迎，善引诱，虽有佳子弟，偶与之近，即陷其苦海中，尤当远而绝之。

故曰：欲禁赌博，先断赌窝也。今为唤醒迷途，使登觉路，倘能愧而知悔，未尝不可改过自新。若执迷不悟，故辙依然，必以家法重惩无贷。或同居同里，隐徇姑容，罚及乃身，弗可悔。惟望族中贤达，共相劝谕，俾已然者速改前愆，未然者互鉴前辙。庶几士农工商，各安职业，于以扶持家运，维持风教，不难矣。

八、劝息讼争

尝观易讼卦而知作易者，其欲人止讼乎？玩其词曰：讼，不可成；又曰：讼，不可长。盖示人当退而惕。苟健于讼，则终凶矣。此初之不永所事，与三之食旧而贞，皆曰：终吉也。二与五均不克讼也。二揆以势，故无眚。五度以理，故贞吉。若上之刚，宜其善讼矣。然鞶带之锡而褫之者，三则虽胜不足恃也。故曰：君子以作事，谋始防之于未然，斯讼端绝矣。吾观世之好讼者，往往因鼠牙细故，结成仇雠，遂失邻里之欢，且亏廉耻之节。甚则忘骨肉之恩，犯尊卑之分。溯其事所由起，或受旁人挑唆，或听讼师指使，竟成骑虎不下之势。不知一字入公门，九牛难拔。守候多时，既不免荒废正业。况差役承胥，诛求无厌，胜负未定，早已荡产倾家。惜无以讼卦之词义告之者耳。昔人云：让一步何曾亏我，是亦止讼之一道也。今议族中，岁举族正二人，以主族事。倘有雀角之嫌，先经族正理论，辨是非，判曲直，议罚议处，治以家法，自无难冰解雪消。为族正者，亦宜一秉丘公，无稍偏袒及游移两可，酿成事端。惟期族人禀大易之义，忘小忿之争，既可免三尺刑书，亦以葆一家元气，庶乎雍睦有象，仁让兴而家运隆矣。

丧规二则

一、尊古制

士庶人死，亲友至，礼也，丧制有司宾之典焉。时诸客在坐，设素以延之。非俭也，哀有丧，食不甘味，古之遗意也。后世踵事增华，始素食，继荤食，甚焉佳肴旨酒，极几筵之盛。噫！哀戚中竟燕乐场矣。夫人事怆忙，孰如父母终哉？孟子称大事以送餐当之。由未终之前，至既终之后，人子之当自尽者多矣。今日之习见熟闻，只以饮食款待为急务，一若不得乎客，不可为人子者。当病笃，早筹度于牛羊若何，鸡豚若何，酒食若何，治庖执爨若何，奄奄气息，尚留一线之延，人子左右其间，心思耳目无旁及也。而牲杀器皿，百端交集，且奔走经营。岂有亲殁世，而子孙不在者，是忘哀痛惨怛于未死之先者也。及殡死座次纷纭，人子暗度默计者，又惓惓于宗族几人，亲戚几人，贵显宦达几人，踌躇布列之。彼千秋永隔，判此斯须，人子抢地呼天之时也，顾分心于此焉？觉号泣擗踊皆虚文矣。是忘哀痛惨怛于既死之后者也。酒肉之端开，哺啜之徒至，显借为礼之名，阴图为食之计。而鼠目獐头，居然上客，载语载笑，载号载哓，竟不知为丧家者。呜呼！父母之丧，非饮食乡也。未死而谋维之，既死而措置之，合小大内外往来出入于饮食中，无礼义也，鲜廉耻也，风化颓矣，习尚敝矣。庸耳俗目，犹以为关切，而日盛之，可为流泣太息者也。吾族痛惩斯弊，共反陋规，咸遵古制，治丧之典，惟待亲者内竭诚外殚敬，求无贻悔于异日，而奉宾之礼，概从淡素，酒肉之风，请悉除之。或疑积习既久，恐滋众口之议也。不知执亲之丧，水浆不入口，戚也。凡兹赴吊，亦抱一戚而来。所谓食于有丧之侧，未尝饱也。纵不饮之食之，而情亦释然者，尝验盛馔之余，仁人孝子，每投箸而嗟，蹙蹙其靡宁，奈何以繁华者伤仁孝之心乎？彼贪饕者等，东郭墦间，无足谕也。况悲死之念，未尽泯于人心，陷溺久而天性汩，不免逐流随波耳。及观感之下，当必晓然于古道之正，而亦心安之者，又何以口腹者滋庸愚不肖之过乎？在世之一往不返，以为厚吾亲也，然爱亲之道，生尽养，死尽哀，殡尽礼，不区区肴核间也。彼有余之家，取怀而用易易耳。淡薄者，勉慕而为之，才殚力穷，因之弃产鬻尝，有所不顾。至暴露而不能葬者，有之；空匮而不能祭者，有之；欲厚其亲，适以薄其亲。人亦何弗思矣？嗟嗟事之不可已者，当竭蹶以为之。若饮食之事，理有不宜，情有不顺，势有所不利，其可已者也。可已而不已，是亦人子之欲饮之也，欲食之也。借死亲之名，自遂其醉酒饱肉之欲，天理亡，人心死，其违禽兽不远矣。凡兹有丧者，恻然念之。

二、禁浮屠

世俗惑于浮屠之说，父母终当七七之期，及百日，一期再期，每延僧设道场作水陆大会，为死者去地狱而生天堂也。庸夫愚妇，奔走而信之，陷溺久矣。夫天包地外，地囿天中，天地之内，人物载焉。而天依地，地依天，而天地之表更无托足者。指而名之曰：天堂地狱，是天之上有天，地之下有地也，诞而不可信矣。彼人抱阴阳之气，聚则生，散则死，方其生也。有知觉，有运动，有惨怛疾痛，及其死也，形神相离，若木石之朽腐焉，销灭焉。乌在其为去之生之，其无是理也彰彰矣。籍曰：有之。彼天堂地狱之设，原为赏善罚恶之典。我而修德守道，纵不匍匐乞怜，棰楚囹圄，有不及我而败，度徇欲。虽文致其罪以告哀于土偶木俑之前，而上帝主之鬼神司之，将万万无济也。当晓然于其故矣。彼佛教之精者，恶斯理之障碍，叛君亲，弃妻子，入山林，捐躯命求无理之地而自安，以为明心见性也。岂知宇宙之理，无物不有，无时不然。圣贤之学，亦惟得其心之本然者，以之修己治人，垂世立教，自有泛应曲当之妙。而佛之虚无寂灭，适以殄绝人伦，陷于禽兽而不觉也。然其议论之元微不累于物欲，不滞于形器，亦非心思智虑所到，而贤智之士往往慕之，下此而生生死轮回之说，巧为祸福以致人者，亦佣奴爨婢竞羡之耳。奈何明礼义者，逐流随波，而效佣奴爨婢之为哉？是可深恶而痛绝之矣。

续补家规

一、族内有子孙慷慨仗义，或捐租增尝百桶以上，或捐银办公百元以上者，族众送匾奖之，以彰好义。

二、族内有妇人青年守节，嗣子承祧，孝敬公姑，无力请旌者，由至亲秉公保举，族众送匾奖之，以光潜德。

三、祖堂坟墓所以妥先灵也。倘有挖卖祖坟，以致先灵暴露，及男妇污秽祖堂者黜。

四、尝产为春秋祭扫之需，先人血食所攸关也，务当遵行久远。倘有借端拆卖，以致绝祀者黜。

五、族内倘有盗卖祖堂器皿，及盗拆砖瓦，一经捉获者黜。

六、夫妇为五伦之一，嫂叔名分所攸关也，务当正名安分。倘有乱伦被获，一经族众者，男女俱黜。

七、族内有纵妻卖娼玷辱祖宗者黜。

八、事已经众，自应听众分别施行。倘敢私行受贿，败坏家规者，加倍重罚。

九、以上规条，原系先人旧例，诚恐日久而忘，致坏家规。因合两房众等，到祠酌议，遵依旧额，增补数条，如有故犯，分别理处。如不遵，断禀官究治。

（谢仁冬　供稿）

赖　氏

家　训

手持正义，肩挑道义；君子爱财，取之有道；
与人为善，与邻为友；严己宽人，既往不咎；
学高为师，身正为范；勤学苦练，努力登攀；
举止稳重，言语文明；团结友爱，勇夺先进；
宁让人，勿使人让我；宁吃亏，勿使人吃亏；
爱护公物，遵纪守法；造福于民，服务社会。

（赖跃斌　供稿）

詹　氏

家　训

一、继承祖德

河间詹氏，广居丁旺。宣王赐爵，源远流长。缅怀先辈，精忠善良。圣贤辈出，功高德望。劝我族人，继承发扬。效邦报国，雍泽民良。孝敬父母，弟恭兄让。族和邻睦，遵纲守常。礼信仁义，嫉仇豪强。慎婚传嗣，家教有方。读书习文，勤为农桑。禁戒非为，习武自强。

二、忠效国家

国家与民，关系互相。民忠国盛，国富民康。国泽黎民，民增国光。天经地义，效国理当。劝我族人，以此为尚。奉事国家，蹈火赴汤。为国稳安，戎马扛枪。为国振兴，农工学商。清正廉洁，不图恩偿。和衷共济，不怨下上。执行政令，遵纪守纲。踊跃参军，卫国守疆。

三、勤为职业

现代职业，百千万行。择业从事，各有理想。脑力体力，士农工商。贵在勤勉，富在自强。劝我族人，切莫闲浪。必从谋业，或专或广。获取果实，老奉幼养。欲成大业，起于少壮。从头做起，不惰不旷。勤操苦干，必有报偿。精于计谋，物丰财旺。永不息止，家富业旺。

四、孝敬父母

身为人子，必有爹娘。生子不易，养更非常。竭尽全力，操碎心肠。恩重如山，情深似洋。劝我族人，必为报偿。父母在世，孝顺敬让。不可凌辱，不可欺诓。遇有要事，应与商量。父母老耄，服侍奉养。问寒问暖，关心痛痒。父母归仙，节礼安葬。

五、雍和兄弟

兄弟之情，非同寻常。只因缘分，方逢世上。如身手足，根脉一纲。荣辱联结，祸福相关。劝我族人，兄弟莫忘。珍视情义，互尊互谅。雍爱和睦，兄恭弟让。莫记恩怨，免为参搡。福禄共享，苦难同当。遇事多商，亲朋礼往。妻室各教，父母共养。团结一致，共拒豪强。

六、友睦族邻

人之祖先，原本同纲。繁衍生计，迁徙各方。近者是邻，远者为乡。百姓如是，况且族党。劝我族人，友睦乡党。以和为贵，仁厚谦让。缓急通义，庆吊礼往。艺业相扶，困难相帮。邻里之间，互为守望。哀矜孤寡，顾照幼长。不弄是非，多忍多让。莫欺贫弱，勿恃豪强。和谐社会，文明至上。

七、慎结婚姻

男婚女嫁，大事一桩。立家之言，门楣之光。夫妻恩爱，欢乐无疆。美满婚姻，地久天长。劝我族人，慎结俪伉。择女选郎，切莫轻盲。德才为先，不偏长相。慕爱淑贤，求取忠良。勤俭能干，品行端庄。性温体健，善有儿郎。情深意笃，莫重财妆。依照法律，鸾凤成双。

八、训教子女

生育子女，重在教养。启其愚顽，提高智商。德才体能，全面向上。立志成才，以仕栋梁。劝我族人，教子莫忘。从幼抓起，不可疏旷。打骂冻饿，仍然不当。溺爱放任，非属良方。家教要严，更需师长。锻炼意志，教导思想。习礼知义，循规遵章。胆识才略，诗书文章。

九、崇尚节俭

持家之道，勤俭二方。勤则生财，俭为备荒。懒惰之人，好景不长。劝我族人，节俭为尚。居不贪高，房坚宅亮。食不求珍，腹饱口粮。衣不华贵，齐整大方。器质而洁，不图排场。红白好事，不宜铺张。现时富足，当思久长。量入为出，有储有藏。

十、禁戒非为

为人处世，需求名芳。忌人说短，怕指脊梁。品端行正，受人敬仰。胡作非为，定遭祸殃。劝我族人，正大明光。非理之事，不为不想。不义之财，莫贪莫枉。酗酒吸烟，宜戒不倡。偷抢讹诈，赌博嫖娼。聚众殴斗，诬告诽谤。此事作为，触犯律章。禁之止之，免讼公堂。

（詹志其　供稿）

廖　氏

家训（一）

孝父母

尝感《蓼莪》之诗曰：父兮生我，母兮鞠我……欲报之德，昊天罔极。夫愉色婉容，晨昏定省，冬夏温凊，出告反面，游必有方，此事亲之常道也。子力行之，有常无斁。朱晦庵曰：当如曾子之养志，不可如曾元但养口体。遗亲不顾养，不可以为人也。尚期体亲之心，好亲之承，以养亲志而求为人子乎。推而行之，科甲冠冕，光厥门闾，名立功著，孝也。而或簠簋不饬，玷瑕仕籍，不可谓孝矣。厚积广业，润屋拓基，才力昌雄，孝也。而或刻剥机械，丛怨乡邦，不可以言孝矣。以至寝疾不求医而惑于师巫鬼祟，殡殓不以礼，缞麻不尽哀，而挂佛了忏，虚张故事，卜兆不择吉，窆葬不以时，而暴露毁弃，皆非孝也。噫！罔及之恩，人皆有之，可勿思万一之报乎！

宜兄弟

《棠棣》之诗曰：凡今之人，莫如兄弟……兄弟阋于墙，外御其侮。盖友恭之道亏而后有阋墙之戾，甚至胥谗胥虐，两败俱伤，且比比也。噫，骨肉之情，何至此极哉。为今之兄弟计者，同居势不可久，析家分炊，一尊父命而已，多寡肥饶勿较可也。财产谁不自私，各执所有，一安天命而已，贫富盈缩勿忌嫉可也。纤细可让，语言可择，不藏怒不蓄怨，毋惑枕席之萋菲，以乘同胞之太和。谚云：难得者兄弟，易得者田地。慎之，念之。

正夫妇

《易》曰：女正位乎内，男正位乎外，男女正，天地之大义也。又曰：夫爱其内助，妇爱其刑家，夫妇人道之始，闺门风化之源。慎修以端范，孚威以善则，勿以色胜德，勿以妾为妻，夫之正也。守敬戒之训，敦从一之贞，毋惰傲以逆姑嫜，毋嫉忌以妒婢媵，妇之正也。若夫逞智巧以生厉阶，逐匪信以联家道，则夫妇之伦斁矣。

教子孙

《易》曰：蒙以养正，圣功也。传曰：教子必以义方。夫玉不琢不成器，人不学不知道，教不立不知学。是故教以正而后弗纳于邪，教以无诳而后勿入于伪，教以义而后不放于利。是故隆师传之仪，定剿课之典，勿以愚顽而轻弃，毋以力歉而自诿。教之有成，为国之桢，族之由大也。不然义理陶镕，亦可无殒家风，乃若不率乎教，甘为污下而不辞，吾未如之何也已矣。

睦九族

古云：源远流长，根深枝茂，是以千源万派同一源也，千枝万叶同一本也。同族者贵同心，同心者贵同义。合孝以敬祖，合敬以事长，合爱以慈幼。同心御侮，有无相通，患难相急，疾病死丧相扶持，皆敦睦之义也。乃若党异伐同，离心离德，不可也。戒之。

重祠墓

夫祠者，吾祖神之所存也；墓，吾祖形之所葬也，敢不重乎！故每遇岁元，长少咸集于祠，恭拜礼毕。凡婚嫁必见，远行仕进必告，非靡文也。孝悌之道昭也，合散之义关也。以至雨露既濡，霜露既降，感物悲伤，随力致祭，丰俭惟宜，备物尽礼，诚敬为主。山木茔堂，以时修葺，所以道远也，所以永思也。若乃毁伤林木，盗损坟墓，忘祖丧心，真天地之逆也。

广延纳

尝闻：离群而索居，则孤陋而寡闻。是故，延纳贵广，而交游不可不择。

尚谦虚

《易》曰：劳谦君子，有终，吉。人道恶盈而好谦。传曰：君子以虚受人。夫人心惟虚，而后能受善。惟自足则施之声音颜色，拒人于千里之外。善言何由而入，过失何由而闻，可不深省乎。

务勤俭

陶侃曰：大禹圣者，乃惜寸阴，至于众人，当惜分阴。故勤于治生，则田野辟、五谷登、货财殖，不患家道之不昌。勤于为学，则闻见博、义理精，不患学业之不就。俭，天下之美德也，不作无益害有益，功乃成；不贵异物贱用物，民乃足。故贫者能俭，可以无空乏；富者能俭，可以长守富矣。

戒好讼

《易》曰：君子以作事谋始。作事谋始讼端绝矣，谋始之道有五：一曰守本分，业农惟知有耕，业儒惟知有读书，故曰本分之外不加毫末。二曰有容忍，书曰“有容德乃大”，虽古帝王之成败，惟在能忍与不能忍之分。三曰常自省，横逆之来，每深自反。四曰畏王法，本朝律例，不可不讲明，谨守无犯。五曰无游戏博弈好饮酒，毋纵耳目之欲，欲不可纵，纵则必溺于淫荡，皆衅之端也。听人唆讼，祸之本也；讼务求胜，破家兆也。可勿戒乎？

心术

心以光明仁厚为主。光明则不欺，仁厚则不刻。每以慈祥恺悌存心，常将圣贤格言及古人教言、懿行默默内省，又将《感应篇》《阴骘文》等书时时观之，则心术自渐入于正直忠厚之路矣。切勿学狷巧刻薄念头并市井小便宜之陋习。

行谊

行谊以孝友忠信为先。孝友则本端，忠信则长厚，尊师择友，敬善乐群，谦和谨慎，勿仿轻薄傲肆，最不谈人过失并谑浪脱略鄙态。

治生

治生以勤俭耕织为先。能耕织所余得之勤苦，自然不狂妄，用则俭矣。量入为出，乃治家要论。若鲜衣美食，暴殄天物，既非惜福，亦可倾家。

戏耍地不宜游荡，花柳街切勿走动，樗蒲事断不可着脚，丧身亡家，殷鉴不远。

保身家

保身家以惩忿窒欲为先，一朝之忿亡身及亲，贪财好色，丧身败家。切不可与人斗争讦讼，不可管闲事，虽亲族以利啖我，切不可往；虽朋友以义相邀，度词强理屈，亦婉辞之。常有将他人事惹在自己身上，干系不小也。至于强占人田地、污人妻女，不惟不可行之事，亦且不可萌诸心。如家人生事，触犯乡邻，访出定加重惩。或家人误犯事故，或服役不遇，宁矜恕之，不可过于苛求。早晚嘱咐，防闲火盗，此为吃紧。

家训（二）

父子

父母者，天性至亲，生身劬劳，欲报深恩，昊天罔极。为子者，即内尽其心，外竭其力而服劳奉养，犹未足以云为孝，惟诚笃意、和颜悦色，庶几少慰二人。故有子曰：孝弟也者，其为仁之本与。孟子曰：尧舜之道，孝悌而已矣。凡在子姓，当急服而行之。

兄弟

兄弟者，天显之情，必以友恭为先，毋分尔我之私；为兄者，当尽爱护则手足之谊不伤：为弟者，克明天显则同气之伦不乖。勿听妇言，有疏骨肉。勿因私财致伤同胞，宜效张公九世同居之念，陈氏七百口共食之德，吾族为兄弟者勉之。

夫妇

夫妇者，异姓之所聚，人各一心亦常情也。况妇道不知礼义者多，倘不能维持调护，必至争长竞短而分门割户矣。故为夫者，必严枕席之训，毋匿私，毋偏听，以致离间手足，甚且阋墙生变，皆愚妇以为厉阶。凡我族人，各宜杜寡于始可也。

朋友

朋友者，五伦之一，不惟以信为本，亦须择而后交。故论交友之道，友直友谅益者，友之损者去之，毋挟诈毋相欺，安乐与同，患难与共，若不择而滥交，不崇信义，凶终隙末，其祸可胜言哉。凡我子姓，各宜知之。

勤俭

勤俭者，谋生之本计，而亦人生立德之善道。惰则为失身之始，奢则为丧家之阶，是以勤苦则财生，俭约财节，既有以生之，又有以节之，则衣食足，而殷饶可期，不亦善乎。故曰：立德之善道，即为传家之至训。孔子曰：敏则有功。又曰：与其奢也，宁俭。凡我子姓，不可不知。

廖氏宗祠——万原祠家训

吾祖实蕃，创基觉坊。谆谆教导，子孙勿忘。敬老爱幼，得福寿长。伦理颠倒，臭名远扬。伯叔兄弟，友爱团结。各自为政，家衰迹象。妯娌和睦，家园兴旺。无事生非，两败俱伤。严教子女，福泽绵长。放任自流，老少遭殃。勤劳耕种，粮食满仓。贪图安逸，三餐粥汤。读书上进，无限风光。目不识丁，受骗上当。为政清廉，万民敬仰。贪赃枉法，自取灭亡。与人为善，积德满堂。行骗欺诈，终进牢房。嫖赌吃喝，家破人亡。性急粗暴，好事成僵。人生在世，追求理想。坏事莫为，万古流芳。遵纪守法，平生安康。忠于家训，代代荣昌。

（廖荣富　供稿）

蔡　氏

祖　训

积善之家，庆必有余，为善最乐，福寿双至，为人良善，天必佑之。
知错责己，天心相之，仁义礼智，时刻注意，处事从善，安分守己。
勿参赌博，坚守不移，勿贪财色，才免忧虑，不事诉讼，和睦乡里。
奸雄之人，交之不利，发家致富，多方考虑，勿违法规，财物皆聚。
勤奋立业，坚定心志，青壮有为，光耀门楣，富贵分定，各自有时。
观其德行，切勿嫌迟，百尺高楼，由地而起，华丽可观，经营伊始。
行程万里，跬步开始，年少志大，奋斗及时，欲图家计，各安生意。
势在必行，勿失良机，父母恩情，当报才是，人不孝顺，神人责备。
尊敬长上，才是合宜，时刻做到，事事有利。教训子孙，攻读诗书，功成名就，流芳百世。家庭团结，外侮消除，安居乐业，万民喜气。奉劝子孙，且依本谕，戒哉勿忘，神人共喜。

家　训

尊祖敬宗，和家睦族，毋致因利害义，有伤风化。

祠宇整修，春秋祭祀，毋致失期废弛，有违祖训。

各族坟墓，山林界止，毋致缺祀失管，有被占据。

读书尚礼，交财尚义，毋致骄慢啬吝，有玷家声。

富勿自骄，贫勿自贱，毋致恃富疾穷，有失大礼。

婚姻择配，朋友择交，毋致贪慕富豪，有辱宗亲。

周穷恤匮，济物利人，毋致悭吝不为，有乖礼体。

珍玩奇巧，丧家斧斤，毋致袭俗浮奢，有乖家礼。

房舍如式，服饰从俭，毋致僭侈繁华，有违例禁。

（蔡绍权、刘德谁　供稿）

魏　氏

家　训

赫赫我祖，国史流芳。训诫子孙，悉本义方。

仰体斯旨，更加推祥。曰诸裔孙，听我训章。

读书为重，次即农桑。取之有道，工贾何妨。

克勤克俭，毋怠毋荒。敦亲睦族，恶行严防。

公私兼顾，家国勿忘。扶正压邪，定国安邦。

遵纪守法，立业国强。凡我族众，避短扬长。

处于家者，情操高扬。仕于国者，为忠为良。

多行善行，福禄延长。积善之家，必有余庆。

若遵祖训，长盛久昌。启后承先，开来继往。

祖德家风，光大发扬。

（魏荣晃、魏仰飞　供稿）

连城客家部分姓氏字辈排序选

◎ 林小凤

客家各姓氏的族谱中，都留存有一项叫“字辈”的内容，它是指名字中用于表示家族辈分的字（多为名字中间的字），亦称字派，是传承久远的取名形式。其中表达出的修身齐家、安民治国、吉祥安康、兴旺发达的意蕴，体现着客家人的家国情怀，饱含着家族长辈对子孙后代传承祖德的期望，是祖训家规的另一种表现形式。本文列出连城客家部分姓氏的字辈排序，细读之下，会有所领悟。

上官氏

庙前、朋口字辈排序（七世始）：

长聪得万文永大上治曰兆觐先奕世登京国荣昌辅赞传严问新

（上官京红　供稿）

马　氏

四堡字辈排序（十八世始）：

大化隆洪祚，源从伯益传，勋华启昭穆，洵美扬英贤，

茂桂萱芳远，乔松锡寿全，云礽尤孔耀，显允万支延。

泰岳钟俊杰，伟业秉伦常，亿世留德泽，昌盛振裕光。

（马勋猷、马秀斌　供稿）

王　氏

德润公后裔字辈排序：

臣开日上士振大吉　庆祝文明兴盛世　建立仁德永朝宗

（王文兴　供稿）

邓　氏

文亨镇福坑村坑尾自然村毓秀堂友政公世系字辈排序：

千千①璧友文佛允张土永荣珠万大兴启士世国顺 德隆宗祖正康宁寿乾坤有道成光明通日月照得覆育生发济长流海龙活九天中沛霖运川达是功

（邓土炎　供稿）

孔　氏

北团柯坊魏张坑近世字辈排序：

兴毓传继广，昭宪庆繁祥。令德维垂佑，钦绍念显扬。

（李治权　供稿）

叶　氏

上琴字辈排序：

元启永生兆，日光辉照耀，先祖积功仁，常怀慕孔道；

① “千千”代表父子两代人，父亲为“千七郎”，儿子为“千十二郎”。

锡爵建名勋，安邦称辅佐，代述有贤良，宗芳久克绍。

（叶根森　供稿）

卢　氏

上磜村字辈排序（十六世始）：

文启国清开景运家道长兴，礼振政仁展鸿基祖泽永惠。

（卢运泉　供稿）

吕　氏

字辈排序（十五世始）：

兆日登兴进，高尚积德昌。

（吕水生　供稿）

朱　氏

隔川朱儒村字辈排序：

千四百其，尔奇即绍，万名发美，如板道接，

联乃宋隆，满有必英，庆文读应，真宗积顺，

廷世上良，光俊生先，德祥吉兆，国泰民安，

圣贤豪杰，大振家兴，仁义礼智，财丁两旺，

金玉全胜，子孙昌盛，福寿康宁，永远长青。

（朱祥权　供稿）

伍　氏

字辈排序：

天元光祖德，文运焕宗功；永绍先人训，长存世上风；

有传能积德，绵远发南中；万枝新继述，启明在镇东。

（李治权　供稿）

华　氏

京一郎公派下字辈排序（二十三世始）：

述先贤，钦崇丕绪，惇伦秩纪，念典聿修，显声扬名，永康协吉。

1995年增加：咏斯富生，兴玉清元，林旺安定，继建发达，承宗继业，振国强邦，惟新肇韦，广运繁祥。

（华梓祥　供稿）

刘　氏

冯地小五郎公（冯地、香根、曲溪）传下字辈排序：

小万仁诚曾蔡景辛文仕永廷世启大兴晋荣耀崇昌兰馨桂盛友维德庆嘉兆保绍志良胜福

姚坊刘屋字辈排序（十七世始）：

道学家声远，中兴世衍长。

后埔字辈排序（十五世始）：

关崇永远，荣毓富贵，前宗积德，长发登科。

庐屋字辈排序（十九世始）：

福如东海，长发其祥。

肖坑长房、二房字辈排序（十六世始）：

殿阁铭高列，存班裕显荣。

肖坑三房字辈排序（十二世始）：

奇郁元一日，宗师庆万年。

平塘、溪尾字辈排序（四世始）：

新祖积善，昌盛旺其，美文永世，伟业长吉，庆跃远祥。

（刘德谁　供稿）

江　氏

江坊九郎公派系庙前福旻公房字辈排序（三世至十九世）：

福长□[①]万文世祖□元（有）之（绍）宗天（有）□承（殿）先（善、信）德（祥）英（炳、世）

江坊九郎公派系庙前福权公房字辈排序（三世至十九世）：

福长□万文仲得□大士中耀□　*1　*2　*3　*4[②]

三六郎公濡公孔清系字辈排序（十六世始）：

中承正山升（天）官（能）祖（荫）朝廷家国修

三六郎公濡公孔淮系字辈排序（十四世始）：

以阳□九□启（新）祖（天）朝廷家国修

三六郎公淳公孔澄系字辈排序（十二世始）：

志（宪）金汉□都麟绍如家和维启正积

---

① 注：取单名时不用字辈，用“□”表示，下同。

② 注：*1表示“尔、登、裕、尚、以、述、原、有、科、显、南、先”等字；*2表示“咸、俊、秉、元、占、有、含、鸿、维、荣、定”等字；*3表示“锡、启、佑、成、在、观、百、修、昌、从、积、景（举）、象、庆、显、尔、骏、本、定、国”等字；*4表示“开、世、生、本、执、立、荣、发、明、龄、学、初、天、斯、家、定、佰、锦”等字。

三六郎公淳公孔誉系字辈排序（十二世始）：

元祖国水□发绍如家和维启正积

三六郎公淳公孔沄系字辈排序（十二世始）：

长尚仕德□谦绍如家和维启正积

三六郎公淳公孔殷系字辈排序（十四世始）：

以文都麟绍如家和维启正积

三六郎公日华公房字辈排序（十一世始）：

李湖益希兴世生起昌大崇元洪衍丕

三六郎公益隆公房字辈排序（十一世始）：

仙长元大应联维承发朝廷家国修和

三六郎公自二十六世始，统一字辈排序：

道盛德志善文章礼乐隆克敦昭先绪继述焕宗功。

（江初祥　供稿）

池　氏

连城字辈排序：

后先育常丰，庆延传伟鸿，春秋书圣志，华昆锦欣隆。

（池开养　供稿）

杨　氏

杨家坊一至二十五代字辈排序：

九五七仁世仕□太□长宪文金方日作远钟步赐若（葆）成（生）如（芳）元永[1]

---

① 注：十七、二十二、二十四三代字辈在后，其他代都是字辈在前。

杨家坊六世祖仕良公房二十四世始字辈排序：

上祖积善，复展鸿图。中兴有象，利贞乾元。维天佑尔，富贵万年。

（杨垣生　供稿）

杨家坊七世祖茂公房裔孙二十五至四十世字辈排序：

男辈：永远昌盛　崇尚文明　仁信荣祖　兴旺发达

女辈：梅华芬彩　蕙兰菊香　明珍佩玉　翠秀红琼

（杨彬芳　供稿）

李　氏

城西字辈排序：

朝廷家国，修齐治安；大启文章，永昌世德。

城南宗志公房字辈排序：

文树开景瑞，乾元永吉昌；子孙为善士，万代直书香。

新泉（杨家坊）字辈排序：

为廷成盛单，兆文长学仁。一云正大光明忠信。

城东字辈排序：

承先启后，继往开来；兆日为朝，先积茂德；仰谦光世应其昌。书馨永绍，风起联芳。

（李治权　供稿）

吴　氏

曲溪罗胜渤海堂吴山一支家谱字辈排序（自吴山吴氏开基祖吴十五的二十五世开始）：

……昌荣添增景运，兰桂腾芳，英贤蔚发，辅国安邦，文成辉日，赐福崇钦。……

（吴尧生　供稿）

培田吴氏字辈排序（十六世始）：

一林昌均乃永树熙载新子荣景基则①

培田吴氏字辈排序（三十一世始）：

泰和时培锌　浚本普田钧　济材然塾镌　清楷映堂鉴

治权耿堃铭　淮楚灿增锦

（吴有春　供稿）

邱　氏

莒溪镇高地村念三公房字辈排序②：

三什念三伯小继石养嵩景启长本仲大邱联茂盛修济美邦洲，

河南衍庆建鸿猷，宽厚家声世作求，东海勋名传万载，琼山冠冕耀千秋，

宗功炳烈钟英俊，祖德辉煌毓秀俦，绍述前光勤积善，希贤学圣乃良谋。

莒溪镇莒市村宅塘字辈排序：

念三四郑林讳珀文应承经仕启礼义智信新德永发麒祥源远久长

朋中镇金龙村字辈排序：

三什念寿，荣旺诚地，廷友缘成，世启芳天，朝长立建，大振家声，流永远。

庙前镇珠地村字辈排序：

继仝日贵庭元德胤周传启万世文明召述承千年伦纪源远流长

宣和科南、朋口马埔、文亨富塘、罗坊坪上字辈排序：

三十四郎……生天友永，声长文廷必甫。世兆光正立大。元亨利贞，瑞启文明。学谦则吉，述祖为荣，颐和康乐。履泰怀清，同登仁寿。毓秀钟英，

---

① 注：此字辈按“水、木、火、土、金”顺序进行排列，取名时十六世的“一”字用在姓名的第二个字，十七世的“林”字用在姓名的第三个字，之后如此重复进行。

② 注：从开基至二十五世是字号简称，自二十六世开始为字辈。

超群拔萃。克振家声，乃作霖雨。惠济民生，宗风复著，世德斯宏。

罗坊坪上字辈排序：

友旺德明普扬万传修信佩有曰兆世起其祥家声丕振德上炎连国

（邱志宇　供稿）

邹　氏

双泉八郎（十一郎房）字辈排序：

应、八、十一、十五、十八、十九、小五、念五、

季六元子文德福时国君尔也奕祖庆承鳌在肇春继立宗祧禔

（邹仪玉　供稿）

上堡七郎公房字辈排序：

应七念大伯，六子得福愈尚文邹口洪士，天曰人隆（继）世履嘉开象贤，勋联翊国杨廷建，永肇诒谋玉祚全。

（邹茂生、邹锦腾　供稿）

龙足村六郎叶胜公房字辈排序：

应六宗念千百庆叶仁永观胜崇国思宾茂周声彦徽官传序（仲）肇（邦）继（定）庆（成）洪春远百万雄才杨华厦俊杰展乾坤

龙足村六郎定敷公房字辈排序：

应六宗念千百庆定文（满、华、壬）茂（永）礼（景）涧（桥）学鲁（维）孟（士）启国祖云（仁）杨（荣、朝）廷（元）联（克）新（为）恒（文、从）式（生、善、绍、明、光）道（志、寿、章、麟、琪）受（久、凤）荫（长、绍）恩（家）常（祥）

（邹荣华、邹春松　供稿）

沈 氏

连城字辈排序：

登朝忠君　在家顺亲　永传厚道　丕振先声

（沈君生　供稿）

张 氏

新泉字辈（十三代始）：

天赐嘉猷，宜尔履福，百世其昌，永兹戬谷。

（张佛生　供稿）

张家营七郎公后裔字辈（十八世始）：

梦大家声，绳其祖武，于万斯年，文明启瑞，云集嘉祥，经邦贤哲，华国忠良。

（张宗宗　供稿）

张坊村下门一支字辈：

连登科甲，荣显扬声，光宗耀祖，长发其祥。

（张健力　供稿）

张坊村上坎一支字辈：

发育光华，永昌世德，思文济美，大振家声。

（张兴怀　供稿）

张坊村益郎公后裔字辈：

文正天心顺家国永传芳裕意登科

（张永秋、张裕才　供稿）

塘前字辈：

贤呈程贵，四长程万，有得大天，奇良文水，九上可采，群英立起，仰绍乾坤，千秋宝鉴，百世传芳，青钱品重，理学弘扬，生谋允善，祖武发祥，清河源远，德泽中华。

（张远山　供稿）

姑田一支字辈：

人伦昌盛能全家兴克振

（张盛升　供稿）

莒溪詹坑字辈：

得桂惟亨，其兆启必，世大兴隆，承宗立志，永晋恒荣，宜良以正，崇厚联光。

（张元焕　供稿）

文亨鲤江村西山字辈：

廷荣圣世启绍志裕美清开泰盛昌隆

（张金福　供稿）

莒溪吴坑字辈：

长大承明，光前裕后，世德发祥，桂华蔚启，继述咸善，丕振家声。

（张桂旺　供稿）

张坑老屋世系字辈：

文元真益应必其日永年长万福千祥星光月明

（张宗森　供稿）

张坑祠堂世系字辈：

全守文以仲士大吉盛世祖宗积德源远庆长

（张宗森　供稿）

文亨山坑字辈：

万兴代正盛振家隆

（张正权　供稿）

文亨上山坑字辈：

廷明大志立荣华光天应曰

（张金标　供稿）

文亨灌上字辈：

太响立禧志福廷必有大开锦润人伦昌盛能

（张盛生　供稿）

陈　氏

隔川九经公长房字辈排序：

孟光公十二世起：本万明光三日启龙新春永世其昌……

世盛公十六世起：一天德应兆志必仕，锡禧仪永寿，忠圣风龙贤，光裕承先绪，其昌百世传。

得高公十七世起：圣世庆元敦，祖隆应发祥……

六一郎十三世起：京积上大，景嘉登庭，树荫胜开，宣……

九十郎十六世起：宗子应仕，仲大世正，天人性道，元亨利贞，德生……

隔川九经公中房字辈排序：

百五郎十四世起：上胤洪恩大，承宗继世长，绍基崇衍庆，亿兆永咸昌。

隔川九经公三房字辈排序：

十一郎十三世起：（大稳良心亨）远光千世祖，国朝家道兴，中原庆长盛，万载齐绍昌。

十二郎十六世起：廷世新文仲元明有起美清开泰昌隆盛承……

十三郎二十世起：千龄肇文运，长发祥，鸿开仁建庆，志达永兴昌

积万公十四世起：应鸣尔吉，斯先发祥，大振家声，永世其昌……

万五郎十二世起：凤思经宗继，人名舜禹启，绍大德钟祥，聚星家吉庆。

（陈桂明　供稿）

林　氏

璧洲字辈排序（二十三世始）：

咸恒晋益　泰渐（萃）豫需　鼎丰济节　临贲（履）复孚

（林家新　供稿）

范　氏

李屋秀琦公后裔字辈排序：

宗秀文荣，万盛兴隆，德高功显，承启亨通，麟祥凤瑞，爵禄永崇。

（范汝融　供稿）

卓　氏

连城字辈排序：

景福辛，应廷立，文启有振源；宗祖积德，传于东光。

（李治权　供稿）

罗　氏

罗坊坪上德甫公系字辈排序（太郎二十三世始）：

六益房：发瞻孔彰　凤飞高远　繁荣毓秀　永福长春

甲生房：①宗光祖伟　礼步桢祥　②崇德能兴　显谟承烈

火烧炉清甫公系字辈排序（太郎二十五世始）：

文祖翼开　清兆之忠

前头屋名甫公系字辈排序（太郎十七世始）：

祖立长文天礼志　圣鉴映时任荣先

北团到湖郑旻公系字辈排序（太郎十四世始）：

均源友仕文守德明崇　生有联祖广锦发其祥

北团到湖枫寿公系观德公房字辈排序（太郎二十三世始）：

观先可子士　荣华伯世盛　崇善应尚德　志学泽敦仁

惟家修齐福　在邦忠敬祥

塘前二十四郎系字辈排序（太郎十七世始）：

仙元兴应圣　长隆孔朝庆　永锦世其昌

罗家营朋公系一支字辈排序（太郎十四世始）：

宜绍孔立正　应宗周圣德　孟芳昭鸿业　贤才展大猷

莒溪陈地万念四郎公系字辈排序（大郎二十世始）：

上大人廷家　有象贤德柏　茂世增香奕

北团溪尾万念五郎公系字辈排序（太郎十八世始）：

景万文廷士　德公思祖恩　桂彪恒文建

莒溪太平橑文明公房庆一郎公系字辈排序（太郎十八世始）：

天朝景运隆　瑞应文明启　钟毓发祥光　英才长济美

积德芳铭梓　欣勤建功勋　宏图昌世纪　寿元松柏康兴佳

庙前仙坪万诚公系字辈排序（太郎十九世始）：

万得文玉　志仕仁公　昌日兴盛　永远发达　英才云集　福禄寿延

赖源黄地廖坚公系字辈排序（太郎十八世始）：

德仕万天尚智仁　朝庭茂盛远三纲

林坊陂头堑文公系字辈排序（太郎二十四世始）：

明万元凤士圣起　国文斯清占永兴

姑田石厚德贵公系字辈排序（太郎十八世始）：

元公世文明正朝　清发乾道兆亨通

文亨世魁公房字辈排序（太郎十八世始）：

世大兴隆　懋其家秉　荣受承国　昌华星桂

火烧炉世仁公房字辈排序（太郎十八世始）：

世大兴隆　悬其家秉　接受恩兆　桂祥光祖

文亨一濂公房一支字辈排序（太郎二十世始）：

一逢兆中献　乾文映元先　纪亮贻谋燕

文亨一瀚公房一支字辈排序（太郎二十世始）：

一先兆其尚　乾文映官长　世斯谦振修

文亨一道公房一支字辈排序（太郎二十三世始）：

懋朝尚鉴仕　光裕灿联贵　忠厚传家长

文亨一淳公房一支字辈排序（太郎二十世始）：

一逢元怀录　向基明肇宗　承乙桂祖宗

文亨一淮公房字辈排序（太郎二十世始）：

金　水　木　火　土

文亨大祥公房字辈排序（太郎二十二世始）：

世佳绍旻　祖宗积德　源远庆长　英才继起　福寿同增

文亨大祉公房字辈排序（太郎二十一世始）：

之懋选吉裕士建　善启如柏顺中华

文亨大衽公房字辈排序（太郎二十五世始）：

①明节友清中兆兴　②裕接树清源炳建

北团老营下叶隆公房字辈排序（太郎十六世始）：

叶丁岭文子　长承仕元天　上思祖宗德　世传理学家　一日仁弘立　朝庭佐圣君

新泉儒畲德成公房字辈排序（太郎三十二世始）：

忠孝全鸿烈　芳名振豫章　历朝荣甲第　奕代萃冠裳

理学家声远　英才国瑞长　云礽同绍述　庆衍发麟祥

莒溪秉前坑八郎公房字辈排序（太郎二十二世始）：

文世隆承　鼎日俊大　宗祖积善　永远昌盛

北团张地井永寿公房字辈排序（太郎二十六世始）：

长廷文龙学尚经祥　兆光绍先天开云运

庙前兰桥甲四公房字辈排序（太郎二十二世始）：

长文有兆世日兴大　成增积善永远昌盛

罗坊墈万一郎公房字辈排序（太郎二十六世始）：

廷宗应明长　天正承乾坤　士泰日月增

揭乐达砾文五郎公房字辈排序（太郎九世始）：

文子德仕　惟世裕权　启明本元　登志必天

佑高荣华　永昌国家　朝庭远庆　大振书兴

塘前水源百九郎公房字辈排序（太郎二十六世始）：

应明世士　大元起永　朝廷扬利济　邦国庆千祥

文亨罗家坊三郎公房字辈排序（太郎二十二世始）：

九吉其志开　承先钦汉世　奕叶启仁贤　忠孝传家国　本源绍自廉

（摘自《罗氏族谱》）

铁山罗地罗氏立纬房字辈排序（八世始）：

文立孔应绣尚　大家声盛　百世其昌　天保定尔　寿命延长

（罗天瑞　供稿）

周　氏

连城字辈排序（从十三世始）：

师廷兆士　天开景运　家道必兴　荣宗耀祖　广大扬明

忠诚传国　仁义治帮　武略文谋　英雄俊杰　万载其祥

（周宗胜　供稿）

孟　氏

连城字辈排序：

一、先祖二十代

益祖日志英，旺万仁宗金。养龙希明茂，盛祥开家升。

二、后世五十代

祖宗世发庆，振耀报国光。立显荣朝士，善方润济长。

思恩贻泽远，百代永承昌。孝友传佳本，忠良顺廷辉。

启元敦圣学，卓雅列德章。

（孟宗辉　供稿）

柯　氏

北团柯坊村字辈排序：

宏元三千贵，成善环惟得；廷世文应大，一日上士立；

天朝佐圣君，家邦传孔孟；礼义步伊周，景运忠良显，徽声吉庆长。

（李治权　供稿）

姚　氏

连城字辈排序（十四世始）：

应立积成，明洪士日，文学传家，以之为宝，忠孝力兴，乃可世守。

（姚剑华　供稿）

钱　氏

连城字辈排序：

千岱庚有均良用真万得（长）文应国象维鸿喜（声）毓积德昌盛鼎震师谦履升恒泰家修廷献大猷宏谟

（钱师淮　供稿）

徐　氏

赖源一甲字辈排序：

永尚孔中道，传家宝贤儒，隆裕后长俊。

赖源四甲字辈排序：

孔国开忠道，时宜永福昌。

赖源九甲字辈排序：

江宏守尚，永思德义，心存祖训，志振家兴。

北团字辈排序：

永伍景子，长试泰日，瑛帮廷世，德传曾思，
孟道统继，圣学昌隆，敦崇儒士，大启文明。

（徐金华　供稿）

黄　氏

芷溪化轩公房字辈排序：

传承庆永立，振宗耀荣昌，发祥徽孝友，积善启英贤，
锦绪宜增美，芳声永绍先，恢宏昭世德，国士克长绵，

山川钟毓秀，日月复周全，慎修垂典范，敬业守清廉，
兰桂馨香继，诗书福禄延。

（黄坚　供稿）

北团溪尾字辈排序：

亮玉万天，道大廷思；文宗兆祖，上有积善；
一经家训，奕世相承；宏开景运，永享升平。

（李治权　供稿）

董　氏

陇西郡连城字辈排序（三至二十二世）：

德永祖荣　尚元崇文　木大其水　国家世盛　肇启书兴

新编字辈（二十三世至三十八世）：志诚昭宪　业绩颖昌　瑞宁聪健毓圣登强

（董隽　供稿）

蒋　氏

汤头、蒋坊字辈排序（六世始）：

伯子永荣　福世金积　兴有启发　隆盛其昌　本道生泰　万德成宗
伟宏光开　裕攸登庆　连亨利贞　华夏朝阳　志忠旭远　英璟敦祥

姑田、曲溪、詹坑字辈排序（十五世始）：

正大存心道　景福本天崇　继文家日振　万世可云昌
先贤传礼义　学士明经纶　诗书连鼎运　尚进耀祖恩

（蒋继林　供稿）

揭　氏

连城字辈排序（从始祖五郎公十五世始）：

庸万显得，一承尚友，元士登（敦）行，崇基衍（礼）业，育英昌世，远振嘉谟，贤豪俊达，文武超常，宏图大展，永耀华邦。

（揭象标　供稿）

傅　氏

莒溪墩坑字辈排序（十三世始）：

长　辛秉明光　亮家贤佐　经纬文才　志崇先德　世寿永昌

（傅铋才　供稿）

童　氏

连城字辈排序（十九世始）：

祖宗积德，源远庆长，文章华国，大振家声，崇正守道，存厚永昌。

（童乃初　供稿）

曾 氏

连城字辈排序：

宏闻贞尚衍，兴毓传纪广，昭宪庆繁祥。令德维垂佑，钦绍念显扬。

建道敦安定，懋修肇彝常，裕文焕锦瑞，永锡世绪昌。

（曾辉 供稿）

谢 氏

七郎公脉字辈排序（四至三十五世）：

添 俊 德 子 文 宪 景 祖 世 天 良 学 有 占 圣 士 大 振 书 声 光 裕 济 美 克 绍 晋 猷 家 宗 昌 庆

十一郎公城厢天济公房字辈排序（三至三十七世）：

君 卿 天 仲 文 政 *1 *2 *3 *4 *5 *6 *7 *8 *9 *10 *11 *12 *13[①] 象 在 仁 贤 运 肇 文 明 道 隆 德 立 学 裕 名 成

十一郎公田心得贵公房字辈排序（七至三十二世）：

仁 文 志 僎 与 应 永 朝 大 自 启 兆 光 昌 发 祥

---

① 注：*1指九世字辈：复、景、本。*2指十世字辈：荣、廷。*3指十一世字辈：单字名。*4指十二世字辈：汝、必。*5指十三世字辈：应、熙、师、赐。*6指十四世字辈：九、志、中、德、大、秉、圣、首、友、暘、习、龙、庭。*7指十五世字辈：立、良、以、献、连、观、承、命、世、灵、振、维。*8指十六世字辈：继、开、崇、逢、乾、元、新、恩、岑、士、正、兆、良、子、传、宏、彩、显。*9指十七世字辈：宗、尧、皇、钟、盛、成、善、先、得、则、仕、思、台、康、朝、梦、廷、文、来、进、久、上、名、挺、寿。*10指十八世字辈：如、绍、起、嘉、仙、国、光、隆、惟、其、日、丰、来、标、邦、生、树、年、先。*11指十九世字辈：锦、新、洪、芳、整、志、桂、大、庭、毓、超、克、道、宝、喜、寿、懋、兴、殿。*12指二十世字辈：步、馨、敦、庆、高、兆、斯、士、育、觐、联、邦、祖、材、长、茂、受、光、其、景。*13指二十一世字辈：达、崇、修、春、明、积、建、祥、连、阶、人、孙、万、家、华、德。

世 美 家 齐 国 治 丕 显 远 扬

十一郎公田心丙郎公房字辈排序（十一至三十二世）：

廷 万 辛 积 有 源 长 其 昌 发 祥 世 济 美 家 齐 国 治 丕 显 远 扬

十一郎公朋口四五郎公房字辈排序（二十至三十七世）：

大 铭 象 在 仁 贤 运 肇 文 明 道 隆 德 立 学 裕 名 成

十一郎新泉七星公景富房字辈排序（十七至二十八世）：

长 得 文 友 积 五 利 昌 盛 永 远 仁 义 礼 智 信

十一郎新泉七星公宗应房字辈排序（十二至五十三世）：

宗 长 立 世 万 成 开 启 德 学 福 寿 康 宁 家 道 兴 乐 群 季 俊 秀 法 步 惠 连 农 田 根 本 风 高 湿 扬 青 山 碧 水 日 月 辉 煌

十一郎新泉七星公宗胜房字辈排序（十三至二十六世）：

长 立 世 万 成 开 启 凤 兴 先 良 昌 斯 发

十一郎新泉七星公宗旻房字辈排序（十三至二十四世）：

长 立 世 万 成 开 启 凤 永 福 万 生

十三郎公脉字辈排序（三至三十四世）：

德 善 添 祖 仲 宗 廷 长 文 世 君 曰 起 上 日 朝 兆 开 鸿 道 克 昌 孙 贻 培 兰 毓 桂 秉 秀 含 芳

光佐公脉逢春公房贤为公系字辈排序（十三至八十二世）：

邦伯卿夫士，格致诚正修，德礼昭平治，诗书合诒谋，传家惟孝顺，奕世庆贤良，高堂勤定省，昆仲友恭亲，敦厚千祥集，仁慈百福臻，文丰智慧广，行美品容端，南国根源远，宝树宗泽长。

（谢仁冬　供稿）

赖 氏

百十一郎公脉和应郎公脉字辈（十四世始）：

甲第簪缨在　乙源沛泽丰　丙阳天地照　丁实岁时逢

戊育蕃滋润　己传起敬宗　庚强人自厚　辛旺事能通

壬大来章绂　癸全方福同

（赖跃斌　供稿）

蔡 氏

小朱地上村字辈排序（九世始）：

良得荣廷志，文明正起耀，世仕运天开。

续字辈：君赐祯祥，嘉声振远，积善昌盛，吉庆安康，华泽佳铭。

蔡屋、乐地字辈排序（九郎公十二世始）：

承世启士显超，大道中正，文运天开，永赐祯祥，嘉宗振远，积善昌隆。

续字辈：志成立安邦，忠义传新发，富贵绵远长，荣宗辉玉树。

大同背字辈排序：

贵祖宗志　万友世仁起龙家章士辉永应振昌

续字辈：荣华富贵　景泰开来　嘉声正远　百福祯祥

小地字辈排序：

仲石洪先　诚长廷郎　世文仕章　子立德作　家兴振标　芳礼裕传

小朱地下村字辈排序：

十荣新壬永复长，宗仙真景天似振，旺宏有起明龙兴，文桂礼义乾坤福，永世加封增茂盛。

（蔡运良　供稿）

联匾篇

楹联牌匾，外挂的家训族规

◎ 罗小林

楹联、牌匾是悬挂于门屏上做装饰之用，反映建筑物名称和性质，表达人们义理、情感之类的文学艺术形式。在客家地区，牌匾、楹联在祖屋、祠堂、书院等地随处可见，它们担负的功能众多，其中教化功能是最重要的。

客家人十分重视家训族规的形成和培养，各个姓氏家族，通过自己家族繁衍和发展历程中史实的归纳和反思，形成自己的家训族规，作为家族中人必备的经典和珍藏。其分量厚重，不仅要庄重地撰记于本家族历史记载的族谱上，还要镌刻在牌匾和楹联上，向人们展示自己家族的意愿、追求和向往，利于裔孙时时温习，起到及时教育子孙的作用，让后人继承前辈的优秀品德、聪明才智、光荣传统，让家族美名世代相留。

一、昭示处世正道

一个人生活在世上，要学的东西很多，涉及做人处世的方方面面，“孝悌忠信礼义廉耻”8个字，是儒家文化对人们的规范要求，剔除其中封建的伦理道德观念，在当今时代仍然具有积极意义，可以作为个人的行为准则，因此在楹联牌匾中频频出现，这里不再列举。要着重说的是，为人处世的基础和正道：崇文重教，耕读传家。

培田古民居最大且保存最完整的宅院叫“继述堂”，有一副联：“继先祖一脉真传克勤克俭，教子孙两行正路维读维耕。”读着这副联文，仿佛老祖宗在对后代做立身传世的谆谆教导，耕田可以事稼穑，丰五谷，养家糊口，以立性命，读书可以知诗书，达礼义，修身养性，以立高德，所以，“耕读传家”既学做人，又学谋生，是客家人千百年来信奉的传家之道。像这样的对联，厅堂里还有几副：“创业维艰，祖宗备尝艰苦；守成不易，子孙宜戒奢华”“饥能壮志，寒能壮气，志气不凡定多安泰；耕可养身，读可养心，身心无恙自获康宁”。以上这些楹联，都把“耕读传家”作为一则重要的家规族训，用以劝勉后世子孙重视耕读，做到勤劳耕作，读书上进。

二、昭示敬祖怀宗

尊宗敬祖是客家人家训的重要内容。客家人故土情深，无论客居何处，都忆念着家乡热土；不管发达还是贫困，都忘不了自己的祖先。教育子孙后代不忘故土，是客家人家教的重要内容，家中正厅中间挂上表示家族郡望的牌匾，是要告知家庭成员不忘祖地，追忆祖根，宗祠的楹联在这方面也多有体现。如璧洲林氏大宗祠就有这样的对联：“自河南光州固始到福建；从榕城闽侯甘蔗来璧洲。”20个字，4个地点，浓缩成林氏迁徙璧洲的活动轨迹，虽然隐去了千里万里、关山重重的艰辛脚步，淡化了兵灾匪祸、虫豸瘴疫的侵袭疤痕，抹掉了风霜雨雪、饥寒交迫的磨难印迹，但沉淀着多少族人的坚毅和果敢，凸显出祖先的百折不挠和聪明智慧，激发出客家人对先祖的崇敬和对祖地的向往，体现对中华文化情有独钟的情怀。

三、昭示先贤为率

客家人在家训族规的教育中，十分重视挖掘和利用先贤的素材来教育子孙，一方面，先贤的事迹为官府所表彰，广播四方，流传久远，为大家所敬仰，是一件荣宗耀祖的事；另一方面，先贤之所以为大家所敬仰，是因为其为人处世都注重德行，足以成为后人的表率。正因为如此，敬重先贤，彰显其事迹，让族人去接受去效仿，其作用是巨大的，各姓氏家族莫不如此。

这里以芷溪黄氏家庙的一副对联来说明。

联文为：“世泽浚源长，孝友无双千秋俎豆昭前烈；家声遗韵远，文章第一百代衣冠推后贤。”其中“孝友无双”“文章第一”都是有典故的。

“孝友无双”用的是黄香“温席奉亲”典故，说的是东汉时期江夏孝子黄香，还在9岁时，就已经懂得孝敬长辈的道理。每当炎炎夏日来临，黄香就用扇子对着父母的帐子扇风，让枕头和席子更凉快，并使蚊虫远远地避开蚊帐，让父母更舒服地睡觉；到了寒冷的冬季，黄香就用自己的体温，温暖了父亲的被窝后，才招呼父亲睡下，好让父亲睡起来觉得暖和。黄香的事迹流传到京城，号称“天下无双，江夏黄香”。

“文章第一”说的是东汉著名文豪黄宪，字叔度，汝南慎阳（今河南正阳）人。出身贫贱，以德行著称。少年好学，成为饱学之士，满腹经纶，学富五车，名动官府，连朝廷的三公之一周藩，都钦佩地奉他为圣贤，有“千顷波涛黄叔度”之誉，被称为“天下文章第一家”。

这样名动朝野的事例，极富有教育意义。

四、昭示念本爱乡

客家先人流离漂泊，辗转迁徙，十分渴望安宁的生活，一旦遇上适合生存的土壤，他们便会扎根耕耘，利用自己的聪明才智，依靠艰苦奋斗和勤劳勇敢，把迁居地建设成为美丽的家园。同时教育子孙倍加珍惜来之不易的成果，把建设美丽家园的愿望一代代传承下去。这里有建设者的自豪显现，还有对后代子孙建设家园的殷殷期盼，而宗祠中悬挂的楹联就很好地体现了这一念想。

以笔者家乡莒溪镇铁山罗地村为例，在六世祖松旺公祠堂内有一副对联：“屏峰仰前徽祖德馨香昌百世，双溪滋后裔宗功浩荡盛千秋。”联文中“屏峰”和“双溪”是自然环境，才进村口，迎面是一座半圆形的山峰，上面生长着青翠的毛竹，似一面屏镜镶嵌在村子的东头，清晨，太阳从山上升起，就像青翠的屏峰托起一轮红色的朝阳，让人不禁精神焕发；村庄内有两条小溪，从不同的源头流出，汇聚于水尾，把整个村庄围成一面旌旗状，潺潺的溪流，缓缓升腾的水雾，环绕着村庄，使人神清气爽。上天赐予这样美妙的所在，是铁山罗地罗氏先人的福气，更激起了村民建设美丽家园的壮志豪情。至如今，铁山罗地文化传承生生不息，生态保护代代实施，罗地村成为福建省传统村落和福建省生态村，全村现有人口千余人，其中有大学学历的有160多人。

邓氏毓秀堂宗亲历史概况及楹联

◎ 邓美材

千百年来，客家先民在五次大规模的迁徙中，跨黄河、渡长江，历尽艰辛，不管走到哪，都将族谱、先人的遗训带在身上、记在心里，把“孝以敬先，孝以德行，孝以顺重”这三层面的孝心深深根植入人心。连城县文亨镇福坑村坑尾自然村邓氏裔孙也是一样，一路披荆斩棘，筚路蓝缕，辗转他乡来到这里。在迁徙过程中为了更好地生存和繁衍，客家宗族尤其注重家风的传承，让每个家庭成员踏入社会前都能接受更好的道德教育，不断传承和完善这些家规及警言，慢慢地就形成人生教育和伦理教育的教科书，也就是现在的家训族规。家训直接面对每一个具体的家庭成员，因而对中华民族伦理观念的形成与家族凝聚力产生了重要作用。现将邓氏毓秀堂宗亲历史概况及楹联记之以下。

一、概况

文亨镇福坑村位于文亨镇东部，是革命基点村，205国道穿村而过。该村辖陈地、坑尾、北坑3个自然村，有4个村民小组，全村119户518人，山林1.34万亩，耕地面积750亩。

二、祖源

福坑村坑尾邓氏裔孙，开基祖是友政公，于元末明初从沙县（现三明市沙县区）迁居到此地，其弟茂生公则迁居到曲溪村洋尾开基。

邓氏系黄帝轩辕氏的后裔，传至二十六代，商朝国王武丁封其叔父曼公于河北（今黄河以北地区）为邓侯，其后裔以此为姓。到春秋时期置有邓国，疆域从今湖北襄阳市北邓城镇抵达河南邓州市（古称南阳）。公元前678年邓国为楚国所并，其后裔以国为姓，邓氏始祖叫曼公，字德阳，郡望称“南阳”。

邓氏入闽始祖光布公，原籍河南汝宁府光州固始县，系东汉高密侯邓禹公（曼公第四十七代孙）第二十七代孙。光布公，字明远，号南津，任晚唐殿中侍御史。光启元年（885）随光州刺史王绪南下，进入福建为崇安镇将，继封剑州路将军。

光布公第八代孙克谐公（宋光禄大夫）生有八子：有朔、有冲、有崇、有汴、有职、有全、有仪、有金，分金、石、丝、竹、匏、土、革、木八房，友政公系有金公第十二代孙，属木房。友政公曾祖父千七郎公，祖父千十二郎公，父璧宗公祖坟均在沙县，本村邓氏从千七郎公为第一世起算，友政公系第四世到现在二十六世，本县、外县、外省有联系的共有130多户600余人。

三、祖堂

坑尾邓氏祖堂名“毓秀堂”，建于清乾隆年间，木料结构。祖堂背后山峦起伏，连坐三顶，千里来龙，万里结穴；前面群山环抱，山清水秀，乾山巽向，丙戌丙辰分金，奎宿六度，蜈蚣形。前面距祖堂100米处有一大圆石，名为蜈蚣吐珠。可惜此大圆石在“文革”期间被外地石匠开炸石条，做砌公路桥墩之用，裔孙无法保护，祖堂也因多年失修，已很陈旧，成危房（裔孙决定于2021年重修祖堂）。祖堂内有“南阳派别家声远，东汉支分世泽长”“乔木发千枝岂非一本，长江流万脉总是同源”等楹联（附后）。每年农历正月初二、七月十四，裔孙齐集开图谱拜祖；八月初一对友政公至万岷公十世祖坟（计33穴）进行祭扫；元宵节拜祖抬龙灯放烟花贺新春。年年如此，从未间断，这些充分体现裔孙尊祖敬宗的传统美德。

四、楹联

要好儿孙须从尊祖敬宗起，欲兴门第还是读书积善来。

本是同根共祖脉，一堂齐拜祖宗前。

乔木发千枝岂非一本，长江流万脉总是同源。

岁岁端庄酬祖德，人人盛服报宗功。

南阳派别家声远，东汉支分世泽长。

礼明道义迎四德，宗功流远世泽长。

春祀秋尝存正脉，左昭右穆序源流。

万代裔孙源流远，福同天中日月长。

致孝恩高曾以上，重祀典宗庙为先。

祖德源流远，宗功世泽长。

百代衣冠长济美，万年支脉永流通。

耕读为本　联匾颂传

◎ 吴有春

客家人是汉族的一支优秀民系，其文化根脉是农耕文明。历数千年的繁衍培育，形成了“耕读传家、开拓进取、尊师重教、崇文尚武”的主要特色。

培田家风中以“勉读书”“勤生业”“兴养立教”为著。村内民居、宗祠、书院、寺庙、牌坊中，留存的匾额、楹联，有赞美自然田园风光，抒发爱乡爱国情怀的，更有颂传“耕读为本”精神，寄望造就明德亲民、行洁志芳、事业有成、乐善治平人才的。联、匾透析出的儒雅书香气息，陶冶教育一代又一代纯朴的族人。

习总书记2021年春到闽考察时，3月25日在总结会上指出，“福建历来有崇文重教的优良传统，耕读传家的培田古村落就在福建”，兹选有关崇文重教、耕读传家的楹联及匾额于下，对其中一些来历及古文言做出阐释。

一、尚书赠联

裴应章，明隆庆戊辰（1568）科进士，曾任吏部尚书。他是汀郡清流县人，朝廷敕命书中称他“志行纯恪，才识敏明……惟正直可以肃官堂，惟忠厚可以存国体”。弘治年间建于北京正阳门附近的汀州会馆，裴是后继掌管人，馆内至今仍存他撰写的楹联：“帝里衣冠聚；天涯骨肉亲。”可见裴尚书的气度与乡情。

培田九世裔吴石泉于嘉靖乙丑（1565）任广东肇庆府新兴县尉，其上司林则时县令赞称“资性警敏，才优练达”，新兴县绅耆谷岑万进士也赞称“殚心尽力，共襄美政。严翼自持，夙夜匪懈。偏执不存，苞苴不事”，可见石泉政绩可嘉。他于隆庆年间入京接受朝廷表彰，升职为贵州仓太史。其间住宿汀州会馆，与裴相识相知，渐成友好。当石泉君为敬祖宗扬家声，请裴为祖父吴祖宽创办的“石头坵草堂”赠联，该草堂代代科试联芳，人才辈出，裴欣然命笔赠联：“距汀城郭虽百里；入孔门墙第一家。”当时培田周边居住着林、曹、马、谢、聂、赖、翁、吴、熊、魏等十姓聚落，此联成为吴家乡贤的自豪。后代刻入宣和吴氏始祖祠以及南山书院，作为外大门联。在《培田吴氏族谱》中还载有裴尚书为吴石泉所作的《七十一寿序》，其中称：“吴君归课贤郎，诵读有声。日与二三老叟遨游桑亩间。”由此可见赠联来历及情境。

二、纪昀题匾

培田十三世裔吴光宇贡生，于康熙五十年（1711）左右，在石背山麓开办学堂。因位于其住家“业屋”附近，村民称为“业屋学堂”。而塾师则以学堂面朝河源溪，俯视溪面常见蓝天白云倒映溪水中，于是取名为“云江书院”。自此，其族内连续多代有人科举考试考中秀才。乾隆二十八年（1763），裔孙吴金森在福建学政纪昀主考下，取入邑庠，金森向纪述及家乡办学不辍，尊师重教，人才辈出，请其为他的祖父办学有成题词，获赠“渤水蜚英”题书赞语，后裔制成精美大匾，挂于“上业屋”中堂之上，至今仍存。因纪昀是乾隆帝宠臣，位登大学士，主持编纂巨著《四库全书》，可谓大名鼎鼎的学者，于是此匾族人视为珍宝。匾文中，渤水，即指吴姓郡望“渤海”源流繁衍之意，亦有人称河源溪吴坊段为渤水；蜚英，意为飞扬的英名、声誉。

三、书院存联

南山书院，由培田十五世裔吴镛贡生开办于乾隆二十年（1755）左右。它位于后龙山北麓，旁有田坑尾在南，俗名南坑，故村民称为“南坑学堂”。而教书先生则取“采菊东篱下，悠然见南山”的诗意，名为“南山书院”。

初请流落于赣南及闽西山区的福州才子邱振芳举人来掌教。相传他自汀州步行120里山岭，到培田时夜已深，住于乡贤家中，一夜熟睡到天亮还未醒。早上校董吴镛约绅耆拜见邱先生，但闻先生熟睡呼噜声，只好留字条写明：“南山书院校董会诚聘先生掌教，请先察看书院，午时为先生接风。”

校董会成员忙备酒席，但久等未至，校董再率村贤去请，已近午时，振芳仍坦腹半醒而眠。有人低声议论："才子如此散漫，不知腹内可有真才？"董事长说："先生一路辛苦跋涉，难免贪睡。"只好率众而退。

又过半个时辰，校董与村贤三请邱先生到南山书院赴宴，只见先生拟就一联："抗颜①敢诩②为时望③；便腹④何妨尽日眠。"横批是"且试试看"。校董是贡生，见此联含典故，巧妙回应了先生的身世与才学，横批也表明了其谦和答应掌教之聘，于是大家慰问先生一路辛苦，欣喜到南山书院察看与接风。

邱先生掌教南山书院后，培田吴氏考中秀才者较前倍增。校董之孙吴茂林后来考中举人，出仕之前亦为书院教师，留有联文启迪学生，录之于下：

（1）士以器识为先，试看范公⑤作秀才，抱负居何等；

学为经述⑥最重，当思董子⑦治春秋，功夫是怎生。

（2）诗书至老方知味；风月闲来始觉佳。

（3）无山苍翠不当⑧户⑨；有树槎芽⑩为侯门。

时至咸丰庚申（1860），南山书院聘长汀铁长人曾瑞春举人掌教，他在此任教十年，既教书又修读，教绩受到校董吴化行嘉许，赠金晋京考中进士，授翰林院庶吉士，后出任江西宜春县令。同治十三年（1874）续修族谱时，

---

① 抗颜：正色、严正的态度。柳宗元《答韦中立论师道书》："独韩愈奋不顾流俗，犯笑侮，收召后学，作《师说》，因抗颜而为师。"

② 诩：xǔ，说大话，夸耀。

③ 时望：当时有名望的人。《晋书·杨骏传》："得幸于武帝，时望于骏前。"

④ 便腹：大腹便便之简写。《后汉书·边韶传》："韶口辩，曾昼日假卧，弟子私嘲之曰：'边孝先，腹便便；懒读书，但欲眠。'韶潜闻之，应时对曰：'边为姓，孝为字；腹便便，五经笥；但欲眠，思经事。寐与周公通梦，静与孔子同意（即同一心意）。师而可嘲，出何典记？'嘲者大惭。"本联典故出于此。

⑤ 范公：范仲淹。北宋政治家、文学家。少时贫困力学，后中进士。有著作《范文正公集》。

⑥ 经述：经学和儒术。

⑦ 董子：董仲舒。西汉哲学家，经学大师。著有《春秋繁露》《董子文集》。他主张以儒学为正统，得汉武帝采纳。

⑧ 当：对着、向着。古乐府《木兰诗》："当窗理云鬓，对镜贴花黄。"

⑨ 户：原为单扇的门，引申为出入口的通称，如门户、窗户。

⑩ 槎芽：同叉丫，歧出分枝芽胚。苏轼《郭祥正家醉画竹石壁上》："枯肠得酒芒角出，肝肺槎牙生竹石。"

作《南山书院记》并撰联入谱。联文为：

十年前讲贯①斯庭，绿野当轩，宝树②滋培齐竞爽；

百里外潜修此地，青云③得路，玉堂④清洁待相随。

四、文武求全

齐家治国崇文，乐业安邦尚武。于是人们的理想、愿景是文武双全。地方与国家都需文治武功，缺一不可。培田人在村口设立“文武庙”，上祀文圣孔子，下祀武圣关羽，旨意在求文武齐备。此庙原名“文昌阁”，“文革”期间损坏，1995年改建，旅游开发后改名文武庙。有关联匾如下。

1. 上层孔子塑像殿门留挂“文昌阁”匾。其内联文为：

（1）文章重千载；圣教衍万年。横批：大成至尊。

（2）万世师表；百方范仪。

（3）德牟天地；道冠古今。

2. 下层殿祀关羽、关平、周仓塑像。殿厅内联文为：

（1）一片丹心悬日月；百战艰苦重君臣。

（2）一生不负桃园义；千古长存蜀汉忠。

3. 外大门横额石刻“渤水恩波”，门联为：

忠心昭日月；正气壮山河。

五、堂联集锦

（一）继述⑤堂

1. 外大门横额石刻“三台⑥拱瑞”。门联为：

---

① 贯：贯通，串通。《论语·里仁》：“吾道一以贯之。”

② 宝树：喻善美珍贵之人才。

③ 青云：原意为高空青天之云，喻科举高中得显名爵位。

④ 玉堂：官署名。汉侍中有玉堂署。宋以后，翰林院亦称玉堂。

⑤ 继述：取自《中庸》，“夫孝者，善继人之志，善述人之事者也”。

⑥ 三台：一说“泰阶”星名，上、中、下三台各有两星，相比斜上，如台阶，称为天阶。上阶代表皇帝，中阶代表公卿大夫，下阶代表士人庶子。泰阶平，三阶和，就会风调雨顺，天下太平。村人又指该门面对三重青山：近为“大坪岗”，中为“云霄寨”，远为“笔架山”，海拔高度逐级上升，如三阶可登天穹。

水如环带山如笔；家有藏书垄有田。

2. 内大门横额石刻“大夫第”①，门联为：

草庐②传正学；绮里③著清声。

3. 厅堂联有：

（1）创业维艰，祖宗备尝辛苦；守成不易，子孙宜戒奢华。

（2）继先祖一脉真传，克勤克俭；教子孙两行正路，维读维耕。

（3）圣贤书当学圣贤道义；天地气须全天地纲常。

（4）饥能壮志，寒能壮气，志气不凡定多安泰；耕可养身，读可养心，身心无恙自获康宁。

（二）致祥④堂

1. 外大门横额石刻“辉映斗垣”，门联为：

环水丽日回绿绕；曲山和风送青来。

2. 内大门横额书写“业绍⑤草庐”，门联有：

带水周环成润泽；笔峰高耸启文明。（吴海满主事题）

3. 厅堂联：

棠棣⑥华间骊驹并驾；藻芹⑦香处鸿鹄齐飞。（曾瑞春进士题）

---

① 大夫第：出有官员，其父母获诰封大夫的宅院门第。

② 草庐：古代学堂称草庐、草堂、别墅。

③ 绮里：美丽的村乡仁里。

④ 致祥：由举人吴朝珍以屋主兄弟和好无间，同科取中邑庠，誉为蒸腾祥瑞之气，故取名“致祥”。

⑤ 业绍：事业继承与发扬之意。

⑥ 堂棣：原为宅院种植的观赏花木，喻兄弟。《诗·小雅·常棣》是周公宴兄弟的乐歌。常棣即棠棣，也可作“唐棣”，故有此喻。《郑轨·观兄弟同日成婚诗》：“棠棣开双萼，夭桃照两花。”

⑦ 藻芹：淡雅香味植物，借喻文采。

（三）厥后[①]堂

1. 大门横额石刻“辉览凤观[②]”，门联为：

笔峰高写云霄月；凤字[③]凭题绮里门。

2. 厅堂联有：

（1）千古文章传性道[④]；一堂孝友乐天伦。

（2）书有未曾经我读；事无不可对人言。

（四）务本[⑤]堂

1. 外大门横额石刻“秀耸云山”，门联为：

（1）奎[⑥]门高映文昌[⑦]府；松竹长参至德门。

（2）天贶[⑧]一条银水活[⑨]；祖贻[⑩]数仞[⑪]雉墙[⑫]垣。

2. 厅堂联有：

（1）文章移造化[⑬]；忠孝作良图[⑭]。（王羲之句）

（2）行仁义事；存忠孝心。（朱熹句）

（3）欲高门第须行善；要好儿孙必读书。

---

① 厥后：取自《周颂》，“克昌厥后”“克开厥后”。厥，代词，即“其”“他的”之意。建造此堂的三兄弟的父名吴昌开，故以此堂号怀念厥父，并寄望后代昌发开明。

② 凤观：形容神采之美如凤之观。《文选·曹植与吴季重书》：“足下鹰扬其体，凤叹虎视，谓萧曹不足俦，卫霍不足侔也。”（俦，伴侣；侔，同牟，意为求取、谋取）。

③ 凤字：凡鸟之隐语。《世说新语·简傲》：“嵇康与吕安善，每一相思，千里命驾。安后来，值康不在。喜出户延之，不入，题门上作凤字而去。喜不觉，犹以为欣。”

④ 性道：事物本质，天然规律，哲理道义。

⑤ 务本：出自《论语·学而》：“君子务本，本立而道生。孝弟也者，其为仁之本与。”

⑥ 奎：星名，二十八宿之一。

⑦ 文昌：星官名，即文曲星、文昌帝君。

⑧ 贶：赠。

⑨ 银水活：洁白流动的水。朱熹《观书有感》：“问渠那得清如许？为有源头活水来。”

⑩ 贻：遗留，存留。

⑪ 仞：古代长度单位。周制八尺；汉制七尺；东汉为五尺六寸。

⑫ 雉墙：墙长三丈，高一丈，为一雉。

⑬ 造化：天造与育化，即天然所成与人为修养，内化于人的头脑。

⑭ 良图：美好善良的人生前途谋划设计。

（五）双灼[①]堂

1. 外大门横额石刻“华屋万年”，门联为：

（1）屋润小康[②]迎瑞气；万金广厦庇欢颜[③]。

（2）华国选良材，虎视凤观世第；年丰择吉地，王光剑气风光[④]。

2. 内大门横额石刻“乐善好施”，门联为：

（1）乐以忘忧，满眼风光饶[⑤]乐趣；施于有政[⑥]，一堂孝友验[⑦]施为[⑧]。

（2）善居室惟怀完善；好读书立志修齐。[⑨]

3. 庭院花格透墙装饰联：

（1）子舍[⑩]风飘樨[⑪]馥郁；午庭时报竹平安。

（2）天上云霞随变态；阶前花月自怡颜。

（3）瑞日芝兰光旧岁；春风棠棣振家声。

培田无堂号的宅院内，有关“耕读传家”以及道德修养、山水怡情的散联也不少。随录于下，自有品评之意味：

（1）立修齐志；读圣贤书。

（2）传家周礼承先德；让国高风裕后昆。

---

① 双灼：建造此堂屋主名桃生，号华年，字灼其。《诗·周南·桃夭》：“桃之夭夭，灼灼其华。”指桃花开得鲜明之意。双灼即灼灼。由此可见，堂号与外大门额均为嵌名而取。

② 小康：指政教修明，如夏禹、商汤、周公之治；又指少有资产足以自安，谓之小康之家。

③ 广厦庇欢颜：出自杜甫《茅屋为秋风所破歌》：“安得广厦千万间，大庇天下寒士俱欢颜。”

④ 细品此两联首字，恰好是横额四字。

⑤ 饶：丰富、多。

⑥ 施于有政：引自《论语》：“或谓孔子曰：‘子奚不为政？’子曰：‘书云孝乎，惟孝友于兄弟。施于有政，是亦为政。奚其为为政？’”此言中，施为实施践行；有政为家政。大意是，有人问孔子为什么不去从政。孔子回答：经书上说，能孝于父母，友爱兄弟，其道德理念推而广之，和做官一样，何必一定要做官？

⑦ 验：察考。

⑧ 施为：施行与作为。

⑨ 细品此两联可知，两联首字恰为横额四字，可谓嵌额联。

⑩ 子舍：君子之宅院。

⑪ 樨：桂，桂花。

（3）治平天下最；孝义[①]古今稀。

（4）守礼经立庙旧制；得圣人追远深心。（泉州状元吴鲁书撰）

（5）乐与人善，即只字片言，皆为良药；悯济穷困，虽分文升合，亦是福田。

（6）希贤希圣希天，此等地位岂肯让他人做去；立言立功立德，这般事业还需自平日修来。

（7）积德润身如积玉；贻书教子胜贻金。

（8）廉隅当自励；让德承家声。

（9）半亩砚田余菽粟；数椽瓦屋课桑麻（横额“锄经别墅”）。

（10）平生所学为四字[②]；道统[③]攸归在一人[④]（横额“紫阳[⑤]书院”）。

---

① 《汉书》：“文帝初立，闻河南守吴公治平为天下第一。”孝义，指吴泰伯仲雍兄弟知父亲想传王位于季历之子，于是让王位于季历，从而开周朝近800年历史。此举孔子赞称“至德”，又称“让贤”之孝义。

② 四字：指朱子所倡“忠孝廉节”。

③ 道统：儒家学说系统理念。

④ 攸归在一人：所归于朱熹全力倾注的理学精著。

⑤ 世人以“紫阳”名朱熹之学。

"一门孝友"和"德寿两全"

——两块匾额的故事

◎ 吴尧生

过去，在连城县曲溪乡罗胜村隔沟下老屋的正厅曾悬挂着"一门孝友"和"德寿两全"两块匾额，它们均是清乾隆年间连城的两位县令秦士望（安徽宿州人）、徐尚忠（江西高安人）先后于乾隆八年（1743）和乾隆十四年（1749）旌表罗胜村践行祖训家规楷模吴辅也先生的。可惜两块珍贵的匾额均毁于20世纪60年代的"文革"。

在封建社会里，某个家族或某个人能够受到朝廷或地方官的一次旌表已是莫大的荣幸了，在短短的数年内，能够得到两位县令的表彰就更是凤毛麟角，是天大的殊荣。那么，一介布衣的辅也先生究竟有何德何能，令人敬佩并受到两位县令表彰的呢？幸好《罗胜村志》里收录了辅也先生的好友——时任江西峡江县令的李璺瑶作的一篇《吴公辅也先生传》，记述得很清楚，现全文摘录于此，以飨读者。

公讳邦相，字辅也，号荣庵，清邑庠，乃东山杰出人也，素与瑶相契厚稔，知其生平，每欲撰数言以颂之。

适甲子岁奉，简命视事峡江，是以有志未伸，往往于政暇之余中怀耿耿，时有故人在意中也，今嗌仕回梓，使不弃敬言以述其行状，竟听其淹没无传亦何贵乎？知交者，诚以知公莫若瑶，非瑶不能颂公也。按：公自幼聪明颖异，知识过人，期公大有作为以光邦国，未几，太翁昆季分爨家事繁剧，太翁性坦，不理家务，长兄力学，三弟幼稚，公遂弃举子业而肩家政，独与太母徐孺人拮据勤劳，权衡掌持，既而家事饶裕，于是卜坟茔、择婚配、置田产、营宫室，事无巨细，竭力经营，以故，太翁得遂其逸志，生平孝友足风，和邻睦族，力持门户，正直公平，慷慨仗义，谦恭可人，以及究青囊术，攻克择书种种徽音传闻郡邑。故邑侯秦公以“一门孝友”额旌，徐令复以“德寿两全”匾奖，奚待瑶今日赘词以表彰也，所可羡者兰桂盈庭，一堂四代，齐眉举案，家号素丰，家君游泮水而开一乡文运，孙曾接踵而奋志飞腾，他年纶音叠进，丹诰焚黄，可预卜已甚矣哉，如公者真所谓承上启下之人也，不有公之善继，而太翁胡以遂其逸，是养志之孝也，不有公之能创，而令嗣胡以成其学，是义方之大也，书曰：世德作求其是之谓乎？如公者洵为东山不可少之人也，实为东山不多得之人也，瑶故约举其概以志夙昔之缔交云尔。

乾隆辛未十六年仲春月吉旦

文林郎知江西峡江县事加三级纪录三次记功四次

年家爱弟李璸瑶玉庵氏顿首拜　撰

耕读传家的秀才村罗胜

◎ 吴尧生

“继先祖一脉真传克勤克俭，教子孙两行正路惟读惟耕。”这是悬挂在连城县曲溪乡罗胜村吴氏宗祠“惇敬堂”正厅柱子上的一副楹联。它不仅是一副装饰厅堂的楹联，也是吴氏祖训家规浓缩的精华，承载着吴氏历代先祖先宗对子子孙孙的殷切期望。

罗胜地处梅花山自然保护区，大自然给予它得天独厚的恩赐。古代，密林深处，不仅树木、花草、药材种类繁多，而且有猕猴、山猄、锦鸡、金钱豹、华南虎等珍禽异兽以及梅花山上那无数美丽动人的传奇故事。历史上的罗胜山高林密，交通闭塞，商贾罕通，农耕是最基本的谋生方式，因此，练就一双铁脚板和一副钢肩膀，学会种田管山的各种农活技巧便是山里人安身立命之本。他们靠山吃山，世世代代在这片土地上用刚强的肩膀担起生活的风雨，用辛勤的汗水播种金色的希望，用勤劳的双手描绘灿烂的历史。然而，在谋求温饱的同时欲求发展，则只有依靠读书仕进，靠知识改变命运，这个道理早已深入人心，成为人们的共识，因而耕读传家、崇文尚武便蔚然成风。居住在这里的吴氏裔孙，很好地继承和发扬了中原先祖们推崇圣贤、耕读传家、三让至德的好传统。这一点仅从悬挂在罗胜吴氏宗祠里的这副“继先祖一脉真传克勤克俭，教子孙两行正路惟读惟耕”的楹联中就可以找到答案。自吴氏先祖迁徙到罗胜肇基900多年来，他们建书院、置学田、设奖学金、延聘名师，崇文重教，俊彦代出，凤翥龙翔。早在明代就有学子蟾宫折桂，考中举人、贡生、秀才，在那么闭塞偏僻的山沟沟里实属不易。其中，明代出仕的直隶安州通判吴琨和清代署理仙游县正堂吴朝珍可谓是他们中的佼佼者。

据《吴山乡百代简史》载：吴琨，字良玉，明朝成化癸卯科廷试拔贡、安州通判，生于1426年，卒于1514年，享年89岁，世居莲东吴山（今连城县曲溪乡罗胜村）。吴琨少时师从其叔吴猷（明永乐十五年丁酉科举人）习儒业、躬耕陇亩。明宪宗成化十九年（1483），57岁的吴琨大器晚成，以学行兼优入选贡院，随授七品京官，旋升北京直隶保定府安州（今河北保定市安新县）通判。据传，吴琨在安州监郡十余年路无拾遗，夜不闭户，奸馋杜绝，政绩斐然。弘治九年（1496）孝宗皇帝欲起任他为御史，他以年迈为由坚辞不就，辞官归里。吴琨官居七品，宦海多年却能保持劳苦大众的操守，一身正气，两袖清风，其高风亮节实属难能可贵。罗胜吴氏族人为了让子子孙孙永远缅怀他的功绩，仿效他的人品和官品，便修建官亭、勒石碑以志纪念。

因了罗胜历代吴氏族人遵守祖制家规，不遗余力地倡办书院、推行奖学，因此罗胜学风日盛、人文蔚起，素以“文墨之乡”著称桑梓。据立于罗胜村口磐安庙旁的“仁里”碑载：“清雍正十三年，邑侯李公省方观俗，觏乡中上下有礼，男女有别，野无荒土，巷无游民，遂以‘仁里’表旌。”也许是山水钟灵，也许是教化有方，罗胜昔有吴猷、吴琨、吴栋材、吴璠、吴观乐、吴增声、吴振裘和吴朝珍（举人、贡生、庠生、国学生）等先贤，今有博士、硕士、学士、企业家、工程师、作家、书画家、收藏家、医生、教授、飞行员和动车司机等众多新锐。

罗胜早在清宣统元年（1909）就创办“吴山小学”，属全县较早办校推行新学的村庄之一。中华人民共和国成立后，这里的文化教育事业发展很快，20世纪70年代罗胜小学曾办过一届初中班，并有4人同时考上连城一中高中尖子班。20世纪八九十年代罗胜村也曾一度与连城一中签订“村校互惠协议”，并建立奖学制度，很好地激励了学子们的学习积极性。从此，年年都有人考上大学、中专，从村头到村尾的古宅新居里，几乎家家都出了大学生，飞出了“金凤凰”。许多家庭除老人和儿童外，都是大学毕业生，罗胜成为名副其实的“秀才村”。

据不完全统计，自明代至辛亥革命时期曾出过文武举人3人，贡生26人，文武秀才和监生等52人，中校团长1人。中华人民共和国成立后已有200多人取得大专以上文凭（含外地嫁到罗胜的妇女，其中：博士3人，硕士14人，本科80多人，专科90多人），占总人口的五分之一强。有县处级干部4人，科局级干部8人，中高级职称44人，成为连城县农村人口平均文化程度较高的村庄之一。出现了父子、夫妻、叔侄、兄弟姐妹成为校友，人才遍布大江南北，就业面涉及国防、航空、交通、行政、教育、医疗、体育、文学、艺术、收藏、农林、水电、建筑、电商、餐饮、服务等行业的喜人局面。

知识就是生产力，人才也是生力军。中华人民共和国成立后，尤其是改革开放后，罗胜村的面貌起了翻天覆地的变化。究其原因，除了有党和国家的好政策外，主要就是得益于知识和人才的作用。罗胜村民文化素质提高，形成了以智取胜的良性循环，促进了村民的就业、经营和发展。

目前，罗胜村除了少部分年纪大的老年人在村里耕田、管山和发展农家乐旅游业外，大部分的青壮年都外出工作、打工或自主创业，他们的足迹遍及神州大地。一批“70后”“80后”“90后”的有志青年，勇闯特区、商海弄潮、颇有建树，不仅在竞争激烈的特区站稳了脚跟，还打出了一片属于自己的小天地。有的人创业成功后，不忘桑梓，成为率领乡亲致富的带头人。昔日的“仁里”村，如今不仅是闻名遐迩的历史文化古村落和避暑胜地，也是省级文明村和生态村。村民们已逐步迈上了小康之路，生活水平得到了很大改善。目前，全村除五保户外，家家户户均盖起了新楼房，电脑、彩电、冰箱、小车也已进入普通农家，70% 以上的农户还帮助在北、上、广、深、福、厦、漳、泉和龙岩、连城等地工作的子女买了住房（初步统计有180多套）。每逢新春佳节，四面八方开回来的150多辆小车从村头排到村尾，犹如场面壮观的车展，虽然大都是经济实用型的中低档车，但是其中也不乏高档车的身影。

从祖祠、试馆楹联看连城张氏的人文风化

◎ 张长明

连城，是客家人的聚居地和发祥地之一。连城张氏现今二万余人口，自南宋入连以来，聚族而居早立开基祖的有十四宗支。其中肇基最早、族裔众多，且播迁散发广远的有：张家营七郎（荣亨）公支系，新泉仲六郎——荣兴公支系，张坊三十郎公支系，张坑、张坊（南二）益郎公支系，塘前化龙——贤益公支系等。所有宗支源自清河，出自张良一脉，后又归张九龄、张晁（鼎）两大派系，皆经宁化石壁徙入连城。

一、祖祠楹联饱含着深厚的张氏人文内涵

连城张氏旧时族有祠堂，祖有老屋，大多建于明清时期，规模各有大小，多为四合院式砖木结构，堂堂立立，散布乡间。其中规模较大，影响深远的有：始建于南宋淳祐年间，经乾隆六十年（1795）重修的张家营始祖宗祠，又称崇报堂；始建于明朝万历丁巳年（1617），现列为省级文物保护单位的新泉张氏家庙；建于清朝道光十七年（1837）的张坊三支合一的敦睦堂；于道光、咸丰年间由全县张姓集资在连邑上街兴建的连城文川张氏敦睦堂总祠，世称张家试馆。这些祠堂敬奉先祖，集堂匾、楹联于一堂，金碧镂花，熠熠生辉，祠外或桅杆耸立，或石狮增严，一派肃然。祠中不乏富有深厚人文内涵的楹联，现略举一二。

新泉张氏家庙正柱联文："流一派清河泽，钟庆新泉，汉之师、唐之相、宋之儒，千百载济济云礽，于榱桷几筵想见前人风范；环四面闽海山，仰止金巘，珂其里、忍其堂、鹊其印，五六经彬彬俊造，以诗书礼乐荐升奕世馨

香。”联文开头，一语点破新泉的山川形胜、人文渊源。环峰山下，三水交汇，流的是古清河一脉。千百年来多少张氏历代风流人物，济济云集，又推陈出新，他们的精神风范至今仍在“榱桷几筵”，即在平常百姓家的茶几筵席间，为裔孙所乐道，所传颂。而环峰金巘仰止之间，新泉更以诗书礼乐造就升华一代又一代人才。从中引出的一系列典故，寓意深刻，耐人寻味。

汉之师，指的是以张良（汉初三杰，被誉为汉之帝师）为代表的一代功臣，包括被誉为“文景之治”总设计师的张苍、汉武帝时位居三公之列的张汤、通西域的张骞等。

唐之相有：“万石张家”的张文瓘，他身居高宗宰相，生子四人都官至三品，父子五人共食禄万石；“三相张家”张嘉贞，其祖孙三代分别担任玄宗、德宗、肃宗三朝宰相；以“千秋金鉴”和文章、风度著称的张九龄；以及迫武退位、拥立李唐复辟的宰相张柬之、张说等一代名相。

宋之儒有北宋创立关中学派大理学家的张载，南宋为朱熹所推崇“以性为本体”的著名理学家张栻等。

珂其里指唐张嘉贞兄弟。古代贵官的马用玉做饰物，走起来发出响声，称为鸣珂。张嘉贞兄弟皆为大官，上朝时骑从仪仗众多，时号所居坊曰“鸣珂里”。后用此典形容居官显赫。

忍其堂指张公艺，因其以百忍齐家，称百忍堂。

鹊其印说的是张颢。此典出自《搜神记》。常山张颢为梁州牧，天新雨后，有鸟如鹊，飞翔入市，忽坠地化为圆石，颢椎破之，得一金印，曰“忠孝侯印”。颢后官至太尉。后人以此典指官印或得官。

再看张家营祖祠一副柱联：“赐姓自轩辕，黄石青钱异样文章光世谱；肇基来南宋，金钩玉海永凭奕叶扩家声。”得姓始祖挥公，为黄帝五子（或曰孙子），因“观弧制矢，官封弓正”，赐姓张氏，故称出自轩辕。而七郎（荣亨）公，始于南宋淳熙甲午岁（1174），由连城县郭莲花村徙入河源里张家营开基。“黄石”，是指黄石公授张良兵书于圯上，而“青钱”一典出自唐代文学家张鷟，字文成，文章出色，他进京应考进士，翰林院评卷称赞他“文辞犹青铜钱，万选万中”，时称“青钱学士”。故“黄石青钱”，皆是旷世奇才，异样文章。而“金钩玉海”是指吴钩名剑和经典宝书，或喻金玉官印。“奕叶”

是累世、后代子孙。这些楹联主旨，都是要凭借历代先贤千秋风范，激励训诫后代子孙，牢记祖训，继往开来，发扬光大。

二、试馆与祠堂交辉，多方培养造就人才

连城张氏素有兴学育才的传统。早在元朝，张家营六世祖均硕公，号均山，曾为当涂县正堂（县尹），有文学，有孝德，有政声。秩满归乡后，便筑读书学堂于本村水尾，号均山精舍。康熙年间，新泉张氏在初设社仓之时，便设立义学二所、经馆一所，在东山楼；蒙馆一所，即在祠内。当时蜚声学坛的理学家张鹏翼也曾在新泉、丰图、冠豸山多处结庐讲学，著述甚丰，诗作不少。其中《游冠豸山（七律一首）》，至今读来脍炙人口："石势嵯峨豸作威，朝瞰绝顶散新晖。文川曲曲涵金薤，古寺阴阴插翠微。羽带云来山鹤隐，岩悬阁静野僧稀。游人每踏丹霞级，树色岚光染客衣。"

到了清朝道光、咸丰年间，由吴坑乡绅以镛公首倡并任董，当时全县九乡宗亲合力集资，历经十年波折，于咸丰三年（1853）在文川上街（今之北大街原林业局院内）建成文川张氏敦睦堂总祠，大门题额"鸣珂旧里"，世称"张家试馆"，一举两用，既奉祖于斯，又崇祀理学大师横渠公，供三年两考赴试者"栖息于斯"。这种融祠堂、试馆于一体的创举，对耕读传家的族裔影响很大。以至于后来，新泉宗亲又分别在汀州、福州宫巷先后创建"张家试馆"，为裔孙赴州、省考试提供一个温习备考之家。福州试馆有一副堂联："十年树木风霜雨雪方成材，百年树人苦酸甜辣酿大器。"这是对学子们"十年磨一剑""梅香出苦寒"的写照。在这种重教育才的氛围中，就连吴坑小山村也曾有"一岁而泮水双游"的景象，即光绪五年（1879）己卯科伟魁、金鉴两公双中秀才，传为美谈。至于新泉、张家营这些文化发达的大村，更是辈出贤能。据新泉张氏八修族谱时统计，自康熙至民国，在科举名录榜中，高中殿试甲榜文武进士4人，乡试文武举人24人，旧时在家庙前立有4对桅杆。考取贡生56人，廪生32人，生员（秀才）258人。仕宦中，有曾任乾隆帝御前侍卫、官居一品的国标，正二品总兵张振、观文，二品以下、七品以上文武官员23人。有在理学研究上，闻名遐迩的名儒、乡贤张鹏翼，有奉旨崇祀的孝子张雯锦。民国时期任正县级职务以上的官员9人。中华人民共

和国成立后，涌现出开国中将张南生、大校张和生，一大批身任处科级职务和获得高学历、高职称的专业技术人才。2021年4月，新泉宗亲隆重举行复立桅杆仪式，并在祠内恢复“乡贤”“孝子”牌匾，为张氏家庙“奕世馨香”重添光彩。

三、弘扬崇文重教传统，奖掖学子蔚为新风

有识之士素以崇文重教、兴学育才为美德，为己任。新泉的两位先辈张梅瑞、张福滨，新中国的两位儒将张南生、张水发更是率先垂范。

张梅瑞，民国时期曾先后署任闽粤三县县长，勤政爱民，百姓称赞他“三篆县令，忧国忧民；两袖清风，度我度人”。他曾担任潮州汀龙小学名誉校长兼董事长，后又与张福滨为首创办连南中学并出任校长，对贫困学生，或予减免学杂费，或自己解囊相助。1946年县明耻和连南中学，几遇停办之危，他虽不在校长之位，仍四处奔波，筹措办学经费，并协助爱国华侨周仰云先生渡过办学难关，直至两校由人民政府接办。张福滨曾任国民党长汀县党部书记、省党总监察委员等职。他与梅瑞倡办连南中学并任董事长，赴台后为首创建连城旅台同乡会，连任三届理事长，创办《连声》，购置会馆，设立奖学基金，奖助吾连品学兼优之学子，并于1986年捐资建立连城三中（原连南中学）奖学基金。他做人的宗旨是“给人信心，给人欢喜，给人方便”，一生乐善好施，是享年102岁的老寿星。

张南生中将，一生战功卓著，是党和军队优秀的政治工作者，被誉为“培养将军的将军”。晚年十分关心家乡教育事业，捐资兴建了新泉北村小学教学大楼。张水发少将，13岁参加红军，少小离家，不忘乡愁。离休前后，三回故乡，帮助张坊小学修缮危房，想方设法争取资金兴建“千和楼”，在家乡传为佳话。

随着改革开放的深入，从20世纪90年代起，以离退休干部为主的一批宗长，由立宽（旅台宗亲）、展文、扬春、汝萃等担任主编，以极大的热忱，陆续投入各支族谱的编修工作。在此基础上，2008年4月，正式成立了“连城县张氏源流研究中心”，又称连城张氏联谊会，其宗旨为：“开源流研讨，联四海情谊；弘先贤祖德，立后秀英才；构和谐，谋发展。”成立之后，曾多

次邀请粤、桂、川、赣等省内外宗亲举办中小型张氏源流研讨会，积极参与编修《中华张氏大典（福建卷连城篇）》，为理清宗支脉络，世系衔接，正本清源，做出了不懈努力，为各支编修新谱打下基础。后又创立了连城张氏奖助学基金。本会荣誉会长、身居永安的塘前离休老干部张革（志梅），秉承先父张英奇（民国时曾任潮州汀龙商会会长）“立身立人，从善如流”的宗旨，以先父名义捐资2万元作为本会基金，捐资10万元设立“千秀助学金”。几年来，本会奖励博硕生25人次，资助困难大学生22人次，计发奖学金68000余元。张家营村于1995年最早成立村一级教育奖励基金会，每年正月借祭祖集会，宗亲自愿捐资，每年8月举行颁奖。25年来已集资72万元，奖励高考、中考优秀学子380人次，计发奖助学金52.5万元，涌现了一批品学兼优的人才。2006年张万开获全县高考理科第一，被清华录取。2010年至今，共考取硕士生19名，博士生2名，其中张万纬获中科院上海生命科学研究院博士学位，并被美国哥伦比亚大学聘为博士后，张文照为浙大计算机博士。新泉于2004年建立奖学基金会，后转为新泉中心片（新泉村、北村、西村）教育促进会，亦办得有声有色。10多年来，用基金孳息分别对考上研究生、全国重点大学生、重点高中生给予奖励，共奖励学子550人次，计发奖金43.7万元，并对困难学生予以适当补助，也取得良好的社会效益。姑田张氏人口不多，几个宗支亲如一家，尤为注重培育人才，每逢孩子考上大学，犹如办喜事一般，家家都会给个大红包以资鼓励。开放以来，连城张氏还有一批青年，通过留学或移民，奔赴美、加、澳等国，新生代又进入西方名牌或重点大学深造，正涌现一批新秀。

连城张氏源远流长，大力弘扬先贤祖德，培育新秀英才，将在新时代，努力为中华民族的伟大复兴做出自己的贡献！

从城西李氏宗祠楹联说起

◎ 李治权

连城城西李氏，自文庆公始，即建有宗祠，至明万历年间，再行修建。气势恢宏的庙宇建筑，配上族人精心拟就的众多楹联，相得益彰，更显闽西望族的气象。现将楹联列举如下：

入庙思存敬；瞻宗念所亲。

祖德肇宏基，自宋而元，金紫递传垂奕祼；宗堂昭世族，由明而清，科名鼎盛庆千秋。

祖功宗德，百世不迁；子孝孙慈，万年如见。

岁祀垂明湮，侑祖妥宗，一本先灵常僾僾；人伦敦睦族，分昭序穆，千枝后嗣切亲亲。

庙貌辉莲峰，岳峙川流，轮奂一方标胜慨；家声开柱史，龙翔凤翥，子孙千祼衍宏图。

道德有音容，望里和羹常紫气；元魁为弓治，架头宗器尽牙签。

阀阅宏恩纶，武烈宏数四代；诗书联甲第，文光直射三台。

以上楹联，多为激励后人继承祖德宗功、弘扬传统文化的内容，体现了“修身齐家治国平天下”的理念，贯穿着“忠厚传家，诗书继世，发扬光大祖德宗风”的思想，与李氏家风家训对家族子孙的教诲是一脉相承的。

自德裕公始，城西李氏就有良好的家风家训，除制定了祠规12条外，还有家训10则。这些祠规、家训条条都有说明，大至宏观，小至微观，教育子孙，苦口婆心，用心良苦，为城西李氏持续发展奠定良好道德基础。据族谱记载，单就实施祠规中“课文行”一项，“从宋朝始，坚持至清朝，每月定期对后辈学子的品行学业在祠堂中由德高望重长辈进行考核点评、奖惩，把家规落到实处。子孝孙贤，人才辈出”。县令徐大化（后升户部尚书）撰《城西李氏宗祠记》中称:“墨绶花封，后先相望，为闽西望族。”

另外，城西李氏字辈排行为“朝、廷、家、国，修、齐、治、安;大、启、文、章，永、昌、世、德”，足可见其家国情怀，饱含对子孙后代“修身齐家治国平天下”的厚望，传承弘扬祖德。

城西李氏，古往今来人才辈出，据《连城县志（民国）》记载，城西李氏入县志者达140人以上，有以奇谋征爪哇制胜、后任汀漳潮赣四府总管，保一方平安的李文庆;有元朝皇庆元年（1312）中举，又成为一代柔媚婉约的词曲大家的李德富;有为救连城人民舍生忘死、英勇捐躯的李仲德父子;有仗义疏财、济困扶贫的李复荣;有孝顺双亲、助人扶困的李复隆;有变俗移风、爱民下士，卒于官的李华;等等。入县志者，事迹感人肺腑，堪为后人楷模。

到了近现代，城西李氏族人以先人为楷模，在各行各业都取得了杰出成绩，涌现出一批批先进人物，如抗日英雄李修兴，治学有方的浙大校长李莲英、福建农大校长李云英，有辛勤育人的教授李修道、李小英，有艺术精英李大成、李明卿，有省劳模李安秋等，他们都是李氏族人的骄傲。

杨家坊杨氏家庙楹联牌匾考

◎ 杨彬芳

“迹自镛州发，家从石壁来”，是在连城新泉杨家坊杨氏家庙（九二郎公祠，俗称大宗祠）的大门两侧石柱上刻的对联，此联文很受子孙看重，但裔孙往往不知其出处，解释众说纷纭。

在杨布生、杨特英、彭定国三人合著的《中华姓氏通史·杨姓》一书中，一些有关史实的内容有助于理解联意，现归纳如下：“迹自镛州发”是指杨杼六十七世孙杨荣是从唐朝入镛的杨姓始祖。据古镛州（今将乐县）《山头杨氏族谱》等资料记载，杨荣在唐末被授予镛州司户之职，任职期满后仍定居于此，其祖屋在今将乐县北村封山下遵道坊中，从六十七世杨荣起至七十一世北宋杨时，世代家族繁衍蕃昌，官宦辈出，到杨时，其理学学术思想更得到长足发展。据此，“迹自镛州发，家从石壁来”表明连城杨氏是古镛州杨时公（龟山公）的一支裔孙，因为战乱从将乐迁到连城杨家坊，其间杨氏的先人曾在福建宁化石壁村居住过。

走进杨氏家庙大厅，4根直径0.5米大小的大石柱挺立在大厅前沿，显得十分雄伟。正厅、前厅左右两侧大石柱上分别镌刻墨绿色醒目楹联：

1. “宅兹灵宇，鉴我精禋。”此联意为：这座祠堂地点非常有灵气，吉祥；这里是教训、检验我等（裔孙、后人）是否精心祭祀，敦行孝道的场所。

2. “辟地枌榆①古，基祥葛藟②繁。”此联意为：开辟的这个地方是永远的故乡，它将孕育出类拔萃的后人；在此开基创业非常吉祥，子孙延绵会像葛藟一样枝繁叶茂，生命力非常顽强。

---

① 枌榆：汉高祖故乡的里社名，指代故乡。

② 葛藟：葡萄科植物，又称千年。

3. 正厅中堂匾额“清白堂”3个金光辉煌的大字。“清白堂”牌匾，对杨家人来说有两种意义：一是纪念、怀念古人。杨氏先人杨震是杨氏杼公第三十五代公，东汉人，虽家境贫寒却勤业好学，世人称其“时经博览，无不穷究”，被普为“关西孔子”。晚年从政，官至司徒、太尉，一生清白廉洁。据《后汉书·杨震传》载：“杨震为东莱太守，当之郡，道经昌邑，故所举荆州茂才王密为昌邑令，谒见，至夜，怀金十斤以遗震。震曰：‘故人知君，君又知故人，何也？’密曰：‘喜夜无知者。’震曰：‘天知、神知、我知、子知。何谓无知？’”他的深夜辞金故事有“使后世称为清白吏子孙，以此遗之，不亦厚乎”之说，连续四代为相，代代“能守风，为世所贵”。二是鼓励、鞭策今人“以震为模”，勤学好问，廉洁从政。

因杨震的清白廉洁遗风之故，在杨氏宗祠，尤其是连城南坑以及后来迁徙地杨家坊、芷溪等许多古宗祠，均可见“三公世泽，四知家声”“关西孔夫子英雄人物宗风范，北宋杨家将文武衣冠祖庙光”“四知清操惭贪吏，千古文坛重草玄”“家传清白，世济经轮”等对联。

此外，因连城南坑杨氏来自将乐，犹以杨时公“程门立雪”为代表的尊师重教宗风亦代代相传，“河洛传真，程门立雪；章坛华胄，清白传家”“眼里有余闲，登山临水觞咏；身外无长物，布衣素食琴书”等典故楹联成为杨家后裔激励子孙读书、行事、修炼自己的信条。

“三尺雪”与“四知经”

——芷溪杨姓对联故事

◎ **杨天佑**

在芷溪杨姓的许多祠堂、祖屋内的显眼位置上，常常会看到这样一副对联：“顾祖当思三尺雪，光宗还凛四知金。”

此联意在教育族人只有尊敬师长，谦虚好学，清廉正直，才能光宗耀祖，福泽绵长。其中的“三尺雪”与“四知经”分别来源于两个典故，而且这两个典故对天下杨姓人，在为人处世、立命安身方面，都有深远的影响。

“三尺雪”典出北宋名臣杨时。

杨时（1053—1135），字中立，号龟山，祖籍弘农华阴（今陕西华阴东），南剑西镛州龙池团（今属福建将乐县古镛镇龙池社区）人，北宋学者、官吏。熙宁九年（1076）进士。历官浏阳、余杭、萧山知县，荆州教授，工部侍郎，以龙图阁直学士专事著述讲学。著有《龟山集》二十八卷，《文献通考》及《二程粹言》等，并行于世。

《宋史·杨时传》载：“（杨时）见程颐于洛，时盖年四十矣。一日见颐，颐偶瞑坐，时与游酢侍立不去，颐既觉，则门外雪深一尺矣。”

程门立雪典故的寓意，在于要学生尊敬师长，潜心求学，意志坚定。

“四知经”典出东汉名臣杨震。

杨震（？—124），字伯起，东汉弘农华阴（今陕西华阴东）人。东汉时期名臣。他通晓经籍，博览群书，有“关西孔子杨伯起”之称。杨震不应州郡礼命数十年，至五十岁时，才开始步入仕途。元初四年（117），入朝为太仆，迁太常。永宁元年（120），升为司徒。延光二年（123），代刘恺为太尉。

杨震为官正直，不屈权贵，屡次上疏直言时政之弊。

杨震曾推举秀才王密，四次升官，官至荆州刺史、东莱太守。在他往郡中上任途中，路过昌邑县，他所推荐的秀才王密这时做昌邑县令，夜里带着十斤金子来赠送给杨震。杨震说："作为老朋友，我了解你的为人，你却不了解我的为人，这是为什么呢？"王密说："夜里没有人知道。"杨震说："天知道，地知道，我知道，你知道。你怎么可以说没有人知道呢？"王密听了杨震的话后，愧疚地出门走了。

杨震的子孙与平民百姓一样吃蔬菜，出门步行，亲朋好友劝他为子孙后代置办一些产业，杨震坚决不肯，他说："让后世人都称他们为清白官吏子孙，将这些留下，不也是十分丰厚的吗？"

杨震"暮夜却金"的典故，古今中外，影响很大，后人因此称杨震为"四知先生"。杨姓"清白家风""四知堂"堂号也源于杨震。

中国历史上一千多年间，都是通过考核学识来取仕的，继承与弘扬祖上优秀的家教家风，为光宗耀祖之首推。所以，步入仕途的贤达大都是彰显祖德的典范。

芷溪杨姓也不乏这样的典范，这里且举一二例，与大家共享。

一、杨簧婉拒豪宅

杨簧，原名杨笙，字履春，号竹圃，福建省连城县芷溪人，芷溪杨姓第十八代裔。生于清乾隆四十一年（1776）丙申岁正月十二日辰时，卒于清道光后期（具体不详）。嘉庆庚辰（1820）中进士，官至江苏巡抚、护理两江总督（正二品）。著有《竹圃诗文集》。

杨簧慧而好学，博学多能，人品周正。他从壬戌岁（1820）朝考第一，录用七品京官，选刑部山东司，之后可谓一路高歌，30年间，稳步升到正二品，如此顺利，除了才干，更离不开为官清廉的品格。

杨簧同时代的芷溪杨姓十八代裔杨荣岩，十九代裔杨峻亭、杨西林兄弟，为芷溪的"两代三百万"，可谓一方富豪。只是他们的近亲之中没有大官，心里老是觉得"有富无贵"，不够完美。于是就想与杨簧搭关系。

杨簧与杨荣岩同为源自乐江的杨姓后裔，他们辈分相同，但已于七世祖时开股。百万公父子为了与杨簧搭关系，就请专人设计，精工建了一栋规模宏大、美轮美奂的豪宅，要送给杨簧。杨簧当时在江苏巡抚任上，百万公为了让巡抚大人尽早感受到豪宅的精美，就请画工将豪宅画好，派专人将豪宅图送去，让杨簧过目。杨簧收到豪宅图，安定好来人后，心知这豪宅是万万收不得的，否则必定有辱清白。于是，对送图人说："这是什么房子啊，这不是猪寮吗？"然后让来人把图纸带回芷溪。百万公父子听到回话，心领神会，对杨簧更是敬重有加。之后，百万公父子将这栋豪宅取名"正禧棠"，但是，由于杨簧的那句话不经意传开了，200多年来，人们习惯上都将"正禧棠"叫作"猪寮屋"。

根据《闽西杨姓家谱》记载，杨簧家族由于家教正统苛严，在200余年间，先后培养出进士12名，举人17名，邑庠、府庠、廪生、贡生27名，七品以上官员17名；留学生13名，大学学士、硕士、博士15名，海军院校毕业生53名，讲师、工程师、教授、高级管理员16名；海军上将1名、海军中将3名、海军少将14名、海军准将1名，海军职官近百名。因此荣获"书香之家""进士门第""海军世家""中国近代海军人才的摇篮"等美誉。

二、杨登璐卖产扶弱济贫

杨登璐（1753—1808），又名书蕉，字谷和、仪堂，号菊田、芸圃，是芷溪杨姓十八代裔。

杨登璐出身于书香门第，十八岁入庠邑，二十七岁补廪，三十一岁以优异成绩中举，授镶黄旗官学教习。之后，受福建督学朱文正器重，先后任惠安儒学训导、邵武县教谕等职。福建巡抚汪志伊察其"廉举卓异"，推任广东惠州府河源县知县。任职三年，勤政爱民，纠风除弊；清廉为官，不贪一文，以身示范。曾经有一富豪犯法，欲以重金贿赂，以求网开一面。杨登璐拒而不纳，依律办案，绳之以法，深得百姓颂扬。

杨登璐在任河源县知县期间，但凡遇到天灾人祸，即解囊救急，扶弱济贫，此等支出远超于知县薪俸，杨登璐只得变卖祖产，以解河源贫弱百姓之危，他也因此家道中落。

所幸，杨登璐后代兴隆，书香延绵，秀才举人等人才辈出，到废除科举止，称“七代书香”。推广学堂后，学士、硕士、博士辈出，享誉三村八隘。

“三尺雪”与“四知经”是杨家家教的精髓之一，务必代代继承，发扬光大。

乐善好施“怡善堂”

◎ 江初祥

文亨镇文陂村周屋有“怡善堂”，是爱国华侨大慈善家明耻中学创办人周仰云的祖屋。

堂号“怡善”，有其特定的出典和含义。怡，乐也，怡善，即乐善。语出于《史记·乐书第二》：“闻徵者，使人乐善而好施；闻羽者，使人整齐而好礼。”徵、羽是音乐声调的名称。听到徵调声，使人乐善好施；听到羽调声，使人整齐好礼。说的是声乐的感化作用。乐善好施的精神为后人所推崇，也为人广为引用，于是便为成语。文亨周屋周氏家族以“怡善”为堂号，是崇尚善德，希望子孙后代乐善好施，多做善事，多行善举。于是“怡善”也成为周屋周氏家族的一条族训。

周氏后人无不以此族训为人生准则，乡间凡有架桥铺路一类公益事业无不乐于捐资。尤以周仰云先生祖孙三代捐资办学最为典型。

周仰云，出生于清朝末造，家族殷富，自幼接受父辈乐善好施的教育。少年时到姑田当店员，以其忠厚勤勉机敏，深为店主倚重。后到潮州经营纸业，组建广福纸烟公司，以其经营得法，商务日隆。又到泰国设立分公司。几经周折，终成大业。

1938年，时值抗战，连城一批有志有识之士为求抗日救国之道，力倡捐资办学，向周仰云先生陈述创办私立中学的方案，周仰云先生欣然答应，当即汇回10万国币（相当于10万银圆）为办学保证金。尔后，又汇回3万元国币，筹建校舍和设备。建起了2层的土木结构的“仰云楼”，3间平房教室及配套教学设备。校名取《左传》“明耻教战”之义，称“连城私立明耻中学”。1939年始招生，至1951年秋，与县立中学合并，其间12年，共计初中毕业507人，高中毕业72人。教育教学经费大部分由周仰云先生提供，累计捐资多少，已无法精确统计。

与此同时，周仰云先生还捐资百万，助建文亨周屋仰云小学、城关金山小学、姑田院庄、进化小学、北团溪尾小学、隔田小学。

周仰云先生之子周千和，牢记族训，继承“怡善”精神，1989年，连城一中75周年校庆，捐资4.2万元，建大理石新校门。1992年，又捐资50万元（港币），建综合办公楼，命名“敬和楼”，建筑面积1700平方米。1994年，仰云先生夫人邓慧贞女士捐资6万元，建立奖学基金，又捐2万元，购买图书。

周千和之子周年茂，1967年于连城一中高中毕业，他牢记族训，继承“怡善”精神，在校园的改造工程中，捐资百万，助建新型教学大楼，命名为“年茂楼”。2014年，连城一中百年校庆，周年茂又捐资百万兴建一中仰云文化公园及体艺馆。

周仰云先生祖孙三代热心捐资办学的动人事迹在连城人民中广为赞颂。项南同志在周仰云先生诞生110周年纪念会上题词“倾资兴学，功在千秋”，高度赞扬了周家这种崇高的精神。而这种精神的渊源正在于两个字——怡善。

隔川陈氏宗祠匾额“文范遗风”之历史源流和道德教化潜力

◎ 陈焕南　陈桂明

隔川陈氏始祖九经公，系永安贡川始祖第十三世孙，驽郎公第五世孙。公赋性聪敏，贯通百家，嗜山水、精地脉。宋绍兴，其父裕安为宁化教谕，公因省父造于连城，至隔川见此地可大可久，遂拓而家焉。公生三子：长百四郎、次百五郎、三百九郎。

事亲敬祖乃中华民族之美德，九经公裔孙一本奉祭祀、明世系、亲宗脉之本衷，于明万历年间，在隔川泗洲堂之左畔建造陈氏宗祠，后因年久破旧，众后裔同心协力、捐资出力，于2008年重新修葺。为追缅彰显始祖宏德，祠内有题匾“文范遗风”“精忠报国”等以昭示后裔，俾使百世永铭；楹联语旨在修德履仁，或崇德，或言志，或思远，或表敬，或赞颂，文采斐然，为宗祠平添光彩，也足见其后裔之孝敬心和凝聚力。

祠内正厅正中悬挂匾额题曰“文范遗风”。“文”为德表，“范”为士则。《传》曰：“郁郁乎文哉。”（引自东汉中郎将、文学家蔡邕《陈太丘碑文》）其旨在倡明追慕颍川始祖、东汉太丘长陈寔含光醇德、高风亮节。陈寔于中平四年（187）卒，享年84岁。其后缙绅儒林，论德谋迹，恭谥曰“文范先生”。后在河南许昌建“太丘祠”专祀。后南朝陈文帝于天嘉五年（564）追封寔为康乐侯，陈宣帝于太建元年（569）加封为颍川侯。

据《后汉书·陈寔传》载：寔少而有志于学，坐立诵读。县令邓邵试与语，奇之，荐听受业太学，后令复召为吏。补闻喜（今属山西省）长（官名），以期丧（服丧）去官。复再迁除太丘（今河南永城西）长。修德清静、百姓以安。吏虑有讼者，白欲禁之，寔曰：“讼以求直，禁之，理将何申？

其勿所拘。”司空黄琼闻而太息曰：“陈君所言若是，岂有怨于人乎？”亦竟无讼者。

东汉蔡邕评陈寔：“品德高尚、兼资九德（忠、信、敬、刚、柔、和、固、贞、顺），总修百行。”对乡邻“于乡党则恂恂焉、彬彬焉，善诱善道（导），仁而爱人，使夫少长咸安怀之。”

“陈寔遗盗”的义行善举，成为千百年来脍炙人口的美谈，“梁上君子”也成了对小盗雅称的揶揄语。

“难兄难弟”典出陈寔教养儿子的真实情状，令人赞叹不已。奉为仁爱有道、善诱善导之典型范例。

陈寔父子三人（寔、纪、湛）时号“三君”；陈寔、钟皓、荀淑、韩韶以清高有德行闻名于世，合称颍川“四君”。

祖祠匾额、楹联既能表述追慕先祖俊贤之内衷，又有启迪后裔须具承继先祖遗风之志向，更是激励后世光大先祖遗愿之行则。

念及陈九经入莲定居隔川至今880有年矣，其裔孙中佼佼者不乏其人。

陈绩郎，九经之三世孙。举孝廉奉诏入仕，南宋年间任霍山县令，后升迁苏州司马，因为官清廉、惠政有声，又救荒殄寇有功，天子嘉其绩，授苏州守中宪大夫。并诰封其父百四郎、祖父九经为中宪大夫。《荀子·劝学》曰：“青，取之于蓝，而青于蓝；冰，水为之，而寒于水。”绩郎其曾祖父乃宁化教谕，为曾孙者，不负先祖遗训，更有超拔先人之宏志。不论为仕为民，均以淳民风、开民智为怀，故能于在任时屡获殊荣，为祖显达功名，于族于世皆为良范。官序不为高，能为官一方，百姓安宁乐业，更为朝廷解难分忧，实难能可贵也。吾侪自当珍重之，发扬之。

陈积万，九经之五世孙。家资颇丰，经商于清流、宁化、归化、将乐各县。因不堪关卡勒索和元廷暴政，与表兄罗天麟（连城坑子堡人）联络各方反元志士于元至正六年（1346）举义。诛杀村中“长上爹”和达鲁花赤等官吏，一举攻占县城。四方响应，投奔者数千人。取清流、宁化，占汀城。分兵南攻上杭、武平，西略江西瑞金、汀属六县，转战归化、将乐，直抵顺昌。队伍迅速发展到二万余人，声震福建。元廷征讨，诏福建元帅府经历真宝、万户廉和尚出征，浙江省右丞勿都不花、江西省右丞秃鲁统军合围，最后义军在延平西被元军包围，陈积万、罗天麟为叛徒出卖，壮烈牺牲。陈积万尸首未归故里，坐骑忠主，衔罩靴至家，以寄哀思。“身显马援将军志，马革裹尸人未还”，令人吟哦不已，壮哉！壮哉！

陈玑，九经之十一世孙。据《连城县志》载，陈玑等三十一人，南顺里隔川人。明嘉靖初，寇首杨廷兰纠集流匪劫掠乡落，残杀乡民，玑等征捕至陈屋坪（今新泉），邑丞白志清纠民兵未至，玑等以手刃贼数十人。贼纵火烧其庐，玑等壮烈殉难。侍御简公霄、兵修道王公俊民上禀明世宗，知县吴瓒奉圣旨令，立祠于隔川瑶前山，额曰“义勇祠”。圣旨命曰“义勇”，旨在旌表陈玑等义士之壮举，彰显朝廷惩恶除暴之政威，从而激越下属齐心一体抗凶顽之斗志。“义勇”乃隔川人为朝廷尽忠之殊荣史标也。

陈舜忠，九经之十九世孙。垂髫失怙，事母能顺其志。兄病，躬亲肘腋，未尝少安枕席。孝廉罗邺赠句云：“关心不惜寒侵骨，绕榻何嫌夜抵晨。”其勤劳已喻矣，他如置窀穸，以瘗孤骸，建茶亭以濡热客，散米谷以拯饥民，里人为之勒石，以志不朽。郡守王奖之以言，讚曰：“德术桑榆镌石永，芳型遐迩仰山高。”此曰“仁者，爱人也”。

陈积钦，九经二十二世孙。清光绪间毕业于福州马尾海军学堂，后入广东将弁学堂深造，任军职率部驻戍广州，荣获军功多次，赏五品顶戴花翎。辛亥革命后，解甲还乡，为地方除旧习，兴新学。积极创办隔川凌云小学兼首任校长，后又兼任连城县立中学体操教练，以严教勤练著称，深得学生敬畏、邑人赞许。他一生正直、爱憎分明，以诚待人、秉公办事。与人为善、帮助家乡民众排难解纷事例不胜枚举，特别值得一说的是，连城在民主革命时期，是红白拉锯的地方，敌我斗争十分激烈，人民曾付出惨重的代价。1933年，中央苏区红军以三军团为主组成“东方军”与国民十九路军七十八师交战，十九路军退守北团途经隔川，有被歼兵士尸首数十具散落于荒野，积钦身为地方豪族，出于人道，出资在隔川的老墟山（当时此山为公山）建一义冢，埋葬无主尸首。此义举深得百姓赞扬。

陈树芳，九经二十二世孙。三岁失怙，由母亲林秀英含辛茹苦抚育成人。少年生活清苦，刻苦求学、矢志上进。师范毕业后，担任教师工作数年，后转入行政。在县农委主任任上退休，后仍尽力发挥余热，目光远阔。由自身单亲求学之苦，想到社会上单亲求学者之艰辛，遵孟子“老吾老以及人之老，幼吾幼以人之幼”贤训，内心自然萌发起应为这弱势群体助一臂之力的心愿。自2007年起，慨然以夫妻（妻黄子群）工薪积累，设立陈树芳奖学金，每年资助隔川籍考上连城一中高中部的单亲学子每人800元，资助隔川中学、小学、幼儿园，以及对隔川籍学生高考文、理科成绩在隔川排名前列者和本房（二世祖百五郎后裔）考上大学者分等进行奖励。树芳身故后，其子陈龙、陈红兄弟又为本乡教育促进会捐资1万元。10多年来，资助学子100多人，资助金额十数万元，开当代隔川培养人才风范之先。

凡此典型，实为隔川陈氏宗祠“文范遗风”匾额之徽征。愿我炎黄子孙奉先祖先贤为范，发扬之，光大之。叙毕之余，叹曰：“悠悠岁月催人老，瓜瓞绵绵万代传。莫忘前贤高亮节，发扬光大应担当。”书此以表陈氏子孙之赤忱也。

璧洲传统村落留下的文化墨迹

◎ 林家新

璧洲村是中国传统村落和中国历史文化名村。自南宋开基以来至今800余年，居民有林、吴、黄、罗等姓氏，人口有3200余人。林氏是旺族，占全村人口80% 以上。璧洲村民勤劳朴实，艰苦创业，秉承着客家人的中原汉族创业精神，传承中华文化的优良传统，在村庄的祖祠、民居、庙宇、桥、亭、阁等建筑中，展现出一幅幅耐人寻味的文化瑰宝。今笔者将璧洲村古建筑中遗留下来的部分楹联和匾额收集整理如下。

第一部分：楹联

一、林氏宗祠

（一）林氏大宗祠 （侍卫府）

1. 门楼石柱联文

门庭增彩源流远

俎豆维新世泽长

横批：林长衍庆

2. 正厅联

春祀秋尝遵万古

左昭右穆序一家

横批：九牧遗风

松木公椒木叔木木成林皆公叔
崇山宗岐山支山山迭出尽宗支

自河南光州固始到福建
从榕城闽侯甘蔗来璧洲

忠孝有声天地老
子孙无数古今贤

3. 上厅联
西河接秀源流远
禄公入闽世泽长
横批：林长远荫

世间好事忠与孝
天下良图耕和读

（二）长房（公全公）

1. 大门联文
雷亮文物千秋盛
永成[①]衣冠万代新
横批：九牧遗风

2. 正厅联文
祖德常扶家业旺
宗功永佑子孙昌
横批：敬祖思源

诗书济世长
忠厚传家人

---

① 雷亮、永成兄弟系公全公之孙。

（三）发灵公（仲三）房

1. 恰古堂大门石柱联文

门迎北燕通仙驭

地枕南山结德庐

横批：瑞霭彤云

2. 林百坤家联文

为人要孝悌忠信仁

处世须温良恭俭让

横批：厚德宜家

（四）敬溪公祠

1. 大门石柱联文

入其门必恭敬止

由是路惟孝友于

2. 边柱

十七传箕裘可绍

百千代俎豆维新

3. 正厅

衣冠右族

文武名家

（五）两仪堂门楼

秀水绕门蓝作带

远山当户翠鸟屏

横批：文峰拱秀

门楼内有横匾：琴风一曲

（六）六房

1. 六房公足公门楼联文

莆田分派家声远

连邑肇基庆泽长

横批：长林世家

正厅联文：
文章千古秀
爵禄万年丰
横批：百世其昌

万古斯文存正脉
千秋心法启宗传

春祀秋尝遵万古圣贤礼乐
左昭右穆序一家世伦源流
2. 六房映辉公祠石柱联文
第接九龙绵世泽
门延十德振家声
3. 六房之珪公祠石柱联文
万里祥光征德泽
凡高恩旨耀门闾
横批：西山爽气

二、吴氏宗祠

（一）大夫第门楼石柱联文

入其门必恭敬止
由是路惟孝友于
横批：大夫第
边柱：
八百开基绵世泽
千年积教在人间

（二）吴家大院门联

万卷藏书宜子弟

一蓑春雨自农来

横批：兰生有芬

大门背后横额：揽英接秀

三、黄氏宗祠

（一）威宇公祠门楼联文

江夏源流远

威灵栋宇新

横批：紫垣光照

门楼内横额：孝思维则

（二）黄氏兆泰公祠门楼联文

山展玉屏泛北锁

门迎天马自由其

横批：千顷流光

四、文昌阁正殿

华夏冠豸尽见山河秀

璧洲文昌彰显墨客丰

文昌帝君文星照耀添锦绣

魁星大士奎璧联辉倍峥嵘

秉十友筑阁起社谨兴庠序

承乡贤达济成团善报桑梓

阁奉魁星伺天宝

腹藏诗书参物华

五、天后宫

天上显灵威挽转危机扶宇宙
圣母施妙法排除祸厉护人间

母仪广赐众生福
圣尊博德万民祈

国泰民安人康寿
风调雨顺年稔丰

六、永兴庙

（一）石柱联文

唐代褒功远
汀连戴德长

（二）正殿联文

盛德著闽疆侯王敕封有据
威灵显璧地苍生感戴无涯

审势经邦遗千秋浩节
知人善任开八闽贤风

避战乱施廉政福建有福
开海禁富山林功盖八闽

侯德庇闽疆人民安堵
王功护河源众庶康宁

永镇经帮伟功昭日月

兴隆庙宇福泽佑苍生

启八闽新元名标史册
举千秋大业誉在民心

忠贞孝悌施廉政
懿德仁风聘俊才

七、永镇庙

（一）门联
上庙门前千山秀
龙骨潭外万物兴
（二）正殿联文
永镇庙有求必应
昭列神佑保平安

第二部分：匾额

1. 文昌阁：奎璧联辉

此匾于乾隆八年（癸亥，1743）仲冬连城县事加三级秦士望为文昌社立。

2. 天后宫：聪明两作

此匾于清嘉庆元年（1796）璧洲村众姓立，褒扬妈祖“顺风耳”和“千里眼”的神通广大。

3. 永隆桥

永隆桥南端楣挂着鎏金“永隆桥”牌匾，是福建省原省委书记项南的墨宝。

4. 永兴庙：威灵显赫　护国庇民

永兴庙于明朝万历九年（1581）兴建，此匾于清朝嘉庆三年（1798）璧洲众姓重建时立。

5. 林氏大宗祠（侍卫府）

正厅前有一块“侍卫府”匾，还有一块“诰封”直匾，这是乾隆皇帝诰封武进士林炳星御前侍卫的殊荣。

正厅中栋梁有“红品初芽”牌匾，是林氏六房十七世祖之珪公于清朝顺治丁酉（1657）科试入邑库而立，有着褒扬和激励子孙后代勤奋读书之意。

公全公房：十八世上薰公，字仲三，生平好义，焚券赈饥，捐资筑义坟，收葬四百余骸。邑侯旌以“义高乡国”匾额。

6. 棣萼联芳

此匾是钦命福建等处承宣布政使司布政使加十级记录十次惠于道光六年（1826）岁次丙戌某月为国学生林维忠、林维伯立。

7. 齿德兼优

二十世林宜怡，字体和，清嘉庆十五年（1810）蒙邑侯旌表“齿德兼优”匾额，给赐九品顶戴。

8. 得泽流芳

十八世珍公，字宪中，李邑侯旌表“得泽流芳”匾额。

9. 节孝可风

十九世其浩公，其妻池桂清，年二十二遂失所夫，孝翁姑、和妯娌、抚两继子及诸孙，名标艺苑，享寿八十有四。秦邑侯给匾旌表“节孝可风”。

10. 孝友垂芳

十九世其佩公，字云水，孝友性成，周贫乏怜孤寡，继祀无嗣族人，生平善行俱采入府县志，蒙邑侯旌以“孝友垂芳”。

11. 义高乡国、义高泽美

二十世宏煦公，字亦传，生平好善乐施，收枯骨，立义坟，于乾隆十八年（1753）瞿邑侯旌表“义高乡国”匾额。四十八年（1783）张邑侯旌表“义高泽美”匾额，皇恩优养，给赐绢帛纹银二两，以光大典。

12. 祗德传馨

政公二十二世维锦公家堂匾式“祗德传馨”，是内阁学士兼礼部侍郎提督江西学政前任福建庚辰科乡试正考官加五级周煌乾隆二十八年（1763）岁次癸未孟春月为举人维锦、耆德林镮立。

13. 孝友垂芳

此匾是敕授文林郎知汀州府连城县事加三级秦士望于乾隆八年（1743）岁次癸亥仲冬为耆德乡大宾林其沛、优岁贡生一枝立。

14. 书香蔚起

此匾是乡进士山东平阳县知县改授汀州府连城县儒学教谕张相时为乾隆二十年（1755）乙亥岁春月优行明经进士林一枝，生员文机、维锦，廪生天机、维圭立。

15. 声振上林

此匾是提督福建学政翰林院检讨加一级李钟莪为康熙五十七年（1718）戊戌岁季秋新进生员林一枝立。

16. 父子明经

落款不明。

17. 花生笔应

此匾是提督福建等处翰林院编修吴华孙敕授文林郎知汀州府连城县事加三级秦士望为乾隆八年（1743）癸亥孟春魁选生员林天机立。

18. 两仪堂：文峰凌云、齿德兼优

这两块匾是国民政府福建省省长赠给林庆云先生的荣誉匾。

19. 纯孝可风

二房（公珍公）十七世中鸣公，字惊人，天资明敏，品行端方，敦宗睦族，恤孤济困。乾隆五年（1740），黄邑侯奖以“纯孝可风”匾额。

20. 孝友可风

五房（公杰公）十六世正佐公，字子弼，品行端方，克敦孝友，捐资修理桥路亭宇，主持捐建莒莲村坪上新亭，延师课读，教以义方，子孙相继游庠。杜邑侯延为乡宾，奖以“孝友可风”匾额，徐邑侯采入县志。

21. 节孝可风

十八世昌信公，妻王四娥，孝养公姑，和睦妯娌，三十而寡，冰雪矢志，和丸教子，生平寡言，五代一堂。杨邑侯旌以“节孝可风”匾额。

22. 松筠节操

十九世屏翰公，字郝，乾隆二十四年（1759）己卯科取入邑库第一名，赏给诗二部。池氏细妹十九孀居，矢志茹荼，事姑妯娌，孝敬柔和，爱侄犹子，待媳如女，持家有道，内外谨严，忠邑侯旌以“松筠节操”匾额。

23. 十德世家

二十二世阶九公，字观清，取入邑入库。民间法务调解人。“十德世家”石条是清同治年间连城知县赠送给林阶九的荣誉牌。

24. 红品初芽

六房（文足公）十七世之珪公，字英秋，秉性聪敏，居家孝友，持己端庄，信义服人，捍卫门户，和睦乡邻。顺治丁酉（1657）科试，取入邑库。于之珪公祠立有“红品初芽”匾额，与林氏大宗祠相同。

25. 敦伦善俗

十八世起麟公，字子俊，性刚直能文，而隐以医道济世，以仁让教家，经理户役尝产，族人赖之，与孙同时入泮，一堂五代秩序蔼然。秦邑侯奖以“敦伦善俗”匾额。

26. 荣膺宠锡

十九世栏度公，字圣章，乾隆廿二十五年（1760）选入国学，雍正己酉（1729）科试取入府库，天性纯懋，素履端方，待人不立崖岸，居家必以仁让课子训孙，捐资修砌水尾路以便行人，乾隆四十七年（1782）皇恩优养给赐券米肉帛。郑邑侯旌以“荣膺宠锡”匾额。

27. 务本居

此匾是乾隆三十三年（1768）岁次戊子夏五念七吉旦，主人云山林栏度立。左边是务本居家训。

务本居有3块匾额（光腾泮水、图佐宣猷、孝友垂芳）已丢失。

28. 河东风翥

此匾是福建等处承宣布政使司布政使尚罗邑于清乾隆五十三年（1788）戊申夏月为职员林建缮、贡生林建绒、国学林建纹立。

29. 二荀皆玉

此匾是福建等处承宣布政使司布政使加五级记录三次田于嘉庆二年

（1797）岁次丁巳仲冬为太学生林钟猷、林钟献立。

30. 辟雍达才

此匾是福建等处承宣布政使司布政使加三级乾隆三十五年（1770）十一月吉旦为国学生林建绒立。

31. 孝友可风

二十世建纹公，字君明，乾隆五十三年（1788）选入国学，嘉庆元年（1796）徐邑侯旌奖“孝友可风”匾额。

32. 贻谋启后

二十一世节元公，字秉礼，嘉庆九年（1804）府正堂旌奖以“贻谋启后”匾额。

33. 不愧英奇、急功尚义

二十四世恒储公，字玉贤，生平好善，关心地方事务，特孝父母，抚养兄弟，性刚直，事有争竞必尽情排解。同治戊辰（1868）邑侯奖以“不愧英奇”匾额，壬申（1872）邑侯复以“急功尚义”奖之。

莒溪罗氏楹联与牌匾

◎ 罗景春

楹联，又称对联、对子、楹帖，悬挂或粘贴于壁间、厅柱；春节贴在门上的对联叫春联。它必须对偶工整、平仄协调，字数多少不限，是诗词形式的演变，成为我国人民喜闻乐道的一种独特文学艺术。一副精彩的对联，可与鸿篇巨著相媲美，传达出深邃的内蕴与博大的襟抱。

据考，楹联起源于秦汉以前民间过年悬挂桃符的古老习俗，即把传说中的降鬼大神“神荼”和“郁垒”的名字刻写于两块桃木板上，悬挂在大门左右，以驱鬼压邪。此种习俗延续1000多年，至五代后蜀主孟昶亲书学士辛寅逊所撰词“新年纳余庆，嘉节号长春”于寝门桃符板上，方开启将联语题于桃木板之先河。相传这就是我国历史上所出现的最早一副春联，时在公元964年（见《宋史·蜀世家》）。到宋代以后，民间新年悬挂春联已经相当普遍。王安石的《元日》诗“爆竹声中一岁除，春风送暖入屠苏。千门万户曈曈日，总把新桃换旧符”就是当时盛况的真实写照。因春联的出现与桃符关系密切，故古人称春联为“桃符”。进入明代，人们开始用红纸代替桃木板，这才出现我们今天所习见的春联。尔后不断发展衍化，遂有了适合于各种不同场合与用途的寿联、结婚联、戏台联、名胜风景联等诸多妙趣横生的楹联品种类别。

海西客家先民，传承了此种古老习俗，在每年春节张贴除旧迎新的喜庆春联的同时，逐渐将楹联艺术引入客家生活的各个领域，既保存流传着中原文化的固有特色，更发扬光大而铸就自成系统的客属楹联文化。

这种文化在各姓氏的祖祠家庙中体现得尤为凸出精彩。2009年10月，福建省客家研究联谊会与上杭县人民政府主办“海峡两岸客家族谱论坛”研讨会，曾组织代表前往稔田镇官田村参观举世闻名的李氏大宗祠，迎门便见

“丞相将军府，忠臣孝子门”和“登祠思祖德，入庙念宗功”两副楹联，使人一目了然其家族昔日的荣耀和今日的辉煌，封建时代士大夫所向往与推崇的一切全都涵盖在联文之中。入闽始祖李火德的后世裔孙李光地（清康熙年间吏部尚书、文渊阁大学士）、李光耀（新加坡总理）、李嘉诚（香港财团巨子）等名人显贵的官声成就，更为宗祠正厅的“火旺神州昭日月，德辉寰宇壮山河”及“火点上杭世泽祥光辉四海，德丰华夏家声翰苑振寰球”两副楹联做出明白晓畅的注解与阐释。

相对于李氏大宗祠巧妙智保下来的原貌楹联来说，2001年重建的连城莒溪罗氏祖祠“澄斋公祠”（即莲花祠），其“千秋鼎盛重寰宇，百世流芳建新祠”“澄清碧水觅丝藕，斋书明月映莲花”“豫卜科名重及第，章明理学复传家”等复制楹联，总觉缺少光绪年间始建之时的牌匾文字词语的原汁原味与富含意蕴。

一、绝无仅有的颂母楹联

2010年1月，笔者在莒溪罗氏“其琼一尚祖”公房遗存祖屋笃亲堂发现一副不同凡响的楹联：“北堂萱茂梓材作，中定日揆婺宿光。”“北堂”乃古代士大夫家主妇常居留之处，后因以“北堂”为母亲的代称，现仍有称对方母亲为“令堂”的敬词；“萱”即萱草，花蕾可做蔬菜（俗称金针菜），古人以为可以使人忘忧，后因以“萱堂”指母亲的居室，亦指母亲；“揆”做度量、揣度，尺度、准则，掌管、管理解，后因称宰相的职位为揆；“婺”为古星名，即“女宿”，旧时用作对妇人的颂辞，如“婺焕中天”之谓。由此可见，这是一副后代裔孙满怀崇敬讴歌上祖贤惠太婆的写实楹联。不难想象，斯联颂扬的是莒溪罗氏一瀚公下衍某公太的贤内助、好主妇，她相夫教子、持家有方，自始至终遵循着符合当时道德规范的礼仪准则，确保家族兴旺、子孙腾达，生前萱草茂繁，逝后光芒永照。读斯联，犹如品香茗、饮醇酿，饱尝一顿传统文化的精神盛餐。其独特处在于此联打破了男尊女卑的封建陋习，是旧时鲜有的奇葩。

二、子承父业的励志牌匾

2018年10月，笔者又在笃亲堂发现如下牌匾：

钦命福建承宣布政使司布政使加三級
纪录十次张　　　　　　　为

箕　裘　世　绍

××××××[1]

后笔者在连城县博物馆南分馆二楼明清牌匾陈列展览中，发现一款匾文内容与上述笃亲堂匾文相近的牌匾，兹录于下，以供参阅：

钦命头品顶戴陆军都尚书衔闽浙总督部堂松　为
二品顶戴兵部侍郎福建全省提督学政部　为

箕　裘　克　绍

同知衔陈文敏男庠生肇恩孙庠生恩光学生维扬维霖
封章　冠英　仝立
大清宣统二年岁在庚戌仲夏月　吉旦

工艺：平板雕带框。匾心朱砂红砂底，阳刻，贴金字。边框矿绿底漆，浮雕缠枝牡丹、蝴蝶纹，贴金。

① 注：因该匾左边一小部分及边框遭受人为破损，故而缺失落款署名年月等内容，不知系何朝代所遗文物。

注释："箕裘"比喻父业，出自《礼记·学记》："良冶之子，必学为裘；良弓之子，必学为箕。"意思是：铁匠的儿子必须先学习缝合袍裘、兽皮；制造弓箭能手的儿子要先学习用竹子、柳条来编制畚箕，为今后职业奠下根基。"克"，能够。"绍"，继承。"箕裘克绍"比喻继承父业，亦比喻继承师业。

"饮马遗风"话清廉

◎ 项如海

在文坊项氏五世祖项德辉公祠门上方有"饮马遗风"的横匾，两边的联为:"莫负逢人称说，思追饮马遗风。"

说道"饮马遗风"，还要从一则典故说起。

汉朝时期，为人十分清廉的安陵人项仲山，每次在渭河给马喂水时，都要投入三枚铜钱，表示不敢妄取占便宜。后来便有了"饮马投钱"的成语，比喻为人廉洁，不损公肥私。这是项氏先人留下的精神遗产。

为了能传承这种精神，文坊项氏先祖在松毛岭通往汀州（今长汀）的古驿道上，建起了一座"饮马亭"，古代温坊（今文坊）去汀州府应试的童生（学子）经过此地都要进亭驻足停歇，追思项仲山清廉的高贵品德。

到了明朝天顺七年（1463），有项氏后裔项德辉，任广东肇庆府新兴县知县，后又转任潮州府程乡县知县、江西省赣州府龙南县知县，后升赣州同知，享六品官戴。在赣州任期期间，为民解困，减免劳役，疏通航道，政绩卓著，又为官清廉，深得民众拥护，有"三邑甘棠"之颂匾，和州太守康诰书赠颂联:"清白世传，作吏还从冰上立；廉明性秉，讼人都在镜中行。"由此，项氏后人自诩为"清廉家风"，为之自豪，并沿袭至今。在这方面，项南同志又给我们做了表率。

项南是中国改革开放的元勋之一，公认的人民公仆。他勤政爱民又清廉节俭，从以下几件小事中就可以看出他传承的清廉家风。

一、一身布衣来福建，两袖清风回北京

1981年，中央决定派项南到福建省委任职，福建省委接到项南调来福建的通知后，准备派人到北京迎接，但被项南婉拒了，在得知项南抵达福州的

列车时刻和车次后，省委准备安排有关领导到火车站迎接。项南不喜欢兴师动众，他突然施了一个小计策，在他启程的前天，叫秘书何椿霖挂电话给省委办公室说项南有事，晚几天动身，秘书按原计划到达。1月14日早上7点，火车到达福州，秘书从车厢下来，对前来迎接的省委办接待处处长过英群说："项南同志也来了。"这时，过英群急了，转头只见一位长者，透过车窗在向他招手。随后，身穿旧棉袄，脚蹬黑布鞋的项南走下列车，微笑地与过英群握手说："我叫项南。"新来的省委书记如此和气并"土气"，面对突如其来的情况，过英群一时乱了手脚，他要去打电话给省委秘书长，项南拦住说："不必惊动其他同志，我们现在就走。"项南就这样不显山不露水地来到福建。

光阴荏苒，时间过得真快，项南在福建工作了五年五个月。1986年6月2日，项南乘坐46次列车回北京。一位检车工看到堆放在地上的十几个电视机纸箱和一大堆待运行李，有意地甩出一句怪里怪气的话："这就是两袖清风啊……"其实，省委办公厅过英群处长最清楚，五年前是他在这里迎接项南的到来，今天他又在这里送项南回北京，这十几个电视机纸箱装的全是项南的宝贝——沉甸甸的书籍，甚至有的纸箱装的是五年前从北京带来的书。他还知道项南刚来福建时，晚饭后到西湖宾馆看电视新闻，堂堂的省委书记后来家里也只有一台彩电，还是他自己花钱买的。项南夫妻平时节俭惯了，家里一些使用多年的旧家具和坛坛罐罐也舍不得扔掉，托运的行李自然就多了起来。省委办公厅的过英群处长在项南来去时都在场，他是最清楚的见证人之一。

二、淡泊安分

1983年4月3日，离开家乡53年的项南回到家乡朋口，公社党委书记罗意珍留项南在公社吃午饭，项南即应道："可以在这里吃饭，但是不准上肉，否则我不在这边吃啦。"公社食堂只好提供本地的米粉、地瓜、豆腐、春笋炒酸菜，连片肉都见不到。

三、转捐基金

从1989年3月至1997年，项南任中国扶贫基金会会长的八年中，先后为贫困地区和家庭累计提供资金和物资六亿多元。一次，一位东南亚爱国华侨给项南会长一笔钱，注明是礼金，原来这位华侨曾接受项南的一项建议，取得相当的收益，所以特地汇款表示感谢。这笔钱项南分文不取，如数捐给扶贫基金会。

四、公私分明

一次项南出差在外地，回到北京发现他外出期间子女用了基金会的钱为他安装电话，花费数千元，他立即通知基金会办公室，让他的孩子来交这笔电话安装费。

“江左风流”等名匾的由来

◎ 谢建国

连城是旅游文化大县，客家文化底蕴独特深厚。冠豸山作为闽西山水旅游和文化旅游的龙头，自然是游客们首选之宝地。

爬冠豸山竹安寨，游石门湖九龙湖，自然必到冠豸山上的东山草堂书院参观朝圣，慕名拜谒中华名匾——“江左风流”，听导游讲解“江左风流”名匾的来龙去脉，“追步东山”“世进士”“王谢余泽”等名匾的文化内涵和传奇故事。神奇秀美的冠豸山因为有了东山草堂书院而声名鹊起并增添了深厚的文化内涵，东山草堂也因此成为冠豸山景区最具人文特色的景点和弥足珍贵的历史文化遗产。

东山草堂为连城谢氏之族修学育才之所，明万历年间由族人谢浚倡建。书院坐落在冠豸山灵芝峰下，飞檐翘角，丹霞辉映，绿树听莺啼，窗棂传书声。正门横额“东山草堂”四字，秀挺遒劲，朱笔石刻，摹的是朱熹帖书。两边石刻楹联“东田石老山辉玉，宝树枝横风振毛”，上联意示冠豸山古称东田石，山老而凝玉；下联咏赞谢氏家族繁盛衍发，才俊似凤羽恣扬闪烁。

草堂为三进平房。三进厅堂功能不一，堂堂以拱门相隔，廊道相连。院外右手紧贴山崖置一方“春草池”。“春草池”之名，即源于谢氏先人、中国山水诗鼻祖谢灵运的千古名句“池塘生春草，园柳变鸣禽”。

若从建置规模、结构而言，东山草堂说不上何等宏阔，何其精致。其独具丰神和魅力之处，在于草堂冠名之由和书院数百年里培育众多人杰及与之相连的几位中国历史上重量级名士的题匾题赠上。

数百年里，东山草堂揽明月、掬清风，与山间寺院的晨钟暮鼓共鸣响、同起落，激扬阵阵琅琅书声，传承先贤治家爱国理念，浸润一代又一代谢氏子弟。由此，连城谢氏裔孙可谓芝兰秀而玉树森。自乾隆至光绪年间，便有

55人被皇帝诰命敕命封赠。被诰敕职衔题名22人，进士题名2人，举人题名6人，其他题名的328人。说到东山草堂书院和“江左风流”“追步东山”“世进士”“王谢余泽”等名匾，必然要说到连城历史上著名的父子进士谢凝道、谢邦基，以及谢邦基的胞弟谢邦钧。

谢凝道（1765—1824），字芝田，福建连城人。清嘉庆元年（1796）进士，授吏部稽勋司员外郎，掌管文书、印信。后升考功司郎中，负责督理户部宝泉局总监，掌握货币铸造。嘉庆七年（1802）为礼部会试同考官。不久，外放广西任梧州府知府。

谢凝道是林则徐非常敬仰的名宦。在知府任内，他积极操持维修考棚、创建书院，捐资解决在学生员的灯油费；认真做好鳏、寡、孤、独的赡养工作，设立赈济机构，创建育婴堂，使弃婴和孤儿得到正常收养。当地人民十分感激，故在他调离梧州提升为云南迤西兵备道后，为他请祀名宦，载入地方史册。

回归故里后，谢凝道对家乡文化教育更是热心。除倡修本省贡院扩充号舍九千间外，还重修省、郡、县学宫，提捐连城培元乡会卷资，使“士林得沾其惠”。谢凝道于道光四年（1824）逝世，享年60岁。道光十三年（1833）被崇祀为乡贤。

更值得一提的是其子谢邦基。谢邦基（1787—1827），字建屏，号洛初，一号意云，是嘉庆十三年（1808）恩科举人，嘉庆十六年（1811）与民族英雄林则徐同科上榜进士，考取咸安宫教习。二年后，奉旨以知县用。1815年腊月，铨选为甘肃陇西知县，后调广东海康、海阳、安定等地任知县。嘉庆二十三年至二十四年（1818—1819），任乡试同考官。

据史料记载，谢邦基幼时聪颖俊逸，更兼其父谢凝道管教严格，督导有方，使他的文章道德迥异于同辈。他在海康任职三年，修湖堤、筑口岸、建书院、修考棚，使人民安居乐业。离任后，海康县人民筑亭于湖心，题书“谢公亭”以为纪念。在海阳任内，他除强暴、诛掳掠、清积案、设义学、恤孤寡、兴利除弊，使潮俗为之一变。调署安定后，他行保甲、息械斗、缉强盗、诛讦宄、免赋税，群丑敛迹，所历诸县，政简刑清，廉洁秉公。他处世务大体，不拘小节，好施与，见人义举极力资助。朋友间知无不言，言无不尽。居家以孝为先，出仕以忠为要，官虽未甚显赫，仅以知县而终，然其政绩为人景仰。道光七年（1827）丁亥卒于粤东官署，享年40岁。

值得一提的是，林则徐与谢邦基俩人为同科进士，友谊甚笃、相交甚厚，相互仰慕，林则徐比谢邦基长两岁。谢邦基去世后，林则徐亲自组织人员将其骸骨运送回家乡连城安葬。同时，林则徐与四川承宣布政使司苏廷玉共同为其夫妇撰写了一篇声情并茂、感人肺腑的墓志铭，感其人品政绩，赞誉其为“粤中第一令尹”。

这里必须一提的还有谢邦基的胞弟谢邦钧。谢邦钧（1810—1859），系谢凝道第五子，谢邦基之三弟，讳邦钧，字建藩，号小田，别字石门，道光丁酉（1837）拔贡。广交游，好宾客，慷慨豪侠，挥金如土，济人之急千金不吝迨，公车北上，因细行不矜为挡路所排，黑吏议以安置广东。知交辈皆扼腕咨磋而其胸中毫无芥蒂，反以梯山航海遍历名山大川，足以拓心胸扩见识为幸，故每遇胜境胜景，形诸歌咏文章者极多，为文集数十篇，见者皆评为宝。堂中人足传有乃翁衣钵，盖由其根底渊深，华胆有一派真挚气扑眉宇，使其不遭排挤。其生而颖悟，为父母所爱，髫年脱颖，与林则徐交情甚深。

谢邦钧在连城冠豸山谢氏东山草堂任教时，林则徐应谢邦基之邀为谢邦基之父谢凝道祝寿，当林则徐与谢邦基游至冠豸山东山草堂书院时，只见正厅内一群谢家学子，正襟端坐，手捧诗书，随执教在诵读诗文。这位执教，就是谢邦基之弟谢邦钧。林则徐情不自禁地联想到：自东晋以来，历代谢氏名流，不都是从这童稚书声中，发愤攻读、博览古今、积蓄才学，而成国家栋梁，创立千秋伟业的么？他胸臆间顿然才情迸发，当即要来文房四宝，挥毫泼墨，题记曰：“小田年弟，偕群子侄，读书弦诵于东山草堂，风雅名流，不愧为乌衣之族。”下面是遒劲的“江左风流”四个大字。落款：“清道光清和榖旦，少穆林则徐题。”

冠豸名山因此留下了林则徐这块弥足珍贵的匾额。这块金字题匾1990年被国家列入中华名匾，为冠豸山增添了珍贵的人文景观。

道光十七年（1837）秋，小田拔萃科第一，林则徐又特为其撰写“乔梓联辉推玉笋，埙篪递奏贡金门”对联一副，赠予小田以示庆贺和勉励。该联现仍刻于东山草堂书院上。

此外，乾隆年间，纪晓岚在汀州府检校《四库全书》时，谢凝道的叔叔谢国治（连城举人）与其往来友善，并曾请纪晓岚为其祖母志铭和父母寿序作文。后来，谢国治重修连城谢氏族谱，于嘉庆戊午秋（1798）由其侄谢凝道将谱稿带给纪晓岚求序，翌年纪晓岚欣然命笔作序称："谢氏为连城望族……吾见宦绩可纪，著述可传，隐德潜行，可模可范，且迈前贤而跨晋代矣。"

同时，纪晓岚还手书"追步东山"题匾，相赠谢氏东山草堂书院，激励谢氏子孙勤奋学习，为国家为民族效力。其题记为："戊午秋纪，名监察御史谢生凝道请曰：族人重建东山草堂，乞题一言，以光祠宇。曩予校士汀州，道出连城。冠豸为八闽名胜。东山草堂为贵族修学育才之地。异日群季俊秀，霖雨苍生，继述先世之业，自足以光斯堂。因勉之曰。"落款：河间晓岚纪昀题。

此匾现悬挂于冠豸山东山草堂书院内。此外，还有纪晓岚与嘉庆帝师、经筵讲官太子太师文华殿大学士董诰联名为谢氏题赠之"世进士"牌匾，以及我国词坛奇才乔羽于20世纪90年代末，深为草堂内3幅名匾震撼，钦敬谢氏一脉风雅长续、才俊迭显，挥毫题写的"王谢余泽"。

一座小小书院，名人联袂，四匾生辉！草堂因之大雅，豸山从此高格。而连城，作为闽西文化大县，必定以其深厚的文化底蕴和文化内涵而终将"价值连城"！

连城部分族氏的楹联、牌匾

◎ 刘德谁 / 整理

第一部分：楹联

刘　氏

1. 千秋懿德垂闽越，万古英风耀彭城。

2. 做良臣勿做忠臣，为肖子难为孝子。（刘光第掇联）

3. 慈孝友恭一堂吉庆，诗书礼乐满屋荣华。

4. 敬老尊贤承祖训，培青育少耀家风。

5. 敦亲睦族，源远流长。

张　氏

1. 入门其必恭敬止，由是路惟孝友先。

2. 百忍图，千秋鉴，万选钱，贻谋者远；汉功臣①，唐宰相，宋理学，应运而兴。

黄　氏

1. 江夏源流起，颍川世泽长。

2. 忠孝能两全，江夏是黄童②。

---

① 汉功臣指的是张良。

② 黄童即黄香，“香九龄，能温席”。

赖　氏

1. 敦本家声远，西川世泽长。

2. 敦睦邻，敬乡亲，继承千百年文明传统；本孝悌，序长幼，发扬数十代礼义家风。

姚　氏

1. 宁化石壁源流远，吴兴姚坊世泽长。

2. 忠厚诚信传家久，勤劳朴实继世长。

傅　氏

1. 清河世泽源流远，岩野[①]家风吉庆长。

2. 清河毓秀，岩野发祥；仁昭义笃，后裕前光。

叶　氏

1. 俭德家声远，南阳世泽长。

2. 举目思宗功祖德，成心为孝子慈孙。

魏　氏

1. 自石壁而分支，竹乡源远；跨龙岗之胜地，鹿郡泽长。

2. 巨照门庭荣世泽，鹿光第宅壮家声。[②]

吴　氏

1. 登堂思让德，入庙凛高风。

2. 过渤海以溯渊源，食其德，饮其和，三让[③]高风思宛在；登吴山而怀木本，春已濡，秋已隆，万年礼祭庆延长。

---

① 岩，傅岩；野，在野外艰难修道。

② 巨鹿，即唐魏征的出生地。

③ “三让”出自泰伯、季札的典故。

沈　氏

天造石门岩，山高水长，可与严先生祠堂并记；地招襄阳[①]隐[②]，卧云醉月，直偕孟夫子风流长存。

董　氏

贻阙孙谋绵世泽，克绳祖武启后昆。

第二部分：牌匾

慎终追远	万世声香	念祖思乡	源远流长
乔梓齐辉	孝廉方正	廉忠孝节	敬宗绍德
恩泽永披	忠孝廉节	赞礼协和	孝悌忠信
忠孝廉洁	尊祖报德	风高悬榻	百世昌盛
光耀祖宗	高风亮节		

① 襄阳，永钦公在湖北襄阳当过县令。

② 隐，指冰洁公弃官归隐大丰山。

莒溪镇部分楹联汇编

◎ 罗道豹 / 整理

一、莒溪莲花祠联

1. 千秋鼎盛重寰宇，百壮流芳建新祠。
2. 澄清碧水觅丝藕，斋书明目映莲花。
3. 祠宇鼎新容驷马，梓堂重秀毓人龙。
4. 施恩休望报，回头但看汝儿孙；尽孝莫辞劳，转眼便为人父母。

二、莒溪怀伸公老屋大门联

1. 秀水流漪来峡北，文峰漾翠插天南。
2. 怀恩泽耕读强梓，伸国学科教兴邦。
3. 怀真抱素家声远，伸礼延贤世泽长。
4. 怀第钟灵诸房盛，伸宅烟旺闽粤馨。
5. 韩门振兴民康物阜，仲第润泽虎跃龙腾。
6. 韩门春暖生光彩，仲第丰年乐太平。
7. 怀前砺志勤和俭，伸后宽怀让与谦。
8. 国强乾景龙腾虎跃，仕廉坤馨燕舞莺歌。

三、莒溪镇永昌桥联

1. 造福乡邦拳拳美意，兴仁梓里款款深情。
2. 永怀仕志追求卓越，昌显贤德构建和谐。
3. 烟云万壑来天地，雾霭千重壮古今。
4. 壮志凌云江山聚秀，金风送爽日月增辉。

5. 桥间堰水润桑梓，寺内钟声醒众生。

6. 千磨万击还坚劲，百秀三川竞风流。

7. 莒山展画屏桥边庙宇千人拜，溪水飘银带殿外亭阁万众观。

8. 镇水护邦风调雨顺，驱邪扶正国泰民安。

9. 水尾振兴民康物阜，屋桥飞架凤舞龙腾。

10. 莺啼翠柳春光美，浪吻茵堤水色柔。

11. 秀涧瑞岚舒叠翠，龙潭碧水聚流金。

12. 听万顷松涛呼风唤雨，吞三溪碧水毓秀钟灵。

13. 秀水畅怀落原野，青山舒臂抚万民。

14. 莒逢盛世纪，溪唱清流歌。

四、莒溪（罗氏）兆桂公墓联

兆德流芳植玉树，桂公百世荫裔孙。

五、莒溪铁公庙联

有求必应显千祥，铁面无私护万民。

六、莒溪（童氏）佩菁公祠联

莒水携吉运临童府，溪畔聚祥云绕雁门。

七、铁山罗地六世祖松旺公祠堂对联（罗天瑞供稿）

1. 大门联：松林茂郁常荫福地，旺水源长永惠族人。

2. 中堂联：日月祥光绕祖座，乾坤淑气荫宗支。

3. 栋柱联：屏峰仰前徽祖德馨香昌百世，双溪滋后裔宗功浩荡盛千秋。

4. 平柱联：喜今朝祠貌维新遍颂祖先功德，历千载威灵丕显永垂宗祧绵长。

5. 上厅扇柱联：先祖传承垂骏业，后裔立志展宏图。

重振宏伟新事业，永传理学旧家风。

6. 下厅扇柱联：豫章源流远，罗氏世泽长。

宗功垂福泽，祖德衍家声。

四堡马氏宗祠楹联

◎ 马勋猷　马秀斌 / 整理

一、左祠（孝思堂）楹联

1. 数行紫浩留光泽，万里青云待后贤。

2. 绩著北平武烈昭垂留世泽，经传绛帐文漠丕振绍家声。

3. 孝道必常怀春露秋霜祀列祖于明堂彝伦攸叙，思亲宜追远水源木本集群裔于寝室俎豆重光。

4. 祠分左右根系一本，堂联上下族衍同源。

5. 山河一统今非李，庙貌千年尚有邹。

6. 继八百载马姓世系，承十三代宗族遗风。

7. 经传东汉儒林在，功著南交将略宏。

8. 孝祖敬宗虔诚荐礼，思亲怀德肃穆倾觞。

9. 身在折桂根在中华思亲永念，礼有纲常族有宗庙祖德常怀。

10. 宗开南宗年超九百，族立闽西派衍千支。

11. 孝亲重道庙谒毋忘节届清明虔祭拜，思祖追源祠祀不失仪陈礼乐荐牲香。

12. 树长千寻根盘厚土，族蕃百世脉系宗源。

二、右祠（敦本堂）楹联

1. 敦同根共脉族连上下祠务必互谅互助　，本春露秋霜节祭远近祖伏祈来格来尝。

2. 设绛帐以授生员学者文风绵世泽，三铜柱而纪功绩将军武略定河山。

3. 德泽扶风扬四海，家声折桂忆晋卿。

4. 将军武略平寇功著神州敕封桑梓，三图发富贵扶弟成立封太祖姑婆。

5. 一祠子孙存本色，千年祖宗作良师。

6. 不求金玉分外物，但愿子孙安内贤。

7. 敦睦忠厚裔传万代兴华夏，本源御周谱昭千秋裕扶风。

卢姓通用楹联

◎ 卢运泉/整理

从姜傒公姓卢氏，由周秦，历汉晋，相沿唐宋元明，代有名人，赫赫簪缨承祖脉；

自涿州名郡迁居，越泰岱，逾匡庐，散居吉宁庾赣，各占胜地，绵绵瓜瓞衍宗支。

范阳世泽，遵司马公家训，克勤克俭；

银灶家声，守东平王格言，惟读惟耕。

溯范阳分派以来，汉儒继美，唐相流徽，数典无忘祖德；

转宁化移居于此，代历三朝，开基七世，承家大衍孙苗。

欲光门第还自读书积善来；

要好儿郎须以尊祖敬宗起。

秦博士，唐状元，学术文章，衣钵传薪绵世泽；

汉尚书，宋刺史，名臣循吏，簪缨累叶振家声。

范阳世泽，渭水家声，一经世第，八相家风；

经德世表，学乃儒宗，范阳名族，涿郡高楣。

四堡双泉邹氏八郎公祠楹联

◎ 邹仪玉

一、祠堂大门联

“恕念泰邑南谷采莲地；思怀汀州双泉挖井人。”

此联是嵌字联，“恕思”是双泉邹氏八郎公的名讳，八郎恕思是宋状元邹应龙第八个儿子。邹应龙祖居泰宁，仕归后，宋理宗赐应龙居屋为“南谷”。南谷堂前有莲池，邹应龙爱种莲，著有爱莲诗十首。“双井”是八郎恕思公任泉州太守仕归故里后亲自带领裔孙挖的两口井，故双井地名一直延续至今，明万历八年（1580）始修族谱时改“双井”为“双泉”，当地人现仍叫双泉为双井村。

二、祠堂正厅联

“怀先祖河南光州固始从正本；念后裔福建四堡双泉自清源。”

先祖南宋状元邹应龙的上十代邹勇夫，唐武进士，授银青光禄大夫左仆射，祖居河南光州固始县。南唐辅佐王审之入闽征战收复八闽，定居泰宁。宋绍定二年（1229），位居宋枢密院参知政事的邹应龙为避战乱携眷徙居四堡。

三、祠堂石柱联

继先祖一脉真传克勤克俭；
教子孙两行正路维读维耕。

基业四堡，开日月井，子孙昌炽；

堂名八郎，享春秋祭，俎豆馨香。

庆衍范阳①，清节芳声绵世德；
家传英杰，儒宗遗泽焕孙谋。

泰邑旧家声，羡望重龙门，百尺松风正满；
双泉新世泽，看名高蕊榜，千年柳叶常春。

敬长尊亲方不愧完人肖子；
继生养老始敢为王道圣功。

喜祖德无疆，积功累仁，十二户②之人文丕振；
迓福禄兹至，行礼奏乐，万千年而俎豆常新。

泰邑钟灵，祖德敦厚；
双泉毓秀，世运隆昌。

敦本贵敬祖，百代孝慈山仰泰；
和亲唯睦族，万宗支派水同源。

---

① 四堡邹氏郡望“范阳”。
② “十二户”，双泉八郎公娶三妻，生十二子。

题文川李氏家风祖训联四副

◎ 李治权

联一：读书志在圣贤，修身明四维八德，绵千秋世泽无非积善；

处世忠于天道，立命重三纲五常，振万代家风还是树人。

联二：行仁义事，存忠孝心，莫忘先宗留祖训；

读圣贤书，立鸿鹄志，还期后辈振家声。

联二参加被毛泽东主席誉为“中华宰相村”之山西闻喜县裴柏村海内外征联大赛，从数万副对联中脱颖而出获奖、入选。专家评委称：“大风可鉴。”为福建省争得荣誉。

联三：守成岂易，创业更难，须知物力维艰，事事莫争虚体面；

实干兴家，空谈误国，恒念自强不息，行行当立好规模。

联四：修齐治千秋遵儒德；

竹松梅三友作楷模。

联四为“题修竹书院鹤顶格嵌字联”，由全世界著名楹联泰斗及北京大学书法客座教授、书法名家王庆新先生题墨宝。

黄亮承祠堂、居屋楹联摘选

◎ 黄　坚

宗祠、居屋楹联是时代倡导的某种精神和传承的反映，也是一个家族文化的集中体现。黄亮承，连城县庙前镇芷溪村人，其祠堂和居屋的楹联，有浓郁的思亲念祖、爱国爱乡情怀，勇于拼搏、开拓奋进的精神，耕读为本、忠孝廉节的家声，以及诚信经商、以和为贵的遗风。

1. 灵钟赤树之嶐，肯构肯堂，百代衣冠昭祖德；秀绕清溪之水，采蘋采藻，千秋俎豆荐孙支。

2. 簪笏旧家声庙宇宏开自是大夫光有耀；诗书新世第文章异样厚看天下号无双。

3. 继祖宗真传克勤克俭；示儿孙正路惟读惟耕。

4. 家声永葆无双誉；屋漏常惺不愧心。

5. 安居莫嫌地窄；情陶自觉天宽。

6. 门低心自广；室小膝蹉安。

7. 庭前露浥甘如礼；架上风来韵若歌。

8. 拥翠椿萱馨晚节；腾芳兰桂长新枝。

9. 得地独多春夏气；护家常有吉祥云。

10. 世泽浚源长孝友无双千秋俎豆昭前烈；家声遗韵远文章第一百代衣冠推后贤。

连城曹氏宗祠堂号和楹联

◎ 曹 诚 曹盛水

一、伯三郎公宗祠，堂号“敦睦堂”。

楹联：“家才兴盛缘祖德，福禄长存赖宗恩。”“曹家绵绵瓜瓞世泽长，谯国翼翼子英源流远。”

二、子英公祠，堂号“崇报堂”，县级文保单位。

楹联：“谯国家声远，崇堂世泽长。”“百世蒸尝崇祖德，千年俎豆报宗功。”

三、永宗公祠，堂号“惇叙堂”。

楹联：“祖德振千秋大业，宗功启百代文明。”

四、千四郎公祠，堂号“燕翼堂”。

楹联：“八斗才名千古壮，三春雨露万年青。”“谯国光辉人文蔚起千秋盛，燕翼焕彩兰桂藤芳三子兴。”

温氏祠堂楹联

◎ 温金旺 / 整理

系出太原数百年继继绳绳源远流长俎豆馨香报宗功于勿替；
支分吉水二十代融融奕奕根深叶茂冠裳肃穆衍世德以无疆。

由吉水至长汀继继绳绳一脉相延昭蓝泽；
自河源而积贯师师济济双支并茂焕新华。

两晋忠贞绵世泽，伯仲齐徽，六龙檀晋朝之望；
三唐诗礼振家声，河汾受业，三彦皆佑国之才。

渊源篇

卢氏历史及主要祖训家规

◎ 卢运泉

齐太公姜子牙逝世后，九传至于文公，文公名子高，子高的孙子傒，以其祖父之名为姓，称高傒。高傒自齐襄公开始，就担任齐国大夫（正卿）。齐桓公即位后，因高傒功绩显著，而封之采邑，高傒遂“食采于卢”，其子孙从而世食卢邑。卢氏主支由此发祥，至今已有2600多年的历史。

卢邑自作为高傒的受封采邑后，成为世居、世禄之地，城郭坚固，族兵强劲，曾是齐国的一大城邑。后来因田氏篡权夺位，田氏对卢氏大肆追杀，卢氏子孙惧祸出奔，新迁徙的第一个重要聚居地是燕国都邑涿县［唐武德七年（624年），改为范阳县］。涿县地处京、津、保三角地带，是当时燕国的南大门，素以繁荣著称，历史发展很早，为北燕重地，成为天下名都。卢邑族人因避祸迁徙涿县，占居“名都”之地，繁衍和发展后代，因此涿郡成为后世卢氏政治、经济、文化全面发展的新根据地。卢氏自战国、秦汉至隋唐千余年间，主体家族成员（在历史上享有声名的成员）多出于此。地因人重，人因地显，卢氏在汉魏以后发展十分迅速，成为隋唐望族。清乾隆皇帝巡经范阳，曾题下“自古幽燕无双地，天下范阳第一州”之联语，卢氏以此自豪。

卢氏自迁居涿县后，各方面人才辈出。在秦始皇时有大名鼎鼎的五经博士卢敖、天文博士卢生。继之西汉初期有燕王卢绾，东汉末有被尊为“士之楷模、国之桢干”的海内儒宗之大儒卢植。此后，经三国、东西晋、南北朝、隋唐的600多年间，卢氏家族贤良辈出，文德蜚声，勋业灿烂。汉末至唐代中期，是卢氏家族发展史上的鼎盛时期。这个时期在正史中有记载的名人840多人，有立传者59人，附传者18人。史籍中有明确官职者460多人。《二十五史》《中华名人大辞典》等书所记载的卢氏历代文人逾千人。有历代宰相21人（其中唐朝就有宰相8人，称为“八相佐唐”），尚书13人，刺史89

人，太守或郡守15人，侍郎12人，将军7人，御史、监察御史、散骑常侍17人。卢氏后彦灿若繁星，为官者多树丰绩，为仕者才行高洁，故家风严谨，族望递增。“崔、王、卢、谢”被世人誉为“北州冠族”，以至帝族之家也要争相攀亲，并曾有“一门三公主”的荣耀。宋朝太宗皇帝为褒奖镇守边疆的卢安仁，赐诗：“积世簪缨自范阳，煌煌事业远流芳。尚书光耀千秋史，太尉名扬五代梁。谱牒至今传墨迹，家声远播耿朝纲。叮咛后代多相继，富贵荣华永无疆。”

历史的长河中，由于氏族与氏族之争，改朝换代的战火，饥荒灾荒等原因，朝廷故都、中原汉人纷纷出逃，流离失所，大多辗转到南方蛮夷之地，开基立业。而历史上卢氏宗族所遭受几次灾难的程度却与其他氏族有所不同，几乎都是株连九族的灭顶之灾，卢宗泰便是其中一例。

连城卢氏之祖（上寨、五寨、紫林）宗泰公，是唐太宗贞观年间宰相卢承庆的从孙卢藏用的至亲，在太平公主发动的唐隆政变失败后，太平公主被李隆基赐死，是时卢藏用是太平公主身边的尚书左丞相，自然难逃厄运，本被要诛杀，后经众臣力保，免于一死，流放泷州，但家族仍难逃株连九族之罪，宗泰家人便逃往今南京地域，隐姓埋名280多年后迁居江西宁都麻田才恢复卢姓。自宗泰公为一世传至十三世处信公，迁福建宁化石壁村开基，十五世天禄公迁永定太平里。天禄公生四子，其长子卢锡（又名县尹）的两个儿子分迁连城林坊镇五寨村、宣和紫林村，次子卢万孙复迁江西赣州安远县，万孙的第三个儿子杨谷公于1227年由安远迁入连城上寨村，迄今27代。

卢氏自高傒以后的2000多年，历经范阳古郡、先秦著籍、汉代名世、魏晋世宦、北朝冠族、隋唐甲姓、宋元继盛、明清承绪，现居全国姓氏第42位。

卢氏祖训、家训、族规繁多，各省各地略有不同，而其主要内容则大致相同，连城卢姓出自宗泰公世系，仅以宗泰公祖训、家训流传。略记于下：

1. 宗泰公谕十六条

敦孝悌以重人伦，笃宗族以昭雍睦；

和乡党以息争讼，重农桑以足衣食；

尚节俭以惜财用，隆学校以端士习；

黜异端以崇正学，讲律法以儆顽愚；

明礼义以厚风俗，务本业以定民志；

诫匿逃以免株连，完钱粮以省催科；

联保甲以弭盗贼，解仇忿以重身命。

2. 卢侗公家训

不因果报勤修德，岂为功名始读书。

慎言宜守三缄训，处世常悬百忍图。

3. 祖训十二条

孝父母　敬长上　友兄弟　教子孙　睦宗族　和乡里

重贞节　供国课　安本分　敦朴素　息争讼　戒骄盈

4. 族规十条

勤俭兴家；团结和睦；尚文习武；祭祀扫墓；戒吸毒；戒淫嫖；戒赌博；戒酗酒；戒为匪作盗；用字辈命名，不乱世辈。

祖训犹在耳，枝叶遍九州

◎ 华智涛

闽汀华氏蔚然成族，裔孙遍布九州。据华氏族谱记载：始祖京一郎公原籍江苏无锡武陵街。宋绍兴三年（1133）宦游入闽，任沙县县令，因兵乱，旋即溯流而上至连城姑田东溪傍泉岭下（今曲溪东溪傍泉岭）卜居，后继迁姑田龙坑，开基创业。二世九郎公曾任将军，因不满奸佞当道而卸甲，后携幼子二郎隐居上杭仙阁峦。

华氏始祖京一郎卸官隐居，庭训儿孙，留有遗嘱，族谱中收录："余自学古服官数十余年，虽无多大成就，亦无多大过失。此次奉命调长沙县，蒲拟本余素志，做到政减刑清重见武城雅化，讵积劳成疾，迫得卸职回家休养，奈又为新病侵入，日见沉重。以余自料，恐与世长辞，现在吾病榻前者，皆我子孙人耳，略为述告。余向来抱定，勤则补拙，俭则养廉，尔等士者，宜好学扬名、显亲、为孝；农者，宜终岁勤劳，生产为本；工者，宜奋勉精求技艺；商者，宜守信义公平，士、农、工、商须各安正业，人生之路，本此。庶足以绵世泽而振家声，则余死之犹生之年，长与子孙连系也，是所至嘱。"京公在遗嘱中谆谆告诫儿孙要"勤、俭、廉"；勉励儿孙要"好学扬名、显亲、为孝"；叮嘱儿孙要"各安正业"。

二世九郎公亦有遗嘱："余幼承家学，好读《左传》《春秋》及孙吴兵法。自壮烈戎行，即抱定鞠躬尽瘁死而后已为宗旨，现奉国恩升授武节将军加骁骑尉，本拟继续奋斗为国立功，讵积劳成疾，病莫难兴命已矣。夫复何言。惟病榻之前侍奉汤药者，乃吾亲爱之子孙，乃随吾多年之袍泽，吾将一别千古，不得不将我生平梗概略为述告：我素愿为国为民漫谈自己，以铁以血还我山河，奈壮志未酬外患日亟，殊深痛憾。所幸汝侪青年俊秀宜懔匹夫有责之义，于民族尽孝、于国家尽忠、为国努力，汝辈勉旃。"

两位先祖的遗嘱如日月之光不断照耀着闽汀华氏裔孙砥砺前行，激励着后裔克勤克俭，发奋拼搏，近千年来闽汀华氏如涓涓细流终为江河，似参天大树枝繁叶茂。后裔四处迁播，繁盛于大江南北。据宗亲联谊会粗略估计，福建、广东、江西、浙江、重庆、湖南、贵州、云南、江苏、陕西、台湾、湖北、广西、四川、香港等地，以及美国、新加坡、马来西亚等国家皆有闽汀华氏京一郎公后裔，人数近20万。

闽汀华氏以祖先为荣，以祖先遗嘱为规范，在祖先的指引下不断在各行各业努力做出自己的贡献，在历史长河中散发出耀眼的光芒。

华时中，字徽庸，号榕轩，为京一郎公二十一世孙，清福建上杭白砂里（今蛟洋乡华家村）人。《上杭县志》记载：华时中于嘉庆二十一年（1816）中举，道光三年（1823）登进士，任安徽太平知县，后任直隶晋州知州，以息民讼称著。在办理公事之余，常与县学诸生共同校勘古书文籍，还多次捐资供给贫苦生员，奖励后学，使之专心向学。由于精心培育，道光四年（1824），全县登甲榜的有3名，一改70多年无人中进士的落后状况。道光十四年（1834）任乡试同考官，所荐中举都属知名人士，深得士子称誉。

华嵒，字岳秋，号新罗山人，为京一郎公二十一世孙。华嵒为清代扬州画派杰出代表，有诗、书、画“三绝”之誉。

华定祁，字叔宋，京一郎公二十世孙，《连城县志》记载：连城县曲溪乡（原为姑田乡）蒲竹溪人，约生于嘉庆二十五年（1820）前后。幼年聪慧，颇负文名。道光二十五年（1845）中进士，被选为农部主事，后升为郎中，再后外放广东韶州知府。同治元年（1862）调任惠州知府，华定祁廉洁奉公，深得民心。惠州人民因感定祁惠民恩德，而将其生辰牌位供奉入五先生祠，让惠州群众永远崇祀怀念。

华凤喈，字雍仲，清乾隆年间姑田张洋人，京一郎公裔孙。《姑田镇志》记载：华凤喈于嘉庆辛酉（1801）中举，以举人入仕。历任盐城、东安、桃源、宿县等县知县，后提补扬州江都县知县。任职期间清正廉明，奉公守法，不图虚名，离任后百姓常思念他。其后担负治理黄河工程20余年，为官清白，囊中一无所积。华凤喈在宿迁创建了钟吾书院，此书院成为江苏省十大书院之一，是宿迁文脉的发端地，而华凤喈因为为宿迁的教育事业做出的极大贡献，成为宿迁教育史上的泰斗，备受敬仰。

闽汀华氏族群又根据祖先遗嘱编订族规，以优秀的族规教育约束子弟。在民国甲寅（1914）版族谱中赫然列明族规：爱祖国、孝父母、友兄弟、慎婚配、和夫妇、笃宗族、和乡邻、慎交游、重廉耻、明礼让、讲信义、崇气节、立志向、勇改过、勤务农、习工艺、求实学、黜浮华、图进取、戒争讼、守法律、禁吸毒、诚祭祀。这族规可以说在当时是极具教育意义和远见的。内容不仅包含了个人的修身齐家，还延伸到国家社会等方面。“爱祖国”列为第一条，这在许许多多的各姓族谱中也是罕见的。用优秀的族规训诫子弟，让后代成为对社会、对国家有用的人才，这是闽汀华氏族群的优良传统。在现当代，闽汀华氏又涌现出许多杰出人才。

华岗（1903—1972），中国浙江省衢州市龙游县人，京一郎公裔孙。中国现代哲学家、史学家、教育学家。华岗青年时代受五四运动的熏陶，较早地接触到马克思主义的真理，中学未毕业就投身革命。1924年加入中国社会主义青年团。1925年加入中国共产党。1945年重庆谈判期间，任中共代表团顾问。1946年任中共南京局上海工作委员会书记。曾任山东大学校长。

华远平，京一郎公裔孙，浙江省公安厅副厅长。

华福州（女），姑田人，京一郎公二十八世裔孙，前劳动保障部副部长。

华瑞茂，姑田人，京一郎公二十八裔孙，清华大学教授。

闽汀华氏优秀人才数不胜数，在优良家风、优秀族规的教育下，一代代优秀的华氏子弟为国家做出杰出的贡献。

习近平总书记指出：“家风是一个家庭的精神内核”“家风是社会风气的重要组成部分”“我们都要重视家庭建设，注重家庭、注重家教、注重家风”“千千万万个家庭的家风好，子女教育得好，社会风气好才有基础”“也唯有每一个家庭的家风好，千千万万个家庭才能成为国家发展、民族进步、社会和谐的重要基点”。闽汀华氏自古就注重家风教育，以优秀的家族文化训导子弟，所以能在历史长河中源远流长，族裔才能遍及海内外，生生不息。

祖训犹在耳，枝叶遍九州。闽汀华氏一代代散播各地的裔孙将继续秉承优秀的祖训族规，弘扬优良家风，爱国爱家，为建设和谐美好的社会贡献出华氏族群力量。

庙前江姓族规详说

◎ 江初祥

庙前江姓早年所修族谱，于清咸丰十年（1860）为太平天国军焚毁，所载族训家规已无法稽考。2005年所修之《济阳堂庙前江氏族谱》是一部较为完整的族谱，在其“政治志”后，附有“家约”，是录自于敬堂公房族之族谱，是至今为止所能见到的有文字记载的族规，也可视为庙前江姓之族规。敬堂公房族谱，修于清光绪年间，是廪生焕章主编的。

“家约”的内容分两部分：一前言，二条文。二者都以文言文表达，句式多对偶，具有赋体特点。兹依次予以介绍，介绍时不按原文逐句进行翻译，仅概述其大意，对其内容一般也不做评论，对明显不合时宜者，则于文后略加评述。

一、前言

阐明制定“家约”的宗旨，其目的是“修其教，不移其俗；齐其政，不易其宜。惟在整齐约束之得其道”。就是说，订立家约是为了教育、约束族人，使之共同遵守社会之道德规范，以保持良好的家风，不至于伤风败俗。

二、条文

阐述“家约”的具体内容，凡九条。

（一）敦孝弟

弟，通悌，意为敬重兄长。条文首先说明遵行孝悌的重要意义：“孝为百行之原，弟亦五伦之大。”族人无分贵贱，能践行孝悌，则门第必兴。然后提出族人各宜致意、切实遵行的要求。

（二）睦宗族

从古代同井之人，出入相友，守望相助，疾病相扶说起，说明同族之人更应亲如兄弟。水旱疾病，共相扶持。如有相违，则应平心静气，论情说理，曲直一分，复归于好。更不许恃众暴富，以强凌弱。

（三）慎职业

引用孟子所说的“术不可不慎”为由，说明必须慎重地选择职业的道理。士、农、工、商，成就时皆堪富贵，是为正当职业。而戏子、皂隶、兵卒则有辱门风，是千万不可为的。

（四）励儒修

本条勉励族中少年，以“映雪”“囊萤”的孙康、车胤为榜样，发扬江泌“倚楼步月”的精神，勤奋读书，刻苦磨炼。做到“四勿”：不要自作聪明，不要自暴自弃，不要见异思迁，不要半途而废。

（五）勤耕种

阐明勤于耕种乃是我国优良传统，出而作，入而息，使地无旷土，村无游民。须知：民生在勤，勤则不匮。勤，是治生之道，也是致富之基。

（六）尚节俭

天地之物，勤在开其源，俭在节其流。应崇尚节俭而严禁奢侈。一日之奢，以数年之俭而不足；数年之俭，常败于一事之奢而有余。一旦败家，则寡廉鲜耻，胡作非为。奢侈之害至大至烈，因此应严守节俭之训，冠婚丧祭，自有定规，饮食衣裳，不可靡费。

（七）禁匪为

匪，通非，错误的，与正确相对。禁匪为，即禁止胡作非为。如读书人，不可轻薄戏谑；普通人，不可游手好闲。不赌博，不盗窃，总之，一切败坏名节的事都不可为。且务须防微杜渐，不使暗滋潜长。如有不轨之行为，必严加惩罚。

（八）重宗祧

祧，音 tiāo，意为承继先代。重宗祧，即要重视宗族的承继关系。规定：如有子而出继本族之裔，此继彼承，是允许的。如卖予异姓或外房族，是自绝宗支，视为不孝，应以不孝之罪处置。如无子而立同姓昆弟之子为子，既得昭穆，得续宗祧，则兄弟之子，犹子也，是允许的。如买异姓人之子为子，是自紊宗支，是为祖宗不孝之子，是不允许的。如娶有孕之妇为妻，所生之子，既非血统，即为他姓，不可认作同宗入谱。

（九）禁吃烟

烟，专指鸦片。此条款意在禁吃鸦片，历数吸食鸦片之危害，有“嗜之者，皆鹄面鸠形”，骨瘦如柴，失去劳力，无不荒工废业，倾家荡产，以至于沿门讨乞。其危害之甚有过于附骨之疽。因此，嗜之者，宜速戒脱；未嗜者，应视其为畏途。

三、评述

其一，慎职业。只要社会需要，法律允许，社会职业一律平等，并无高低贵贱之分，一位理发师与一名教师一样高贵。而“慎职业”却把社会职业分为高低贵贱，把戏子、卖唱者以及皂隶兵卒视为有辱门风的低贱职业。这一观念是不合时宜的，应予摈弃。

其二，重宗祧。过分地看重姓氏宗族的血统关系，这一观念也是陈腐的、不合时宜的。历史发展的事实说明：任何一个民族都没有纯血统，也没有任何一个姓氏有纯血统。在我国长期的封建社会中，就常有赐姓、改姓的情况，宗支早已紊乱，为什么到了现代反而容不得个别异性的融合呢？抗战期间，大批的“河洛人”流落到闽西各地，已融入了当地社会，对此应持包容态度。

悫著爱存

——庙前江姓的一条族训

◎ 江初祥

济阳堂庙前江姓于明朝宣德四年（1429）入迁表席里朗村萧坊山入口，即今之庙前镇庙上村杉树下。明朝万历十八年（1590），始建祖祠，清朝康熙九年（1670）重修，至1942年再次大修，扩大了规模，其墙内的正厅门面仿西式建筑，正中上额“江氏家庙”四字是厦门大学虞愚教授书写，左右两边“祖泽孙谋”“悫著爱存”八字是地方硕儒所书，这是建祠以来传承下来的一副祠联，也是江姓的一条族训。

“悫著爱存”是“致悫则著，致爱则存”的简缩，出自《礼记·祭义二十四》。其文曰：“是故先王之孝也，色不忘乎目，声不绝乎耳，心志嗜欲不忘乎心。致爱则存，致悫则著。著存不忘乎心，夫安得不敬乎？”文中前四个“乎”，即“于”；“致”，副词，表程度之深；“悫”，音 què，诚实；“著”，显著。讲的是以至爱至诚之心，尽其祭祀，尽其孝道。

作为族训，“悫著爱存”，以尽孝道的这种精神，在族群中世代相传。传至十四代裔，有名耀香者，建“斯馨堂”一幢（亦即采陔公祠），他把《礼记·祭义二十四》中“致爱则存，致悫则著”八个字倒置，作为下联，对以上联，文曰：“自仁率亲，自义率祖。”并制作楹联，悬于斯馨堂正厅。上联中“率”是率领义，引申为纲纪义。全联的意思是以仁义为纲纪，以至诚为准则，以尽孝道，也以此作为人处世之根本。

耀香，字瀚周，号采陔，生于乾隆四十四年（1779），道光二十一年（1841）入太学，咸丰三年（1853）入恩进士，是庙前江姓有名的孝子。他所建斯馨堂墙上所绘为二十四孝图，壁上所书是孝悌之文，其号“采陔”典自“循彼南陔，言采其兰”，是尽孝道之义。芷溪进士黄位斗在赠匾序文中赞其为“孝爱之人”。耀香父中桥是位儒商，一生秉承“致悫”精神，诚信经商，在庙前街开设商店，号曰“复兴”。立下五条店规：一、不缺斤短两；二、不售变质的商品；三、买卖公平；四、童叟无欺；五、顾客至上。耀香继承父业，接手复兴店恪守店规，诚信经营。有老人来购物，忘记把东西带走，他叫人送到家中。山村的村民圩期来卖些红菇、冬笋、笋干之类的山货，所剩余的送到他店，必予收购，并不压价。积累多了，便销往潮汕。有急难者，他乐于赊欠，一时还不起，也不追讨，还时常接济贫困之家。

有件事足以说明他的仁爱与诚信。有位潮州客商，运了一批货物到新泉，货主却突然意外身亡，其手下人急于把货物售出，其他商品都已出手，只剩下十捆黄麻，一再压低价格，也无人过问，最后求助于复兴店。耀香明知买下这批黄麻是要亏损的，但他出于仁爱之心，以高于市价买下了，还资助对方一笔钱，这十捆黄麻便堆放在仓库里。几年时间过去了，因黄麻受潮，须解开晒一晒。谁知每捆黄麻中都藏有黄金和银圆，累计黄金十条，银圆两千。耀香不为所动，不贪此意外之财，派人往潮州去打听，要把金银还给货主后人，但没有结果。他一再叮嘱儿孙，不管什么时候，如有人问起，核准无误，务必奉还。又几年过去，一次偶然的机会，耀香得知货主后人的消息，便主动联系，把这笔金银归还。此事一时传为佳话，复兴店的声誉也日益昭著，生意越做越大。耀香的四个儿子都继承父业，在芷溪、桃坪（上杭）、朋口、长汀、潮州开了分店。不及十年，家资百万。又建了聚欢堂和斯馨堂的石门楼，称“采陔公祠”，如今成了全国重点文物保护单位。

“悫著爱存”是庙前江姓的族训，是一种精神，庙前江姓在发展中，凭借这种精神，勤于耕，诚于商，睦于族，维炽维昌。在清朝中后期的一百余年时间内，江姓人口翻了两番，先后建起了三十多幢中小型的砖木结构的围龙屋，成为庙前的望族。

简述家训族规中的道德信念及教化作用

——以培田吴氏家训族规为例

◎ 吴有春

道德是人们生活生产或工作交往中，有利于大家互相和谐处于家族、社会、国家以及自然天地之间的思想行为准则。

孩童呱呱坠地，第一感觉是自然的接纳、父母的爱意，进而是兄弟姐妹的亲和，以及宗族间的团结互助，再是认知邻里社会关系，以至遵守国家政治经济法规。在“天时、地利、人和”的氛围环境中，尽责尽力创造物质财富与精神文明，为家庭幸福、社会安定、国家富强、世界和平做些贡献。这是人生道德追求正向之路，也是人性品格修炼过程，更是天理良心秉承。

客家族谱中，家训与族规是必有的文化篇章，而且置于首卷，借以表述全族的思想行为，必须适应天地自然规律，符合社会道德准则和国家宪政法规；亦是客家人对于后代教化的理想教化要旨，以及实现族治自理的重要内容。这与当今要求国家实现“富强、民主、文明、和谐”，社会实现“自由、平等、公正、法治”，公民实现“爱国、敬业、诚信、友善”的社会主义核心价值观理念是一致的。当人们的世界观、人生观、价值观一致时，才有共同语言，才能互容相通，才会协力合作，为共同理想目标奋斗。

兹以中国历史文化名村——培田的吴氏家训族规为例阐释。它自明万历二十五年（1578）左右创撰，至清乾隆五十二年（1787）首刻刊印，载有《家训十六则》与《家法十条》；同治十三年甲戌（1874）续修时又订《族规十则》；至光绪三十二年丙午（1906）再议立《公益社章程》。可见祖训族治是与时俱进，很有现实针对性的。通常族谱内的文化记述以祖德宗功事迹为主导，起正面教化作用。若细品家训、家法、族规、章程细则，则可了解历代社会状况，有美有丑，存善存恶。族治要旨是赞美扬善，抑丑惩恶，构建仁里。

现将相关内容细则录于下，并适当做些注释。

一、《家训十六则》

家之有训，所以昭示来兹[①]，为子孙法守也。书曰：聪听[②]祖考之彝训[③]。诗曰：不愆[④]不忘，率由旧章。愿我世世子孙守之勿忘。

1. 敬祖宗

维桑与梓[⑤]，必恭敬止。矧[⑥]乃祖宗，人所托始。

溯流穷源，虽远犹迩。春露秋霜，庶[⑦]其毖[⑧]祀。

2. 孝父母

父兮母兮，恩泽靡[⑨]底。椎[⑩]牛祭墓，何如负米。

毋贻[⑪]亲忧，毋辱亲体。大孝小孝，备载于礼[⑫]。

3. 和兄弟

戚戚[⑬]兄弟，本之一人。如手如足，非越与秦[⑭]。

有侮宜御，有财宜均。克笃天显[⑮]，式[⑯]用顺亲。

---

① 来兹：未来与现在。

② 聪听：聆听与思索。

③ 彝训：尊长对后辈教诲的话。

④ 愆：qiān，失误或罪过。

⑤ 桑与梓：家宅旁常种的树木，见此则联想到家乡父老宗亲。

⑥ 矧：shěn，况且。

⑦ 庶：希冀，幸望。

⑧ 毖：bì，谨慎。

⑨ 靡：mí，无。

⑩ 椎：chuí，鞭策催促。

⑪ 毋贻：不存留传递。

⑫ 备载于礼：完备地记载在《礼记》中。

⑬ 戚戚：相亲相爱。

⑭ 越与秦：越国、秦国，相距很远，喻不相干，少来往。

⑮ 克笃天显：合作坚定的情感，是天然明白的道理。

⑯ 式：模式、规律、规范。

4. 序长幼

父事兄事，各视其年。随行雁行[①]，毋与比肩。

凡属卑幼，各宜勉旃[②]。以少凌长，维德之愆。

5. 别男女

男女别涂[③]，授受[④]不亲。别嫌明微，风化乃淳。

嘱尔家室，各宜自珍。桑中溱洧[⑤]，贻诮风人[⑥]。

6. 睦宗族

惇叙九族[⑦]，古有明训。一木之亲，无分远近。

相侃[⑧]相赒[⑨]，释争解忿[⑩]。岂若涂人，肥瘠[⑪]不问。

7. 谨婚姻

婚姻之礼，万化[⑫]之原。家道之系，胚胎子孙。

彼昏[⑬]不知，财利是论。予言弗信，盍视[⑭]姜嫄[⑮]。

当今有人悟曰："家族兴旺靠风水，踏破青山难得寻。其实风水在人间，

---

① 随行雁行：出自《礼记・王制》，"父之齿，随行；兄之齿，雁行"，意即年龄与辈分有序，有前后左右次序之分。

② 旃：zhān，助词，如"之"。

③ 涂：途，道路。

④ 授受：交付与接受。交往之情有节度。

⑤ 溱洧：zhēn wěi，水名，在河南省。出自《诗・郑风》："溱与洧，方涣涣兮。"郑国风俗，每年三月初三，在此两水边"招魂续魄，拔除不祥"。

⑥ 诮：讥嘲。风人：吹拂人。全句意为：留存话柄，遭人耻笑。

⑦ 惇叙九族：引自《书・皋陶谟》，意为淳厚敦朴而有序的上至高祖，下至玄孙的九代直系族亲。

⑧ 侃：慰藉、喜乐。

⑨ 赒：周济、救济。

⑩ 忿：fèn，恨或怒。

⑪ 肥瘠：引申为富足与贫穷。

⑫ 万化：千变万化的人生成长过程。

⑬ 昏：惑、乱，不明智。

⑭ 盍视：何不看看。

⑮ 姜嫄：农神后稷之母。传说她在荒郊踩到巨人足印而孕，生稷，初觉不祥，取名弃，弃于陌巷，牛群羊群不踩；弃于雪地，鹏鸟飞来以羽翅暖护。继识为天赐神灵，精心养育成人。他发现五谷而种植，利用牛力而耕作，教习万民事农业，获命官以司农，改名后稷。逝世后百姓感恩其德，立庙祀为农神。

姻缘福娶同心妻。”

8. 慎丧葬

亲丧自尽[①]，事莫大焉。比[②]其葬也，慎择[③]于先。

无使土亲[④]，当令骸全[⑤]。一朝失措，永贻后愆。

9. 勉读书

士为民首，读书最高。希[⑥]贤希圣，作用俊髦[⑦]。

扬名显亲，宠爱恩褒。各宜努力，毋惮[⑧]勤劳。

10. 勤生业

民生在勤，勤则不匮[⑨]。里布夫征[⑩]，游民[⑪]是出。

农工商贾，勉励乃事。酒食游戏，终亦自累。

11. 崇节俭

制节谨度[⑫]，满而不溢。慎乃俭德，家国理一。

一念骄奢，遂生淫佚。转眼空虚，言之可慄[⑬]。

12. 戒淫行

淫为恶首，厥[⑭]罪弥天。况兹同族，一本相连。

渎伦灭理，人面兽膻[⑮]。削系送官，法不其延。

---

① 自尽：自当尽孝尽责。

② 比：等待时辰。

③ 慎择：慎重择吉时吉地。

④ 无使土亲：不能使尸体接触泥土。

⑤ 骸全：捡骸再葬时骸骨不能有失。

⑥ 希：期望、仰慕。

⑦ 俊髦：英俊杰出之士。

⑧ 惮：害怕，畏避。

⑨ 匮：贫乏。

⑩ 里布夫征：指征地税。《周礼》载：“凡宅不毛者，有里布。”郑司农云：宅不种桑麻者，罚之使出一里二十五家之布；民天常业者，罚之使出一夫百亩之税。一家力役之征也。布，钱币也。

⑪ 游民：指游荡、没有正当职业的人，流离失所的人。

⑫ 制节谨度：限制合理有节，严谨中庸适度。

⑬ 慄：惊、怕。

⑭ 厥：代词，其，它的。

⑮ 膻：shān，羊臊气，恶臭气。

13. 戒匪僻①

盗窃赌博，无赖之尤。辱人贱行，隶卒倡优②。

家世清白，恶居下流。敢或踏此，屏逐不收。

14. 戒刻薄

积善余庆，积恶余殃。天命不僭③，隐有主张。

忠厚传世，久而弥④昌。从事刻薄，立见灭亡。

15. 戒贪饕⑤

贫穷有命，富贵在天。莫为莫致，听其自然。

一萌贪念，遂从⑥众愆。败廉丧耻，罔或不颠⑦。

16. 戒争讼

民之失德，干糇⑧以愆。一朝之忿，永世祸连。

强弱胜负，不能独全。各笃宗盟⑨，幸勿相煎。

二、《家法十条》

前辈立家训十六则，详且备矣。今增家法十条，诚恐训之不从，必继之以法。顾立训使人遵，立法使人畏。愿后嗣其恪遵前训，而无劳用法焉，则甚慰也。

1. 孝弟宜敦也。如有逆亲犯长者，通知房长族绅严行惩罚。若仍怙恶不悛，佥呈究办，决不宽宥。

---

① 匪僻：匪盗及隐藏不良习气的癖好。

② 隶卒倡优：衙役、狱卒、妓女、戏子。

③ 僭：jiàn，超越本分。冒用地位高的人之名义或器物，以强欺弱，以富凌贫。今有俗语：人在做，天在看，神有知，终有报。

④ 弥：充满，实足。

⑤ 饕：tāo，贪甚。

⑥ 丛：聚集。《吕氏春秋·达郁》："则百恶并起，而万灾丛至矣。"

⑦ 罔或不颠：没有不坠落破产之意。

⑧ 糇：hóu，干粮。《诗·大雅·公刘》载"乃裹糇粮"。全句之意：失德一方，以物抵罪。

⑨ 各笃宗盟：争讼各方，常是曾有深厚宗情族谊的亲人。当今对于族亲争讼，常以调解息事，用道歉赔礼以及补偿物质损失，消除仇恨，换来和谐安宁生活。

2. 勤俭宜崇也。如有不读不耕不务正业者，凡属伯叔兄长务宜严训重责，毋得姑息。

3. 伦常宜励也。如有犯奸淫众著者，通知房长族绅从严惩治，男逐女出。服内通奸确获者，佥呈照例科办，毋得纵庇。

4. 廉耻宜励也。如有肆行盗窃确有证据者，通知房长族绅，照盗物轻重处罚。倘敢抗违，轻则驱逐出境，重则捆送呈官。

5. 忠厚宜尚也。如有以强欺弱，以众凌寡者，凡属伯叔兄长，各宜极力弹压，毋得置身事外。

6. 品行宜端也。如有赌博、鸦片，务宜父教子，兄教弟，毋得踏此弊。而开庄聚赌尤宜禁止处罚，倘敢抗违，呈官究治。

7. 礼仪宜明也。如有结党为匪者，务必通众捆送呈官究办。纵容包庇者，一体严究。

8. 争竞宜平也。如有小而雀角，大而械斗者，凡属尊长，务宜公是公非，照公处息，毋得坐视。

9. 刑法宜公也。如有逞凶毙命重案，务宜通众，将正凶送官究办，不得任其逋逃累及他人。

10. 身家宜清也。如有甘为倡优卒隶者，务宜通众出逐，永不许登坟入祠。

三、《族规十则》

家训家法之后，再立族规十则，俾后人永远遵行，庶风纯俗美，可称仁里也欤。

1. 祖堂，所以妥先灵而庇后裔也。住持者务宜灯火长明，香茶奉祀。厅堂坪宇洒扫洁净。各房间不准堆积柴秆粪草等物。违者重罚搬出，另招人居住。

2. 图谱，所以考世系而知终始也。递年四房（敬、崇、中、宏）流存，锁匙则别房收执。倘有散失亵渎，惟领存人是问。

3. 图银，所以权子母而资修刻也。此项公款视他项尤关紧要，理事者务择殷实公正，递年结算一次，出入数目榜示通衢。

4. 后龙水口，所以蓄树木而卫风水也。住祖堂者务宜逐日鸣锣申禁，如有盗砍生柴，铲松光挖枫仁者，通知董理协同绅耆严行重罚。割芦萁者一体议罚。

5. 前朝屏山，所以拱祖堂而壮观瞻也。不准擅自铲土粪，违者重罚。后龙山同此例。

6. 路内圳水，所以护祖堂而便汲饮也。务宜长流清洁，毋得投以秽物等件，违者处罚。

7. 冠冕婚娶，所以荣宗族而继宗祧也。进泮登科第，谒祖请宴，随东家意，不得刻以相绳，其所请者务宜酌中馈送礼仪。婚娶、祝寿，亦同此例。

8. 丧制，所以尽子道而报亲恩也。初丧服制，本为服内亲房而设；服外者毋劳用烛帛，以益丧家之累。若贫不能葬者，尤宜体恤。

9. 田禾蔬菜，所以备饥馑而佐饔飧也。乡内六畜务宜雇人看守，不准滥放。违者处罚，窃者加倍处罚。

10. 松杉竹木，所以生财源而资利用也。无论何人山场、坟林、古树，遇有盗砍者，通众从重处罚，买者同罚。

四、《公益社章程》

禀稿：敝乡山多田少，所有山场杉竹种植不少，贫民赖以生存。无奈盗风日炽，肆无忌惮。即经查实捉获；彼反借命图赖，或以捕杀恫吓，失主多属畏事，只得忍气吞声，任其所为。由是贼胆愈张，贼势愈强。或盗割田禾，或盗牵耕牛，或盗出仓谷，或扛养猪，或穿窬而劫取银钱，或逾墙而偷器具……此害不除，利何以兴？兹佥议仿照福州茶亭办法，立公益社以挽颓风而正人心。遇有前项事件以及诸凡不平之事，由社内董绅分别事情轻重，秉公裁判理处。此系为地方公益起见，并无私意其间。

粘抄《培田公益社章程十节》，伏乞仁宪察核，准于立案，一面出示晓谕，庶奸宄知儆而良弱有赖。并准公举吴诚为培田乡约。地方幸甚，载德切禀。

宗旨：本社以兴利除害为宗旨，凡有可兴乡利、除乡害，视力所能为者，逐渐推行，以明公益。尤赖地方官出示保护，以垂久远。

条目：

一、警察盗匪。迩来游手好闲之辈，不事正业，专行盗窃，若不设法警察，良民何以为生。本社佥议，如有失盗查获，报明绅董，分别处罚。倘敢抗违，送官究治。庶稂莠除而后良苗呈秀，盗匪去而后良善获全。

二、严禁赌博。赌博、花会为害最烈。本社设法严禁，不准开场聚赌。即使花会开设他乡，亦不准乡人带引。如敢故违不遵约束，由绅董呈官究治。

三、劝戒鸦片。鸦片之禁，上谕森严。本社敬谨恪遵，剀切劝戒，以副朝廷振兴自强，为民除害之至意。

四、改良地约。吾里乡约向规十甲轮流，逐年更换。本社属八甲，人烟数百，讼端迭出，如遇六甲、七甲、九甲值役，相距数十里之遥，一旦有事应投地约，跋涉维艰，缓不济急，每致小事酿成大事。且拘于轮流，不由公举，其中恒多昏庸不谙事理者，其巧黠者簸弄是非，借为居奇，害伊胡底。本社公举吴诚为培田地约，其人正直练达，可资办公，是为息讼之基础。

五、平息争讼。乡中遇有争讼，报知地约，由地约通知本社绅董，请两造到局，分别曲直，调和理处。用以推广上宪爱民息讼之至意。

六、振兴实业。迩来饥馑荐臻，半由实业不兴。本社拟设一劝农工所，督率子弟务农兴工，勤者有赏，懒者处罚，以昭激励。

七、修蓄杉竹。吾乡杉竹之利甲于他乡，因不法之徒肆行盗伐，渐形童濯。本社佥议申禁滥伐偷盗，鼓励修蓄种植，以生财源与利用。

八、崇尚勤俭。迩来物力维艰，非勤无以浚财源，非俭无以节财流。本社佥议，如有不耕不读，徒事酗酒嬉戏者，时加训诲，严为督责。至于迎神赛会徒耗财用者，一概禁绝，以塞漏卮。

九、敦崇伦纪。每凡朔望，本社绅董传集乡民到局，演说孝经及圣谕广训，俾人人遵守。如有逆亲犯长不遵训诲者，严行惩罚；若仍怙恶不悛，送官究办。

十、修明礼法。如乡内有结党为匪，以及逞凶毙命者，本社绅董务必捕获送官究办，以免株连。纵容包庇者，一体严究。

综而观之，家训从人生成长重要环节中，总结出孝敬、和睦、勤勉、谨慎、崇尚、警戒等处世内容方法，可谓以正面道德信念训教裔孙融入社会。家法则从道德反面思考，提出惩罚究治措施：责罚、赔罪、示众、出族、呈官等。值得注意的是，鸦片僻习首次见于家法治理中，可知鸦片申禁在明代、清代乾隆年间尚未出现。至于族规，其中补充了祖堂、图谱、后龙水口、前朝屏山、路内水圳、冠冕婚娶、田禾蔬菜、松杉竹木等具体内容的管理规定，这对于乡村历史文化、环境生态优化、资源产出利用，具有建设性的启迪作用。与当今美丽乡村建设，保护绿水青山就是金山银山是一致的。至于公益社章程的意义，则是落实家训、家法、族规的具有可操作性的举措，它呈于官方审核批准则具有公正性、法规性，可预见或回思其成效。据老一辈传言，培田乡风民俗总比他乡纯漓正统，受到赞扬，引为自豪。当今，央视中文国际电视台（CCTV 4）于2015年元旦播映《记住乡愁》首集，以培田族谱首卷刊载醒目的家训、家法、族规为直接导因。2017年3月中纪委监察部网站《中国传统中的家规》栏目第87期，推出《福建连城培田吴氏：兴养立教，善行可风》，将培田古村落的家风家训故事，在全国进行宣传。由此可知培田家训、家法、族规及章程的普惠意义及德教法治作用。

鉴古观今，明德励行；人类同运，和谐共生。

罗胜吴山吴姓祖训家规形成的历史渊源

◎ 吴尧生

连城县曲溪乡的罗胜村，是个坐落在梅花山保护区腹地将军山麓的传统古村落，这里风光秀丽、空气清新、气候宜人，素有高山明珠、天然氧吧、避暑胜地之美誉。罗胜的吴姓是吴季札第五十二世孙吴宣的后裔，习惯称吴山吴氏，自北宋绍圣年间从江西经宁化、清流辗转迁徙至此定居，已有900多年历史，为纪念先祖地（今江苏无锡梅里），这里古称吴山。

罗胜不仅历史悠久，而且人杰地灵。居住在这里的吴氏裔孙，很好地传承了中原先祖推崇圣贤、耕读传家和至德三让的好传统，900多年来，他们在长期的生存和发展中，不断充实完善吴山吴氏的祖训家规。

一、罗胜吴山吴氏祖训家规

（一）祖训

泰伯始祖，至德名扬；吴氏族裔，福泽绵长；家风淳厚，光大发扬。社会为先，国家至上；教子务严，健康成长；耕读传家，造就栋梁。恭亲敬老，勤俭温良；夫妇和睦，尊兄敬长；友爱兄弟，孝顺爹娘。上善若水，行止有方；热心公益，友邻相帮；注重道德，正正堂堂。自强不息，齐家兴邦；承我族德，光我郡望；同心协力，源远流长。

（二）家规

培植心田

一生吃穿不尽，只是半点心思。反躬自问实无愆，到处有人称羡。且看欺瞒等辈，将来坠落深渊。吃斋念佛也徒然，心好日长便见。

品行端正

从来人有三品，持身端正为良。弄文侮法有何长？但见天良尽丧。尽心无点邪曲，作事没些乖张。光明磊落子孙昌，莫要奸邪伎俩。

孝顺父母

终身报答不尽，唯尔父母之恩。亲意欣欣子色温，便见一门孝顺。乌雏尚知报本，羊羔跪乳殷勤。春晖无限寸草心，后裔毋忘斯训。

友爱兄弟

兄弟分形连气，一对羽翼双飞。皆因娶室话是非，自家互相作对。酒肉结交异姓，认尔骨肉是谁？莫因些小心相违，手足以和为贵。

和邻睦族

风俗何以为善？总在和族睦邻。三家五户要相亲，缓急大家帮衬。是非与他拆散，结好不亚朱陈。莫恃豪富莫欺贫，有事常相问讯。

教训子孙

子孙何以贤知？长辈教训有方。做工务农或经商，不许闲游放荡。雕琢方成美器，姑息未必善良。教子须如窦十郎，娇惯养成无状。

矜怜孤寡

世人凄怆有四，孤寡最宜周全。儿雏母苦实堪怜，因贫被诋下贱。寒则予以旧絮，饥则授之余粮。积些阴德福无边，劝尔行些方便。

婚姻随宜

由来男婚女嫁，媒妁言必虚夸。一时逞兴务繁华，债台高筑如塔。聘礼不可嫌寡，筵席切忌虚花。大家从俭莫从奢，彼此永称姻娅。

奋志读书

坐我明窗学习，风吹日晒不愁。驱蚊嘘寒志无休，不分黑夜白昼。任他三伏数九，我只与书为友。桂冠不上懒人头，刻苦便居人右。

勤劳本业

天下有本有末，必须务本为高。百般做作尽糠糟，纵有便宜休讨。有业且勤尔业，一艺亦足自豪。栉风沐雨把身操，切勿投机取巧。

二、罗胜吴山吴氏祖训家规形成的历史渊源

吴姓最早起源于黄帝姬姓，是黄帝的子孙，后因始祖泰伯公三让王位而奔荆蛮，并建立国家——勾吴，泰伯去世后，他的裔孙以国为姓，其发源地是河南商丘市虞城县。古代吴姓主要分布于：陈留郡（今河南开封市陈留镇）、濮阳郡（今河南濮阳）、延陵郡（今江苏常州）。现在吴姓裔孙已遍布华夏的大江南北以及东南亚，吴姓在国内的分布主要集中于广东、福建、广西、贵州、江苏5省，大约占吴姓总人口34%，其次分布于河南、浙江、湖南、四川、湖北、山东、江西、安徽8省，又集中了41%。据2018年国家相关部门统计，大陆吴姓人口约2880万人，排名第10位。

吴姓因为历史上出了泰伯、仲雍和季札三位德才兼备的杰出先贤，因此形成了历史悠久、积淀深厚的孝让家风，其严谨的祖训家规是吴姓家族得以不断发展壮大、人才辈出、家族兴旺的重要因素。

吴泰伯（又名太伯，前1285—前1194），终年九十一岁。系商末西岐君主古公亶父长子，才识卓绝，德行无边，助其父亶治理西岐，深得臣子之心。

吴泰伯三让天下是让位给三弟季历、三弟之子姬昌、二弟仲雍。

古公亶父生三子，长泰伯次仲雍三季历，季历之子姬昌即后来的周文王，自小聪明过人，才华出众，深得古公亶父宠爱，古公亶父并言："我世当有兴者，其在昌乎！"意在传位于季历再传姬昌。但当时西岐礼法为传长不传幼，亶父只能作罢。泰伯为了周族的发展和成全父亲的心愿，避免龙蛇之争的祸害，遂决定让位于三弟季历，并说服二弟仲雍留下子嗣，趁父亲病重之时托言至衡山采药，离开周原，后亶父病逝，泰伯、仲雍赶回奔丧，季历与众臣请求泰伯即位，泰伯不受，丧毕，偕二弟仲雍再次离开周原，前往长江以南无锡梅里避居下来。后不久，季历被商暗害而死，泰伯又返岐山奔丧，群臣与侄昌再次请求泰伯即位，泰伯仍不受，王位便由其侄昌继承。泰伯与仲雍又返江南梅里，断发文身开发江南，引导教化人民兴水利、养桑蚕、种稻谷，给蛮荒的江南带来了中原先进的生产技术，并取得了翻天覆地的变化。泰伯的高风亮节和德行感动了荆蛮，受到土著居民的爱戴，拥立他为国王，建立了江南太湖流域的第一个国家——勾吴，并以今无锡梅里营建早期

城市，作为都城。

泰伯到勾吴后终生未娶，治国四十九年，九十一岁寿终后葬于鸿山之上，传位于二弟仲雍。至此，泰伯成就了两家天下（一为三弟的周天下，二为二弟吴天下），其让德之高尚使后人敬仰，也被后人尊为至德先圣、三让王、江南人文之祖。泰伯奔吴，给落后的江东地区带去中原文明的种子。而泰伯、仲雍在新的生存环境中，不畏艰辛、勇于开拓，数年之间，人民殷富，终于在东南地区牢固地站稳脚跟，为后世强大的吴国打下基础。这位品德高尚的开拓者去世后，就葬在他东迁东南重新开拓新天地的据点——梅里平墟。

始祖泰伯公虽距今已三千三百年了，但其德行仍为后辈之楷模，吴人为纪念这位伟大开拓者的不朽功勋，将他在梅里的居所改为祠庙，这就是今天的泰伯庙，又称至德寺、让王庙。孔子曾高度评价："泰伯，其可谓至德也已矣。三以天下让，民无得而称焉。"

吴仲雍（又称虞仲、吴仲、孰哉），本系姬姓，是黄帝的十五世孙，陕西岐山周族首领古公亶父的第二子。仲雍和其兄泰伯为让父王实现灭商的愿望，让国南奔，落脚于无锡、常熟一带，建立勾吴王国。他们把王位继承权主动让给弟弟季历，季历生子姬昌是为周文王，为灭商建周奠定了基础。泰伯去世后，由仲雍继位，其裔孙遍布华夏大江南北和东南亚。

吴季札（前576—前484），春秋时期政治家、外交家、文艺评论家，吴泰伯十九世孙，吴王寿梦第四子，史称延陵季子、州来季子。季札品德高尚，博学守信，远见卓识。三次让国，广交贤士。周游列国，提倡礼乐，宣扬儒家思想，对华夏文化的发展做出了重大贡献。周敬王三十六年，季札去世，时年九十二岁，葬于上湖（今江苏省江阴市申港）。相传大圣人孔子因推崇季札之德，曾手书十字碑文："呜呼有吴延陵君子之墓。"季札在吴姓血缘史上确是个承前启后的人物，他当初为让国逃到延陵乡下，长兄诸樊只得将延陵封给季札，此后，季札后代世代居于此，延陵遂成吴姓著名郡望。季札死后安葬在上湖中的小岛上，吴人为纪念季札，在他墓旁建庙，世代祭祀。

吴姓子孙以泰伯、仲雍、季札三位先祖而自豪，后世吴姓宗族的祠堂往往取名"至德堂""三让堂""三德堂"，并制定了严格的祖训家规约束子孙，以彰祖德、激励后人。罗胜吴山吴氏的祖训家规也是在这样的历史背景下产生的。

三、罗胜村民遵循吴山吴氏祖训家规取得的成效

罗胜现有260多户980余人，总面积22.5平方公里。900多年来，从此繁衍外迁的吴氏裔孙除分布在本县曲溪、赖源、文亨、姑田、朋口等地外，本省的新罗、永定、上杭、永安、明溪、建瓯、安溪，江西的余都、广信、兴国和台湾的苗栗等地也有其分支，已达一万五六千人。

罗胜的吴氏族人祖祖辈辈继承先祖的孝让家风，恪守祖训家规，他们建书院、置学田，设奖学金，延聘名师，崇文重教，俊彦代出，因此罗胜学风日盛、人文蔚起，素以“文墨之乡”“仁里”著称乡梓。早在明清时期就有吴猷、吴琨、吴栋材、吴璠、吴观乐、吴增声和吴振裘、吴朝珍等一批（举人、贡生、庠生、监生82人）先贤蟾宫折桂，今又有一批企业家、工程师、作家、书画家、医生、教授、飞行员和火车司机等新锐崭露头角。据不完全统计，截至2020年全村有博士3人，硕士14人，中高级技术职称人才44人，200多人取得大专以上文凭，占总人口的五分之一强，成为全县农村人口平均文化程度较高的村庄之一，形成了“以智取胜”的良性循环，促进了罗胜脱贫致富奔小康的步伐。现在的罗胜村不仅是县级革命基点村，也是省级文明村和生态村，2021年还被评为省级传统古村落，村民们已过上了恬静、幸福的小康生活。

连城张氏祖训、家风、族规集锦

◎ 张长明

张氏得姓始祖挥公，出自黄帝轩辕氏，因“观弧制矢，官封弓正，主祀弧星”，赐姓张氏，以勇武为徽记。传至五十八世张仲之后，转为文武并重，多以哲人贤达闻名于世。张氏祖训家风，亦多以哲学处世之道，哺育一代又一代子孙，成为中华传统文化瑰宝的一部分。现将连城张氏在乡里坊间流传的祖训、家风、族规等集录如下：

一、张仲传孝友之道

“孝友”一词，出自《诗·小雅·六月》：“侯谁在矣，张仲孝友。”张仲，号仲甫，挥公五十八世孙，公元前827年任周宣王卿士，辅佐周室中兴，他不仅有文治之功，还很孝顺父母友爱兄弟。据《诗经》载，张仲出席一次宴会，人们称颂他的孝友美德，于是张仲成为张氏第一个有文字记载的祖先。从此他的德行道义名重古今，北宋被封为“神文圣武孝德忠仁王”，南宋又加封“辅元开化文昌司禄帝君”，通称“文昌帝君”，历代建庙奉祀（本县璧洲亦有康熙年间所建的文昌阁，保存至今）。中国百姓奉他为主管天下文人之事，“孝友传家”更成为张氏祖训家风。

二、张良开明哲之风

张良（前262—前189），字子房，号仁寿，河南禹县人，挥公八十世孙，现今大多数张氏尊称其为开基始祖，世称帝王之师。其祖与父曾相韩五君，秦灭韩，良悉以家财求客复仇，得力士以铁椎狙击秦始皇于博浪沙，误中副车，亡匿下邳，后得黄石公受兵书于圯上，佐汉高祖，“运筹帷幄之中，决胜千里之外”，诛秦灭楚，以定天下，为汉初三杰之一。汉高祖记功封爵，欲封王食邑万户，良则曰："食邑三千足矣。"乃封留侯。后世赞其"送秦一椎，辞汉万户"，"见机于未萌，避危于无形"。他功成不居，富贵不图，权势不恋，急流勇退，从赤松子游，学神仙辟谷之术，避开了韩信等人以功受诛的灭门之祸，得以留侯誉终汉世。他以"既明且哲，独善其身"昭示后人，开一代明哲处世之风，对后世影响很大。

三、张公艺以百忍齐家

张公名艺（577—677），南北朝东平郡寿张县（今河南濮阳台前县桥北张村）人，生于北齐末年，历经隋唐，是唐朝著名长者，曾官至廷尉，九世同居。唐高宗登泰山返京途中，曾亲到其家中询及和睦同居九世之道，公艺以百个"忍"字献呈，高宗亲书"百忍义门"以褒其睦。张公族人后来编成《张公百忍全书》广为流传，其中的《百忍歌》更是家喻户晓（抄录附后），如今虽不提倡凡事皆忍，但从大处想，"百忍"是对孔夫子"小不忍则乱大谋"的最好诠释。从治家处世看，忍而和，对个人修身养性，处理各种人际关系，夫妻家庭和睦，睦邻友好，构建社会和谐，仍具十分重要的现实意义。

附录《百忍歌》：

百忍歌，歌百忍。忍是大人之气量，忍是君子之根本。能忍夏不热，能忍冬不冷。能忍贫亦乐，能忍寿亦永。贵不忍则倾，富不忍则损。不忍小事变大事，不忍善事终身恨。男不忍则凶，女不忍则乱。父子不忍失慈孝，兄弟不忍失爱敬。朋友不忍失义节，夫妻不忍多争竞。石崇破了家，只为财不忍。项羽送了命，只为气不忍。刘邦得天下，只为辱能忍。如今犯罪人，都是不知忍。古来创业人，谁个不知忍。

百忍歌，歌百忍。仁者忍人所难忍，智者忍人所不忍。忍字可以走天下，忍字可以结邻近。忍得淡泊可养神，忍得饥寒可立品。忍得勤苦有余积，忍得荒淫无疾病。忍得骨肉存人伦，忍得口腹全物命。忍得语言免是非，忍得斗争消仇恨。忍得人骂不还口，他的恶口自安靖。忍得人打不回手，他的毒手自没劲。须知忍让真君子，莫说忍让是愚蠢。忍时人只笑痴呆，忍过人自知修省。就是人笑也要忍，莫听人言便不忍。事来之时最要忍，事过之后又要忍。人生最怕百个忍，百忍只怕一不忍。不忍百福皆云消，一忍万祸皆灰烬。

四、张九龄立金鉴照人

张九龄（673—741），字子寿，广东曲江（今韶关）人。唐开元名相，誉为“相开南粤，诗著盛唐”。他不仅是有史以来岭南封相第一人，文章、道德、风范皆彪炳史册。《唐诗三百首》五言古诗开篇二首即为九龄公之作，其“海上生明月，天涯共此时”更是传诵千古的名句。开元二十四年（736），唐玄宗生日，众臣进贡厚礼，唯独九龄献上自著《千秋金鉴录》，极言古代兴废之道，疾呼用人必辨忠奸。他一生为官清正，不畏权势，敢于犯颜直谏。如果当时玄宗能接纳他处斩安禄山的主张，也许可避开“安史之乱”的悲剧。难怪乎九龄公庙刻有唐玄宗题联：“蜀道铃声，此际念公真晚矣；曲江风度，他年卜相孰如之。”张九龄终遭奸相李林甫等人陷害被贬，天下人则称他“曲江公”，张氏更以“千秋金鉴”为荣。唐太宗说过，以铜为鉴，可以正衣冠；以史为鉴，可以知兴替；以人为鉴，可以明得失。张九龄以金鉴和自身的刚正不阿告诫后人，于君于领导者，要近忠直，远奸佞，知人善任；于己则要有自知之明，既不可刚愎自用，也无须妄自菲薄，以自己的努力去实现自身价值。

五、张载作“四为”名训

国民党元老、书法家于右任，曾以他笔走龙蛇的草书，题写挥公后一百一十六世祖载公训言：“为天地立心，为生民立命，为往圣继绝学，为万世开太平。”连城张氏旧时在城区构建“文川张氏敦睦堂”，所崇祀的就是这位载公。

张载（1020—1077），字子厚，祖籍大梁（今开封），侨居陕西凤翔府眉县横渠镇，世称横渠先生，北宋著名理学家，关中学派创始人。宋嘉祐二年（1057）进士，曾做过一些小官、清官。他从“民，吾同胞”出发，提出“为政者在于足民”的政治主张，赞成改革，但要解决贫富不均，须“以敦本善俗为先”。为学，则提倡“学以致远”“学贵心悟”“每见每知新意”。一生著述良多，以《西铭》《东铭》为代表作，成为明清两朝开科取士的必读之书。他的哲学理论，提出“太虚即气”，从“气”到太虚、万物、阴阳二气，展现出一个有机的宇宙整体，创立了著名的“气一元论”，被认为是11世纪中国哲学在唯物论方面的最高成就。而他的“四为”训言，集中体现了以民为本的儒家情怀和他的哲学思想，也是构建社会和谐的优秀传统文化遗产。

六、张弼士留致富箴言

张弼士（1841—1916），字振勋，号肇燮，广东大埔西河车轮坪人，祖上从连城南团水西（今张坊）迁居，念三郎公二十一世孙，张坊三十郎公二十三世孙，著名的大实业家。他十五岁跟随乡亲漂泊到荷属东印度（今印尼）首府巴达维亚（今雅加达）谋生。从米店伙计做起，进而综合经营种植、采矿、金融、航运、商场、药材各业，经过三十余年的努力，成为东南亚华侨中首屈一指的巨富。他身在海外，不忘家国，积极响应清政府“招徕海外华商，振兴中华实业”的号召，巨额投资国内，先后在两广、上海开办多种行业公司，而投资最早、成就最大、影响至今的，乃是山东烟台的张裕葡萄酒公司，孙中山曾亲临酒厂题写“品重醴泉”，所生产的名酒于1915年参加巴拿马万国商品博览会时获金奖，便有“金奖白兰地”，驰名中外。他因实业兴邦有功得清廷器重，赏赐他头品顶戴光禄大夫（大埔故居存有光禄第），并委以重任，曾任新加坡总领事、商务大臣兼槟榔屿管学大臣、督办铁路大臣、中国通商银行总董等职。后因清廷腐败，转而支持革命，民国初被聘为总统顾问、南洋宣抚使、侨联名誉会长。

张弼士作为一个时代传奇的大实业家、华侨巨子，留给后人的致富箴言是：“尽地利，观时变，人弃我取，人取我与，征贵贩贱，操奇制赢，力行勤俭，择人任时，能发能收”；“因人地之宜，利导教诲，以法律整齐保护，使人乐事勤工”。这对我们今天富民强国、实业创新、依法治商，都具极大教益，对正在奋发致富的后起之秀，更有借鉴、激励和警示的作用。

七、新泉张氏族规条款（摘录）

新泉张氏，效昔朱子于崇安开设社仓，贮谷得息，救荒济急，培植后秀，于康熙四十五年（1706）初设社仓一所，并立“张氏族规条款”，现摘录如下：

——古者家有塾，党有庠，春秋教以礼乐，冬夏教以诗书，作养多方，所以人才彬彬辈出。今议设立义学二所，经馆一所，在东山楼蒙馆一所，即在祠内，但束脩诸费，无所从出，酌重于各房祖尝中内摘捐，并好善乐施者助出，或殷实家，有捐至十两以上者，合族以“培植后学”四字匾额，送至其家以奖之。

——族内众山树木，前人修蓄，所以护卫风水，不许入山砍伐。即风吹倒者，必众卖以充公用。不得恃强擅搬，违者经看山人报知，从重罚惩。

——不得偷鸡盗狗，攫人财物，自投法网，且赌博为盗贼之源，荡散家业，斗殴行凶，皆源于此，殊为万恨。至于开场纵博，名为窝赌，报官重究。

——请客筵宴，只论主人诚敬，不在饮食食品，须丰俭得宜，繁费实感无益。今议，喜庆会客只五簋、四盘、二汤或请官府及凡礼所当加厚者，则四大碗头，四小碗头、四盘、三汤，酒惟微醺，不许乱仪乱德。

——世俗信浮屠诳诱，丧事供佛饮僧，云为死者减罪，免入地狱。不知死者无罪而强加之罪，是故人入罪，自干严律。若果有罪，可以追与法事买免，则阎罗老子必以枉法受人之贿，先入地狱矣。昔程朱大贤，治丧不用浮屠，守礼君子当以此为法。

——交易公平，乃称仁里。吾乡山多田少，买米者十居八九；市侩用大升籴米，以致米价腾贵。不知粜者升大升小，那有错卖。……今议，照依官升、官斗、公立式样，不得任意加减，亦不得渗糠灌水。应如众议，遵守良规，违者公罚，顽则呈官究后。

——祖堂所以妥先灵，若迎佛至家，则先灵不安；先灵不安，则子孙必不蒙福，反至灾害。此淫祀所当禁者也。

——吾先祖原购店铺，经年日久占为己业。今议，天地人和四号，公估新旧修整费用银两，每值多寡给还，其店仍归大宗永远管业。正月十四日收租，不得推前越后……此所以承先人之志而扩大蒸尝者也。

陇西堂连城李氏族训族诫新编

◎ 李治权

连城李氏，自宋末入连，肇基创业，迄今已近千年，对家风建设、族规族训极为重视，为我家族的团结和谐、壮大发展、繁荣昌盛及人才的培养发挥了不可磨灭的作用。然而，星移斗转，世易时移，本届修竹书院总祠理事会认为，为适应形势发展，需将原有各宗祠的族训族诫进行修订完善，制定出修竹书院总祠的族训族诫。

一、制定族训族诫的意义

家庭、家族要生存，要发展壮大，当以育人为先，育人又以立德为先。因此，家风族训的教育，具有现实和深远的意义。如何立德树人，教育儿女使之德才兼备，以振家声；如何以身作则、言传身教，使子女成才，成为对家庭、对社会有所作为的人；如何处理好人际关系，使家庭、家族立足社会，团结和谐，是我们每个人、每个家庭及家族必须研究和处理好的问题。

孝子贤孙是教出来的，路是靠儿孙自己走的，“不求金玉重重贵，但愿儿孙个个贤”“儿孙自有儿孙福”，长辈要以身作则，言传身教，为儿孙做个好榜样，而不应当只是谋钱财。留给儿孙的应当是好的家风族训，培养子孙，必须是德才兼备，而且德是第一位的。如果缺德，则才能越高对家庭对社会的破坏力越大，最终是害人害己，拖累家庭，危害社会。古往今来，如此教训比比皆是。

二、制定族训族诫的依据

中华传统文化及中华家风家训，是中华民族取之不尽、用之不竭的博大精深的精神宝库和源泉。良好的家风家训具有强大的凝聚力，来源于儒教伦理哲学观，如正心诚意、格物致知、修身齐家治国平天下等，因此，依据这些理论，结合当时情势与时俱进，查阅了大量家风族训资料和其他有关姓氏的家风族训，在各宗祠原有家风族训祠规的基础上，吸收了以上有关资料之精华和要旨，李氏家风族训不断修订、补充完善，形成了现今《陇西堂连城李氏修竹书院总祠家风族训》，并经本届理事会通过。

三、十训十诫详解

（一）第一部分：家风十训

一训爱家国，遵法纪

家庭是社会的细胞，成千上万个家庭细胞共同构成了社会肌体。只有每个细胞都健康，社会肌体才会正常生长、运行。古人云：没有家就没有国，没有国也就没有天下。家是我们的诞生地，是养育我们的摇篮，是事业进退的基地，是心灵归属的港湾。走南闯北，天涯海角，思亲念祖，它总散发着我们魂牵梦绕、难分难舍的芬芳。家和万事兴，以良好的家风齐家，是我们的责任和担当。

国是全国人民的大家庭。国泰则民安，无国就无家。古语云“国家兴亡匹夫有责”“位卑不敢忘忧国”。凡我中华民族儿女，都希望祖国繁荣富强昌盛。每个国人，不管职位高低，都应热爱祖国。在和平年代，人人均应做好本职工作，为祖国建设贡献一份力量。万一国家有难，则当有钱出钱，有力出力，存爱国之心，效法爱国英雄，做忠臣良将、爱国良民，勿做投敌叛国的汉奸卖国贼、千古罪人。

历朝历代，国有法典，依法治国及以德治国相辅相成，缺一不可。法律者，惩恶扬善。当今社会，法律越来越健全，执法力度越来越大，凡我族人，对国法当有敬畏之心，学法懂法，遵纪守法，不做法盲，心归善良，各自警省。

二训敦孝悌，和亲邻

孝者，孝顺父母；悌者，兄友弟恭。对父母孝顺的人，方能上则忠君爱国，下则兄友弟恭，友爱亲邻。当以父母爱我之心，报父母生我育我之深恩大德，无论富贵贫贱，皆当尽心尽力，诚尽孝道：想父母之所想，急父母之所急；供父母之所需；医父母之疾患；分父母之忧虑。在外工作者，常电话联系，常带儿女回家看看。

兄弟者，手足也，食则同案，衣则传服，学则连业，游则共方。古人云“唇寒则齿亡”“打虎不如亲兄弟”“兄弟不和外人欺”。兄弟唇齿相依，同舟共济，宜一如既往，相亲相爱，切勿斤斤计较，搞窝里斗，而伤手足之情，使亲者痛，仇者快。

和亲邻，含和睦宗族、邻里及亲戚朋友。无论同宗亲人、亲戚、朋友、邻里，当以和为贵，多宽容，相礼让，息忿争。切勿恃亲近而远宗支，勿恃富贵而欺贫贱，勿恃势众而凌弱小。应好恶与共，休戚相关。倘有灾难，应予扶持，不能视若路人。对孤贫无依者，当量力而扶助，倘族有贤材，因贫而辍学者，应集资相助，勉成大器，以光门第。

三训正心术，端品行

心术为行为之本，心术正则行为自善，心术邪则言行皆恶。做人做事要存“忠孝心”“仁义心”“仁慈心”“仁爱心”“厚道心”，切勿有“害人心”“贪婪心”“嫉妒心”“虚荣心”等。

端品行，端正品德言行。我家族素有“清白廉洁”家风，凡我族人当以四维八德三纲五常五伦做准则，为人处世循规蹈矩，安分守己，老老实实，清清白白做人，踏踏实实做事，诚诚实实，兢兢业业，守业创业。

四训知廉耻，积德善

俗话说：“人带面，树带皮。”为人者，当知羞耻爱惜面皮。上行下效，上位者带一个好头，知廉耻，正心术，端品行，廉洁奉公，以身作则，弘扬中华传统文化，必能正本清源，牵一发而动全身，带动整个社会的改观，气象一新。

“积善之家必有余庆。”仔细研究我城西李氏族谱发现，凡上代人行善积德者，往往子孙兴隆，富贵双全。而作恶，有大过失者，即使兄弟辈为“十八罗汉”，亦免不了断子绝孙，帮凶亦然，使人不得不相信因果报应之说。宁可信其有，不可信其无。

五训明礼让，通情理

要兴仁义道德，无礼不能实现；尊卑上下，贵贱高低，没有礼就不能确定；红白喜事的举办，不讲礼就不能完备详细；祭天地祖宗，宴请宾客，不讲礼就无法进行。礼，其实就是风俗之源。礼之用贵在“和”，礼之实行体现在“让”。“让”还包括宽容、忍让、谦让之意。愿我族人，加强学习，谦虚谨慎，人人通情达理，宽容、忍让、谦让，讲理服理，安康幸福。

六训尽职责，尚勤俭

在一个家庭中每个人都处在不同位置，有不同责任，在其位当谋其事，尽其责。作为子女，当尽弟子的责任；作为丈夫，当尽养家糊口过日子，谋划一家人的衣食住行责任；为人妻者，当尽贤妻良母之贤内助责任。在社会上，要按不同分工，履行不同职责，只有每一个人都有职业良心，尽职尽责，这个单位才能把工作做好。

勤字的关键就体现在对时间的抓紧和有效利用，“一寸光阴一寸金，寸金难买寸光阴”，不浪费人生的有限时间，养成早起的好习惯。凡我族人，当引以为戒，抓紧点滴时间，提高工作效率，百折不挠，勤奋兴家，不甘人后，有所作为。

钱财好比水，节约俭朴好比水之积蓄储存。流水如不积蓄就会一泻无余，而立即干涸；钱粮如不节制，则会用之无度，而立即贫乏。量入为出，凡我族人，切宜谨慎。

七训严教诲，重读书

对子女的教育要严格。子弟之贤，半由父兄之教，若任其任性放肆，断难有成，宜随时训诫，庶免不忠不孝，不仁不义，流入匪类，害人害己。从小对孩子进行严格教育非常重要，且应当注意方法。

重读书。当今社会的竞争，其实就是人才的竞争、教育的竞争。读书也是儿女安身立命的本钱，一个家族、一个家庭要振兴，同样也离不开读书，离不开教育，离不开人才的培养。所读之书均为正道之书，所交之人都是正道之人。

八训笃信敬，慎交游

信，是五常（仁义礼智信）之一。一旦许诺，哪怕是极小的事，也一定要实现；一旦有约，一刻不改变，这就是人们所说的“信”。望我族人，做忠信笃敬正人君子，莫做言而无信、见利忘义、忘恩负义小人。

交友，要交挚友、诤友、良师益友。与君子交，规劝咸宜，其德日进，受益良多；与小人为伍，如交酒肉朋友、狐朋狗友、赌友盗友、匪友，则耳濡目染，沉沦堕落。因此作为父母、兄长当关注孩子的朋友圈，引导其与有德有才的好孩子、好学生为伍，远离吊儿郎当、为非作歹、厌学逃学不思上进的孩子。

九训延嗣续，慎婚配

男大当婚，女大当嫁，成家立业，生儿育女，传宗接代，延续香火，此为人伦大事。男婚女嫁，涉及儿女组建家庭，一生幸福，关系重大，切宜慎重。男女婚配，当以德为先，才为次，以情投意合为重，提倡婚姻自主，忌论门第重财色。

十训修祠墓，崇祭扫

有祖宗，才有子孙。先祖先宗，历尽艰辛，节衣缩食，付尽毕生心血，创业兴家，传宗接代，继往开来。祖德宗功，恩深似海。修祠建墓，春秋祭扫，既是怀念先人感恩戴德，亦是为后代立规矩，做示范。

（二）第二部分：家风十诫

一诫叛国不孝

祖国在人们心目中具有神圣的地位。历朝历代，多少仁人志士，为了祖国的统一，国家安全，保家卫国，不怕牺牲，前赴后继，奋不顾身，抛头颅洒热血，以身许国，名垂青史。凡我族人，必须擦亮眼睛，提高警惕，切不可与“台独”“藏独”“疆独”“港独”等妄图分裂祖国行径者同流合污，而应与之做坚决斗争，为祖国统一安全贡献力量。

不孝者，最为人鄙视。凡我族人，不孝父母，忤逆父母，虐待父母者，天理不容，必遭报应。慎之，慎之。

二诫谣言邪教

有些人为了达到个人不可告人的目的，通过网络等各种手段，无中生有，造谣发布各种虚假信息，给有关行业或个人造成各种经济或名誉损失。凡我族人不但不可造谣，还应提高分析能力，不可传谣、信谣。

邪教者，乃歪门邪道，不正常之教派，以各种歪门邪说，蛊惑人们，或诈骗钱财，或骗取女色，或达到不可告人之政治目的，往往造成受害人或锒铛入狱，或家破人亡，其祸甚烈。凡我族人，千万小心，切莫信邪，免受其祸。

三诫赌毒匪盗

赌博者，斗牌、掷骰、押宝、买六合彩，匪盗之源，败家之举，为祸甚烈。开场聚赌，昼夜不分，只图一己甘肥，不顾合家冻饿。十赌九输，俗言可证，数年积蓄合家辛劳，身家性命毁于一掷。偶尔赢钱，兴高采烈，欲图再赢，不肯罢手；大多赌输，垂头丧气，妄想捞回，越赌越输。一入赌场，父母、朋友劝说不听，夫妻成仇，执迷不悟，鬼迷心窍，心术败坏，虽亲密友，人人身上一把刀，拼个你死我活，实为变相抢钱。一言不合，或斗口，或斗殴，血肉横飞。输钱只为赢钱起，输钱还想赢回来，没完没了。进入赌场，如飞蛾扑火，极难自拔，赌场举债，倾家荡产。父母伤心，夫妻反目，或离婚，或家破，或人亡，或为盗，或为匪，或经官司拿问，身败名裂，坠家声，累家人。不惜身心，不顾家庭，不惜名声，不齿于人类。赌博之祸，一言难尽，宜严加禁止。

毒者，原为鸦片，现又有冰毒、大麻、海洛因、摇头丸之类。少数不法之徒，不顾他人家破人亡，只图一己暴利而制毒、贩毒、诱人吸毒。吸毒之人，一经吸食或注射，即上瘾上钩，极难戒除。毒瘾发作，泪流满面，惨不忍睹。为缓一时之需，有钱之人，倾家荡产；无钱之人卖妻卖房，甚至为盗为匪。吸毒之后，产生幻觉，行为怪异，精神恍惚，甚至驾车撞人，酿重大交通事故。其人貌若枯木，色同死灰，完全丧失劳动能力，僵尸一具，丧失生育能力，极其损身心折寿诞，对家庭、对国家、对民族危害极烈。国家对此重拳打击，直至极刑。凡我族人当自爱、自慎。

禁匪盗以肃家风。家有贤子弟是由于家有严父兄，若任子弟游手好闲不务本业，不事生理，以致饥寒切身，廉耻随失，小则偷鸡摸狗，大则行抢劫掠，人格、面皮、家风家声尽失。对此人人忿恨，个个切齿，实属有辱祖宗。匪盗之行，有辱人格，辱父母，切宜禁之。

四诫懒惰乱伦

古人云："颓惰自甘，家道难成。"懒惰者，四体不勤，五谷不分。懒鬼，想不劳而获，不思上进，自甘堕落，不思成家立业，若懒惰沉沦，游手好闲，何以度朝夕？饥寒交迫，生活无依，日久必为无赖，必为盗为匪。父兄当严责。

"万恶淫为首"，戒乱伦。男见窈窕佳人，女见风流逸士，一时卿卿我我，你贪我爱，不计卑污贱行，使子女无面见人，父母为之含羞，六亲因之轻贱，而其本人，因贪念一时欢娱，终失一生名节。一旦发生事故，轻则倾家荡产，重则丧生殒命。戒之，戒之。

五诫坑蒙拐骗

坑蒙拐骗者，或以利诱或以色诱，或以科技手段，或以恐吓手段，千方百计，设圈套，挖陷阱，诱人上钩入圈套，跳陷阱，骗人钱财。严重者致人倾家荡产，甚至置人于死地，其恶行与盗匪同类，唯手段更加隐秘，难以识破，使人不知不觉上当受骗。拐者，还有拐卖妇女儿童恶行，只图一己私利，破坏他人家庭幸福，致使他人妻离子散，一生痛苦。种种恶行，只图一己私利，不顾他人死活。对此等犯罪者，国家严厉打击。我族人，千万别误入迷途，同时应警钟长鸣，谨防上当受骗。

六诫酗酒斗殴

饮酒有度，切忌贪杯纵饮，切忌酗酒斗殴，切忌酒驾醉驾。当今社会把酒驾醉驾当作危害公共安全罪严肃处理，或扣分、罚款，或开除党籍、公职，或判刑。所以，莫饮过量之酒，敬酒诚意，喝酒随意，适度而止，大家满意。

七诫恃强凌弱

积恶之家必有余殃。家运有兴衰，支派有强弱。莫盛气凌人，莫仗势欺人，莫称王称霸，莫口出狂言，莫恃强凌弱，莫横行乡里，莫唯利是图，莫欺压善良，莫巧取豪夺，莫欺男霸女。善有善报，恶有恶报，不是不报，时候未到。愿我族人自惕。

八诫骄奢浪费

骄败奢丧，俭荣省富。为人当节俭而不吝啬。俭省，是合乎礼节的节省；

吝啬，是见人困危时却不体恤救助。要悯人而不奢侈，俭省而不吝啬。

九诫见利忘义

君子爱财，取之有道，不义之财，诸君莫取。士农工商，各有其业，克勤克俭，衣食不愁，遵纪守法，安分守己，心安理得，无惧无忧。唯利是图，见利忘义，凡此种种，严厉禁止。

十诫轻生出家

蝼蚁惜命，好生恶死。身体发肤，受之父母，当爱惜。有气可诉诸亲友，有理可诉诸法律。轻生戒之，出家慎之。

李氏周、唐、宋代家训

◎ 李光化 / 整理

一、周代伯阳公家训

（一）强梁者，不得其死，天道无亲，常与善人。

（二）上德若谷，知足有辱，知山不殆，知而好问者圣，勇而好问者胜。

（三）轻诺必寡信。

（四）圣人安贫乐道，不以欲伤身，不以利累己，故不违义而妄取。

（五）聪明深察，而近于死者，好讥议人者也；博辩宏达而危其身者，好发人之恶者也。

（六）合抱之木，生于毫末；九层之台，起于累土；千里之行，始于足下。

（七）慎终如始，则无败事。

（八）圣人无常心，以百姓心为心。

（九）以天下之目视，以天下之耳听。以天下之心虑，以天下之力争。故号令能下究，而臣情得上闻。

（十）上善若水，水善利万物而不争，处众人之所恶，故几于道。

（十一）绝圣弃智，民利百倍。

（十二）民之难治，以其智多，故以智治国，国之福，不以智治国，国之祸。

（十三）为无为，则无不为。

（十四）罪莫大于可欲，祸莫大于知足，咎莫大于不知足，故知足常乐也。

（十五）上德者，天下归之；上仁者，海内归之；上义者，一国归之；上礼者，一乡归之。无此四者，民不归也。不归用兵，即危道矣。

（十六）良贾深藏若虚，君子盛德，容貌若愚。

（十七）圣人处无为之事，行不言之教，万物作为而不辞，生而不有，为而不恃，功成而弗居，足以不去。

（十八）天长地久，天地所以能长且久者，以其不自生，故能长生。

（十九）夫物芸芸，各复其根。

（二十）塞其兑，闭其门，挫其锐，解其纷，和其光，同其尘，是未玄同，诗曰："修心炼性列三清，著作混无道德经。精气神为三至宝，抱远道教度原灵。"

二、唐代李世民遗训

（一）为主贪，必丧其国；为臣贪，必亡其身。

（二）以铜为镜，可以正衣冠；以史为镜，可以知兴替；以人为镜，可以明得失。

（三）人之立身，所贵者惟在德行，何必要论荣贵。汝等位列藩王，家食实封，更能克修德行，岂不具美也？且君子小人本无常，行善事则为君子，行恶事则为小人。当须自克励，使善事日闻，勿纵欲肆情，自陷刑戮。

（四）父之爱子，人之常情，非待教训而知也，子能忠孝则善矣，若不遵诲诱，忘弃礼法，必自致刑戮。父虽爱之，将如之何。

三、宋代李纲遗训

（一）民恃财以生，犹鱼恃水以活。

（二）任则不疑，疑则不任。惟疑与任，不可并行。

（三）寇攘外患，有可以扫除之理，而小人在朝，蠹害本根，浸长难去，其患有不可胜言者。

（四）朝廷既正，君子道长，则所以捍御外侮者，有不难也。

（五）人以财而聚，兵以食为天。虽有良将锐卒，非财莫能使。虽有金城汤池，非谷莫能守。

（六）兵家以节制为重，节制不立，难以李光弼郭子仪为帅，亦有相州之败。

（七）能守，而后可战；能战，而不可和。

芷溪杨姓十六世祖德庵公家训

◎ 杨天佑

一、家训内容

嘱尔后裔为人：以勤俭为本，存心要正，立品要端，度量要宽，处世要和，长上要敬，亲族要睦，怨恨要忘，婢仆当恤。勿精察于小利，勿逞忿于可已，则祸患谅能鲜少，事业亦可久耐，必和气一团，斯可直祥。更有平素家内往来之人，务择诚实端方，与之亲近，则言行皆可矜式，始为受益。若游手好闲，不思生业，甚且赌博等类，无故来家聚饮，则子弟沾染，未有不效尤生祸者，当即通众严谕叱绝。倘不遵训该从，定要责逐不容。停住间常目击世俗，后裔不守遗训，卖分祖业，风光只在一时，贻害已流百世；每为之旁观而太息，则所以为尔后人虑者，不得不深远矣。惟愿尔后人，克勤克俭，清操砥砺，或耕或读，坚志图为。支庶虽繁，勿以小忿伤其原本。蒸尝纵裕，毋以众业肥厥私囊。倘不肖子孙，或因家贫而希售卖救济，或因丁少而倡照房均分，此即逆祖悖宗，羞辱前人许尔明达裔孙，执余遗嘱，投官法惩。仍不许此人入祠堂，登坟与祭。将吾一日之规，守为百世之业，则不忒可告无罪于前人，且足垂庥于后代，余之厚望也。规例订后，手笔亲书，世世子孙，尚其遵守。

二、家训产生的背景

德庵公，芷溪杨姓第十六世祖，名显圣，字人凤，号德庵。以号行，人称德庵公。德庵公生于清康熙二十六年（1687），卒于乾隆十三年（1748）。

德庵公继承父业，苦心经营，耕读为本，勤俭治家，家产颇丰，是连南的大户。他富而不淫，严于德行修养，是难得的君子。朱筠（即朱圭，清乾隆年间翰林院编修、提督、福建学政）为德庵公撰写墓志铭，赞其为“隐德士”（德行高尚的人）。《福建通志》“尚义门”也介绍了他行善的事迹，文载乾隆七年（1742）四月，汀州大旱，米价暴涨，贫者无食，德庵公率先开仓平粜。他还腾出二间房，雇人煮饭，为无钱籴米者供饭；对饥饿在家，不愿来吃饭的人，则派人送米去。如此历时四个月，拯救饥民。当然，德庵公的善举远不止这些。声名传到省府，府衙赐以“惠济乡闾”的牌匾，以资彰其德。

德庵公生五子，个个成才，待他到了晚年，已是子孙满堂，家大业大。公深知“创业难，守业更难”的道理，恐怕子孙中出现“游手好闲，不思生业，甚且赌博等类”，不能“克勤克俭，清操砥砺，或耕或读，坚志图为”，因而难守“百世之业”，即自订家训，并“手笔亲书”，置于余庆堂（德庵公祠堂名）上首，嘱咐“世世子孙，尚其遵守”。

三、家训产生的意义

德庵公家训是德庵公家族文化的重要组成部分，家族成员中，很多人都能把德庵公家训背诵下来，将它作为自己处世与教育后代成长的指南。如是代代相传，对德庵公后裔的繁荣产生了深远的影响。德庵公之后至科举制度结束，连续七代人，秀才、贡生、举人不绝，是远近闻名的“七代书香”之家，还曾经有过“一巡二院三典吏，九文十武四监生，正堂正堂又正堂”的辉煌历史，祖屋“三大门闾”（现在习惯叫作“三大门楼”）也为此声名远扬。

如今，德庵公后裔有1300余人，其中副高职称或副处以上职位者数十人，业绩突出的教授、高级工程师、作家、留洋学者、企业家多人。德庵公家训的精髓，早已融入德庵公族人的血液里，代代流转，代代放光，永远不断地发扬光大。

杨氏家族“立雪堂”之由来

◎ 杨彬芳

“立雪堂”的堂号，源于一则杨氏显祖杨时尊师重道的故事。

北宋中期，在复兴儒学的思想洪流中，程颢、程颐兄弟在河南共同创办了洛学，他们以孔、孟的著作和思想为根据，创造性地总结和发展了旧儒学，形成一个庞大而细密的新的“二程理学”的思想体系，在当时全国的学术和思想界有着极其广泛和深刻的影响。

北宋神宗元丰四年（1081），杨时慕名前往河南颍昌（今许昌）拜程颢为师。他由于刻苦钻研，学业优异，深得老师器重，成为程门四大弟子之一。杨时回归时，程颢目送他离去，感慨地说：“吾道南矣！”此后，杨时一直保持着与老师的书信往来，孜孜探求学问。程颢去世后，杨时又于北宋哲宗元祐八年（1093）二赴河南，到洛阳拜程颐为师。

一日午后，杨时与学友游酢一起去拜见老师程颐，只见老师正在厅堂里坐着小睡，两人不敢惊扰老师，静立屋檐下等候。这时，天降起了大雪，而且越下越大，他们就冒着严寒大雪在门外站立静候，等程颐醒来，往门外一看，雪已下了一尺多厚，杨、游二人早已成了两尊雪人，老师对此非常感动。后人以此作为尊师重道的典范，不少文人在诗文中常常歌颂，如赵翼《梅花》诗曰“单身立雪程门第，素面朝天虢国姨”；金植《不下带编》文中有“独惭三十无能立，难向程门度雪中”之句；谢应芳《杨龟山祠》诗曰“卓彼文靖公，早立程门雪。载道归东南，统绪赖不绝”。此后，“程门立雪”或“立雪程门”成为汉语中的成语，一直流传至今。

杨氏后裔以“立雪”为堂号，这里面含有两层深意：一是以有杨时这样学术地位突出、政绩显赫而又品德高尚的显祖为荣；二是以杨时为楷模，继承先祖的高风懿德，尊师重道，刻苦求学，为社会做出自己应有的贡献。

传承孟氏族规家训文化

◎ 孟宗辉

根据有关上祖流传记载，连城孟氏的发源地系现今的北京市昌平区，据传公元902—978年间，先祖以行医为业，由江西入莲开基，定居于东门，至今仍有地名孟屋巷。后来在现属莲峰卫生院地址建祖祠一处。至南宋时期，孟姓人口繁衍发展已颇具规模，在莲具有较大影响，因而有“余、钱、孟、董、宋、赖、甘、桑”八大姓的美称。

另据世祖四益郎公传载，莲城设置县衙，需征用祖坟，据说祖坟是虎形，是一块风水宝地，祖坟被征用后，绝大多数孟姓人先后由莲向中原迁徙，回归故里。约至明末清初，仅剩孟氏四益郎公等数人留莲主理房产、田契，同时并举家迁至现今的林坊乡李丰村（俗称李坊坂），另建祠立祖。故莲城孟氏后人以四益郎公定为莲城孟氏一世祖，现已传接二十三代。

孟氏先祖有言：国之本在家，家之本在身。国家、家庭与个人都是密不可分的整体，修身齐家方能治国平天下，好的家风、家规才能不断为高尚的家国情怀培基固本，让清廉的思想脉络源远流长。作为亚圣孟子的后裔，连城孟氏族人有责任和义务将孟子的儒家思想文化传承下去，并发扬光大。

一是传承孟氏家规，把“怀仁举义，积德扬善，尽孝为悌，富贵不淫，贫贱不移，威武不屈，浩然正气”等条文作为规章，当成孟氏族人信奉的金科玉律，使族人用行为法则约束自身。

二是加强孟氏家风，以修身、理家、处世、报国为主要目标，努力营造“秉持善念，睦族敦亲，严己宽人，报效中华”氛围，加强孟氏家风。

三是领会家训要义，“合天人，养正气”，就是要顺应自然，养一身浩然正气；“励忠孝，严教育”，就是要鼓励尽忠国家，尽孝长辈，从严后辈教育；“敦亲睦，和闾里”，就是要求亲友之间宽厚相待，邻里之间和睦相处。要以踏实工作、勤奋学习作为传家的根本；以行仁义之事作为修养身心的方法；以勤俭节约作为安生的策略；以孝顺父母、敬爱兄长作为立身的要务；以谦逊厚道作为处世的方式；以谨慎坚守作为处事的基石。

四是改变教育形式，用楹联俗语等通俗易懂的形式来丰富内容。以“待人贵真诚，为人须谦和，孝道当竭力，亲情互相助”“传家两字读与耕，兴家两字俭与勤”“谨言慎行、宽厚忍让、勤恳做事、踏实做人”等作为灌输的修身内容；以“夫为家计而辛劳，妻贤勤俭把家持”“有德才有福，有爱才有家”“孝敬老人，严教子孙，尊老爱幼，亲穆存心”“家庭以爱为根，生活以和为贵”为家风营造的要求；以“学会放弃，懂得珍惜”“休存猜忌之心，休听离间之语，休作生分之事，休专公共之利”“处世以谦让为贵，做人以诚信为本”为处世之道。

“不以规矩，不能成方圆。”孟氏家训中的规矩之道，引导激励着孟氏子孙无论在怎样的时代变迁中，都要时刻铭记祖先的训诲，秉持珠规玉矩，行人间正道。千百年来，孟氏后人以“气养浩然”“居仁由义”“规矩之道”“事亲守身”作为祖训族规，努力践行，为孟氏家族家风流传，也为中华民族连绵不辍的文化血脉传承，始终不懈地努力着。家族和社会一样，有序才能和谐，家族是社会的细胞，家族有序是社会有序的基础。为着家族的兴旺，为着和谐社会的建设，我们孟氏后人应该促进孟子“仁义浩气”思想的传播和弘扬。

翠冈碧岭　善朴族风

——庙前镇仙坪山村族风小记

◎ 罗土卿

连城县庙前镇水北村仙坪是一个青山环抱、溪水如银的小山村。仙坪罗姓源自连城县文亨（旧名坑子堡）翁源—岩苟—太郎脉系，以太郎公为一世祖。太郎是江西南昌豫章罗珠（西汉大农令）第三十八世孙，是五代后期生人，北宋太平兴国年间（976—984）由南剑州剑浦县鱼鳞阁（即今福建省南平市儒罗乡罗源村）徙文亨开基。太郎传至十世孙文实，生四子：千一、千二、千三、千四。仙坪罗姓是千二郎公的裔孙。千二郎的后裔在原祖地文亨班竹现今仅剩一户人家，其他历代散迁各地。千二郎之三子、十二世德辉生四子，其三子、十三世公旺生三子：子坚、子进、六四。仙坪罗氏为子坚血脉，赖源黄地罗氏则为六四血脉，公旺公是该两地罗姓的共祖。子坚之三子、十五世宗远约在明朝中期始迁表席里朗村（即当代庙前）仙坪。也许宗远后代或又迁回文亨，或另迁居他地，故到其曾孙、十八世贱长时，便有“来祭拜上祖”的记载，也可见宗远是终老在仙坪的。贱长之子、十九世万诚约在明代嘉靖后期至万历初年定居仙坪，其后代以他为仙坪的开居祖，历时已400多年。如果从宗远移居仙坪算起，已有500多年。

万诚裔孙为慎终追远，崇宗敬祖，敦亲睦族，既建了祠，也修有谱。笔者的旧居就在万诚公祠（又称老屋）的左侧，还记得儿时所见祠堂外观，正厅上方有拱形斗棚，涂上朱红油漆。大门斗拱垒撑，木雕装饰，花鸟图案，飞檐翘角，颇为精美。雨坪左侧朝东建有木质门楼，亦是飞檐翘角，煞是壮观。雨坪铺砌卵石，前面垒砌灰砖围墙。围墙外20米左右是一口近似半月形的大池塘，水最深处可齐胸，常年养鱼，塘中有一块天然的长形尖石露出水面，这是外迁裔孙确认祖地祖祠的最易记忆的标志。这座祠堂乾山巽向兼亥，建于何时已无从知之，但有祭文遗篇可证在清朝光绪年间修缮过。可惜，这座祠的门楼在20世纪50年代就破败倒塌了，到1992年连祠堂也全倒了。1995年重修的祠堂由于经济条件和建筑水平所限，门楼没有恢复，祠堂也只是一般的砖木瓦顶结构而已，自然比历史上的祠堂逊色。

万诚后裔也曾修有族谱，笔者见过，宣纸毛笔手写大本，长1.6～1.8尺，宽约1.2尺，存放在万诚公祠右厢房木箱里，同时存放以绫缎所制的族谱吊线图图披。每年六月初六日由当年理事人摆放到雨坪晾晒防蛀，平时加锁保存。图披每年正月初二日上午挂于祠厅内供裔孙祭拜。可惜在1966年破“四旧”中均被毁，致使子孙何自不得而知。2005年文亨罗氏祖祠理事会编辑出版《连城文亨罗氏族谱》，仙坪也搜集资料，汇编成了“千二郎系德辉—万诚支系”源流入编该谱第一卷。如果把被毁的原谱看作是首次所修的谱的话，那2005年可称作是第二次修谱。鉴于自20世纪80年代以后仙坪外移住户越来越多，村中留住者所剩无几，为了不致后代梓叔、裔孙断了血亲联通，互不相识，同时也为了对二次修谱时诸多误处进行勘正，2018年正月初二日祭祖时，众宗亲一致赞同进行第三次修谱。这次修谱收入历代罗氏家政家训代表作。

古云，有言之教谓之训，无言之教谓之风。吾罗氏远祖珠公等都留下有言之教，即现族谱“文献篇”所载，自然珍贵。但仙坪万诚以下历代祖先留下的多是“无言之教”，这就是世代在为人处世中自然形成的家风、族风。它是一个家庭、家族最宝贵的根底，子孙后代内化于心，外化于行。

仙坪罗氏家风、族风何也？

一、尊祖敬宗。自古至今一代又一代的裔孙都遵循着“敬祖宗、修祠堂、祭祖坟”的祖训族规，坚守“出门思祖德，入户念宗功”的理念，坚持全村每年正月初二日共祭祖图或开居祖考妣神主牌，初一则各房分祭自已的祖先。每年春分、秋分之后全村先共同为开居祖及其在仙坪的上祖扫墓，之后各房、各支又分层次扫墓。怀念宗功祖德，无论直系旁系，不分亲疏厚薄，拳拳之心，殷殷之情，天地可鉴。

二、孝顺父母。人生百行孝为先，父母深恩大似天。孝顺父母，人之大德大贤。孝者，含孝养、孝敬、孝志之义。在仙坪，自古至今子女对父母孝顺的深浅高低虽有差别，但尚不曾听说有对父母不养、不敬之辈，而且不少世代都涌现出孝志之人。孝志，即做为父母争光之事。如二十七世昌吉勤学苦钻，成为连南名中医，德术双馨，又练得一手好楷书，为祖宗赢得“桥梓联芳”荣匾悬挂于万诚公祠厅梁之上。又如二十八世兴会，苦读聪慧，成为清代仙坪唯一国学生。中华人民共和国成立后，这类孝志者更多了，许多裔孙不负父母冀望，奋发上进，考取大学、研究生，获得高中级职称，有所作为，既为父母争了光又为国家效了力，从而受到族人的称羡。许多历史事实还证明：“德馨首为孝，敬祖后必昌。”

三、睦族相处。在20世纪90年代以前，聚族居于仙坪时，梓叔、兄弟、孙侄们在农忙时节、在红白喜事、在身患疾病、在粮食经济困难、在老弱挑担负重艰难行进途中等等之际，总是亲帮亲、邻帮邻，和衷共济，助度艰难，有求必帮，无求也助，见不着那种讲房分派、以邻为壑、冷然待人、漠然置之的现象。即使发生矛盾，也是协商妥善解决。如笔者先祖保存下来的一份清代合同就是万诚公裔孙和气解决争端的佐证。合同全文如下：“立合同字人罗万诚公裔三房永珍、同发、陈养等。今因陈养在祖屋左边第叁植原基建造，有众内嫌伊前栋太低，恐有天白。经戚族前来从中曲劝，着陈养左边墙升高，依第贰桁平出砌盖。日后倘有颓坏，照原修复。三房裔孙倘有好丑，亦不得借此生端。自立合同之后，务宜一团和气，不得相戕，毋伤族谊。今欲有凭，立合同三纸，取天地人字号，各房照次执一纸为照。一批天字号得进公房执，地字号得缘公房执，人字号得凤公房执，批照。在场戚族：吴林生、吴绍明、罗与九、美又、天济、怀川（字）。光绪八年壬午岁三月二十八日，立合同字人万诚公裔永珍、同发、逢珍、陈养。”此合同立于清光绪八年即1882年，距今139年。立合同字人陈养即得进公房二十八世日相，也是当事人；永珍即得凤公房二十七世昌福，逢珍亦是该房同世代昌吉；同发应是得缘公房代表。立这份字据因陈养在祖祠左边架造新屋前栋太低，恐有天白侵伤祖屋引起，但强调“自立合同之后，务宜一团和气，不得相戕，毋伤族谊”，立意长远，高瞻远瞩，为后昆树立了如何解决矛盾纠纷的样范，值得学习。

四、刻苦勤俭。仙坪人有着客家人耕读传家的传统理想。在小农经济时代，解决温饱的唯一办法是耕作，获取功名的唯一途径是读书。在仙坪那样一个开门就见山、出村就走坡的偏僻闭塞的自然环境和艰辛的生活条件下，必须不能懒惰，必须奋发努力，否则就无法生存，更谈不上发展，所以养成了这里的世代裔孙特别刻苦、特别勤劳、特别俭朴的特点。仙坪人夏天烂衫破笠遮阳，冬天光脚踩冰下田，白天三餐稀粥杂粮，夜晚火笼破被挡寒，松光火下做布鞋，柴火担里换油盐，这在旧中国是普遍的，即使到改革开放前还有一部分人仍是如此。所以仙坪人吃苦耐劳度之高在连南"三隘"是颇有点名声的。也许正因如此，即使殷富了也不奢侈，位贵了还讲勤俭，这似乎已成为他们的属性。

五、重教尊师。仙坪虽处山隅，但识字识笔仍是父母祖辈教育儿孙的口头禅，也是他们世世代代的愿望和追求。人们认为，只有识字识笔，能写会算，才不会受人欺骗，才会有人生的美好前途。所以在中华人民共和国成立以前，凡家中稍有点经济条件的都会让子孙念两三年书。当然，由于贫困能读书的人不多，更没有像邻村那样出过较多的秀才、举人、进士，仅出过一个国学生。中华人民共和国成立后在共产党和人民政府关心下，创办了公立小学，这里的重教之风蔚然而起，尽管家庭负担重，但曾有一段时间适龄儿童入学率达100%。中华人民共和国成立至2020年仙坪人达到大专、大学本科、研究生学历的共55人（不含嫁出的16人），占总人口近20%。这里的群众因为重教，所以特别尊师。在仙坪小学撤并前，逢年过节给老师送好吃的，或者特意留下酒肉待请老师，平时几个人打平伙也敬请老师入席打牙祭，出了时鲜蔬菜会主动摘送老师。许多外地教师为仙坪人尊师之风感动，尽心施教。

六、尚武卫国。仙坪是1929年夏连南十三乡工农武装暴动的一个乡。在苏维埃政府时期，先后有19人（含小时卖往新泉岭下和上杭南阳2人）参加中国工农红军，其中3人被评为革命烈士，他们对保卫红色政权，建立中华人民共和国做出了贡献。中华人民共和国成立70年来，先后又有13人参加中国人民解放军（含武装警察部队），直接保卫祖国。如从红军算起，有的是父子两代从军（如亮和与永先，石田与亮钟，兆财与亮球，福中与保钦，兴能与次子火炎、三子土养、四子伯福三兄弟），更有从曾祖到曾孙四代蝉联从军者，他们是革命接头户杨仕姜的丈夫罗兴梅、儿子亮生、孙子永进和永棚、曾孙远铭。祖孙四代，前两代当红军，后两代当解放军，这在一个家族中是不多见的。其信仰之真，爱国之忱，可见一斑。

七、积德向善。仙坪村世世代代坚持教育裔孙：做人要善良，待人要诚心，积德子孙好，向善福寿多。村民性格质朴，忠厚实诚。笔者多次听闻或亲眼所见，过去即使那么贫困，村民间借钱借米，没有拖欠烂账，更无坑蒙拐骗；还米还盐，总要米升盐匙量得冒尖一点；托购物品，不论远近轻重，皆是免费相助；如遇滚石拦路，会主动搬开；树枝棘刺挡道，会主动捡掉；路基冲毁塌陷，会义务修缮。到远地看水田，见到谁家禾田水太满，会帮助放低田阙排水；谁家禾田旱裂，会帮忙放进田水润禾。谁家有人生病，会送去自备的草药。即使在旧社会，牛栏猪舍可夜不上锁，重要农具可户外随放，无须担心丢失。逢上在同地收稻，或一伙人同往外地他乡购粮，各各重担而归，但若夜色降临，又遇翻山越岭之时，年轻力壮步快者会在途中放下重担，返程助体弱步慢者帮挑一程箩担，以达同时回到村里。凡此善举，无不点点积德，涓涓入心，无言相承，蔚成村风。仙坪人不仅德待族亲，也善及邻村。1949年国民党胡琏兵团溃败途经新泉官庄、寨头背等地，抓丁抢物，许多人携家带口、牵牛挑物“走兵”隐避到仙坪，全村对逃难者不论有无亲戚关系，皆腾出住处予以接纳，供柴火供铺草，所有房屋、亭庙直至上坑尾大松树下搭起的厂寮，都住满了人。那些健在的逃难者至今仍念念不忘仙坪人的恩德。

八、信仰坚贞。这在20世纪三四十年代中国共产党领导革命斗争时最为鲜明。在20世纪30年代前期，曾在永定“中国工农红军彭杨军事政治学校第三分校”学习培训后担任连城红军游击大队长的罗亮永，1932年因部队内部叛变被国民党军抓捕，英勇不屈，被肢解四块悬挂于连城县城四大城门，壮烈牺牲。其母林才姜曾担任过儒畲区苏维埃政府妇女部部长，被诬为“社会民主党”惨遭冤杀。“母子英烈”事迹可歌可泣。中央红军长征后，仙坪上新屋成为中共连南区委、汀连工作委员会、连南县委、连南工委等地下组织和红军游击队驻地。国民党保安队、民团曾经常地（最多时十天三次）搜查“围剿”仙坪。接头户杨玉姜、杨仕姜妯娌被抓后虽遭严刑吊打，口灌天井沟中污水，但坚决不吐实，保护隐藏在她们家中的连南工委领导人。面对白色恐怖，全村民众互相掩护支持，无人泄密告密。他们坚信红军和共产党，坚信革命会胜利，从而一次次地掩护了中共连南区委、汀连工作委员会、连南县委、连南工委等领导人和红军游击队的安全，避免了灭家灭族之灾，坚持二十年红旗不倒，为革命做出了重要贡献。中华人民共和国成立后仙坪被评为省定革命基点村。

综上所述，“尊祖孝亲，厚朴向善，信仰坚定，勤奋图强”就是这个百年古村的精神积淀，愿这一精神和族风世代相承，美德弘扬。

连城城北罗氏十训注析

◎ 罗 滔

罗钟杰编纂的《北门罗氏族谱》(乾隆版)，里面有记载“罗氏十训”，实录如下：

孝顺二亲

属毛离里，一德一心。立身行道，扬名显亲。

生事葬祭，尽礼尽诚。夙夜无忝，务守在身[①]。

尊敬祖宗

本深末茂，源远流长。前作后述，世业书香。

缵绪成德，复旦重光。僾见忾闻，丰洁蒸尝。

友爱兄弟

一本所出，形分气连。炙艾分痛，大被同眠。

鸿雁居渚，脊令在原。相彼鸟矣，犹爱比肩。

早完钱粮

古有三征，今纳粮银。四月摘半，三秋完清。

输将依限，圣世良民。授衣乘屋，共乐升平。

和睦乡里

同乡共里，非友则亲。历代相交，谊如亲人。

善宜诱掖，过必规箴[②]。扶持友助，钦乃四邻。

---

① 夙夜无忝，务守在身：《诗·小雅》曰“夙兴夜寐，无忝尔所生”。“无忝”之意为“无愧于”。此句的意思是早晚侍奉父母，于身无愧。

② 善宜诱掖，过必规箴：自己为朋友做了好事，要藏掖，不要伸张；发现朋友有过错，要好言规劝，热情帮助。

型于室家

五伦之首，万化之基。和无反目，敬无徇私。
勖德勉业，戒旦警鸡。子妇矜式，嗣续音徽。

慎于择交

穷理修身，需友而进。偶尔相因，亲远宜慎。
直谅多闻，便辟柔佞。损益攸分，毋滥宁吝。

勤俭持家

惰难致富，奢必速贫。不耕不织，仓箱莫盈。
滥食滥衣，产业荡倾。勤可拗命，俭免求人。

教子读书

愚顽之子，虽有如无。变化气质，陶铸诗书。
闻多愚破，已克顽除。贤智可爱，能勿劳乎。

居官清正

隐居求志，行义达道。致君泽民，家邦荣耀。
贪利行邪，必有恶报。家破身亡，罪无可懤[①]。

此文原载于连城城北罗氏族谱之乾隆版，1998年续修谱转载。

作者罗钟杰是城北罗氏十七世祖，清代秀才，于康熙六十年（1721）辛丑入泮，是乾隆罗氏族谱的编纂者。乾隆年间的连城知县朱景英，说他是“温文尔雅”“厚重简默”“群书无不博极”的“豸丰贤哲”；称他所编族谱“无夸张，无妄诞，无剿袭，无冒引，能自成一家之信史”。

“罗氏十训”按照儒家的传统观念，提出了为人处世的十条基本原则：对内要孝亲、尊祖、友爱兄弟、勤俭持家、教子读书、做好榜样，对外要睦邻、慎交、早交钱粮、为官清正。

这十条标准，简明扼要，不失为平民百姓安宁度日的基本保证。

---

① 贪利行邪，必有恶报。家破身亡，罪无可懤：贪赃枉法，必遭惩罚，到身败名裂之时，忧愁也没用，只有事先防范，才是正道。懤（chóu），忧愁貌；《楚辞》：“泱莽莽兮究志，惧吾心兮懤懤。”

文中一些语句，言简意赅。如“同乡共里，非友即亲。历代相交，谊如亲人。善宜诱掖，过必规箴。扶持友助，钦乃四邻”“惰难致富，奢必速贫。不耕不织，仓箱莫盈。滥食滥衣，产业荡倾。勤可拗命，俭免求人”“贪利行邪，必有恶报。家破身亡，罪无可懤”等，不失为警语名言，当今仍可借鉴。

连城曹姓祖训家规简介

◎ 曹 诚 曹盛水

连城曹姓总人口约4300人，主要分布在宣和乡曹坊（含上曹、中曹、新曹、下曹4个行政村）片区（约3600人）、宣和乡城溪村（约100人）、新泉镇（约200人）、文亨镇（约300人）、莲峰镇水南村（约100人）。

目前比较公认的说法是，曹氏始祖起源于山东，系曹安、曹振铎、曹参、曹彬嗣孙，统称谯国郡。历史上著名的曹姓人物故事有：春秋时期曹刿论战，西汉曹参当宰相，东汉曹葆扶真主，后汉曹操拜丞相、曹丕登位魏文帝、曹子建七步成诗，三国名将曹仁、曹洪、曹爽，画家曹不兴、曹仲达、曹霸，天文学家曹土蔿，炎宋元帅曹彬，清代大文学家曹雪芹等；现当代曹姓名人主要有：解放军中将曹里怀，翻译家曹靖，生物学家曹天钦，香港实业家曹文锦，葡萄牙纺织巨头曹其锋，人行行长曹菊如，中央军委副主席曹刚川，全国人大常委会副委员长曹志、曹建明，福建省人大常委会副主任曹德淦，福建省十大企业家之一曹德旺等。

入闽一世祖为远生公。曹远生为进士出身，曾任上杭县尹、惠安县尹，后升任汀州牧。入连城宣和始祖为五世祖伯三郎公，伯三郎生约1341年至1360年间，由汀州府金华坊曹家巷迁入，生有四子，其中千一郎、千四郎留在宣和传嗣，千二郎、千三郎外迁广东、浙江等地。宣和曹坊现存伯三郎公祠敦睦堂、千四郎公祠燕翼堂。千一郎未立祠，到其十世孙立有永宗公祠、子英公祠（崇报堂），十一世孙昇公祠等。其祠造型都很精致，设施很完善，供各分支后裔长年拜祭。千一郎、千四郎发至第七世，尤其到第十二世后，兄弟众多，分支较大，众多兄弟迁往长汀元坑、古城、上杭通贤、沙县、江西、广东、浙江等地。

曹氏家训有多种版本，各分支不同。连城曹姓家训为“十要”与“十禁”，十要：要热爱祖国，要诚信做人，要奉献社会，要友善和睦，要维护公德，要帮困济贫，要勤俭节约，要从政廉明，要敬老爱幼，要科学育人。十禁：禁结黑拉帮，禁混迹赌场，禁吸毒贩毒，禁卖淫嫖娼，禁偷窃诈骗，禁欺弱逞强，禁酗酒闹事，禁浪费铺张，禁用权谋私，禁抗法违章。

“十要”与“十禁”大体上在为人为事为官，对国家对社会对他人方面提出倡导与禁忌，对连城曹氏家族起到良好的“扬善惩恶，表彰风化”作用，成就了曹家千年富贵的成功。据族谱记载，曹氏家训给曹家带来三个方面的突出表现：一是益于教育，凡经商世家规矩：读书可以，但不可参加科举，而要借以培养儿孙经商的本领；二是精于经营，曹家的生意兴隆，多益于诚实守信和多样化经营；三是善于管理，凡是新用的掌柜以及刚入号的伙计，都必须经过三年考察试用，要勤劳、能干，具有经商头脑，留下来的给银子薪酬，不满意的白干三年走人。最典型的是商号内大小人员一概不许吸大烟、打牌、嫖妓，如有违者，轻者扣除劳金，重者开除。

温氏源流考

◎ 温金旺

温氏源自周朝时的晋国公族，发源于山西太原，有两支。连城温氏系东晋名臣温峤之后裔，郡称太原。

一、入莲开基

唐朝末年，温氏先祖伯十郎公为避黄巢之乱向南播迁到江西，后迁移宁化，再移居闽西山区。先奔移长汀河源温坊（今为连城朋口文坊），而后移居龙岩万安竹贯村开基兴业。伯十郎公后裔七世祖三哥公移迁陈家村梨树坑开基（原属龙岩万安所辖，于1960年划归连城县管辖），为赖源温氏始祖，至今已传26世400余年。温氏开基于竹贯另有一祠，先祖伯三十郎公，其后裔五世祖贵通公、妣谢成秀移居正溪岭尾（为连城赖源乡辖区），后贵通公偕长子叶长公移迁陈家村开基兴业，妣谢成秀偕次子宗茂公迁居上杭南洋障背村，八世祖祖贵公移迁新泉镇林国村，至今已有300余年。后裔七世祖三哥公（与移迁陈家村开基祖同名）移迁朋口井屋，至今已传24世400余年。现温氏在莲主要分布于陈家村、林国村、井屋村3个自然村，人口有近2000人。

二、人物

先祖伯十郎公后裔十九世祖温兆凤（又名温文元），幼年家境贫穷，受人欺辱，为不负贫穷受辱，立志成才而外出沿海谋生创业，因其为人忠厚、智勇双全而被招入军营，在海防中英勇杀敌、累立战功，捷报频传，连升三级，钦赐花翎诰授武功将军，特授澎湖协镇都督。

三、温氏家训

孝父母以报劬劳，和兄弟以敦一本。

敬尊长以明礼让，亲九族以昭雍睦。

及时祭以隆孝道，常醮扫以杜侵占。

勤耕读以务本业，禁淫慝以修帷薄。

息忿争以全身命，崇节俭以免饥寒。

肃子弟以振家风，训妻子以兴家道。

温氏家训中还记载着一个故事。温氏先祖曾经向朱氏借二十两的银子，用于做米生意以养家糊口，一年后偶然得知朱氏病危，旁人料及不用还这笔借款了，可先祖连夜赶回，不先回家而径直到朱家，当面还本付息。朱氏感慨道：如此仁义之士，你子子孙孙必然贤惠、发达。之后朱氏便断气了。先祖泣涕回家，家人说他愚蠢，先祖回应：我不先回家就是怕被你们迷惑。好家风永传后世。

明规严训　江左风流

——连城谢姓祖训家规

◎ 谢仁冬

谢氏源于姜姓。2600多年前，东周姜申伯因功得周宣王赠封地（今河南南阳市），取名申国，建都谢城。前668年楚国灭掉申国，申伯为免家族被灭绝，令子孙别姜姓谢，从此以邑为氏。

随着世代的延绵，谢氏家族后来繁衍壮大，人口从中原逐渐分支发展到全国各地。连城谢氏一脉望出陈留，东晋时上祖徙迁会稽，唐代入闽始居建宁，南宋分派肇基连城。据统计，目前居连城谢氏人有一万余口，后又从连城外迁而繁衍的达六十余万。

谢姓诞生于国破家亡的历史背景下，为避难而改其姓，身有有国才有家的切身体会，因而与生俱来的家国情怀深深地烙在谢氏人心中，通过族规祖训薪火相传于一代又一代，同时也孕育出谢氏一门一批又一批修身、齐家、治国、平天下之英才，彪炳青史。

南宋末年著名爱国诗人谢枋得，担任六部侍郎。德祐元年（1275），元将伯颜率元兵大举攻宋。在国家存亡关头，谢枋得挺身组织抗战，由于南宋最高统治集团畏战，终战而败，谢枋得不幸被元军所俘。因谢枋得的文名和威望，宋亡之后元朝曾先后五次派人来诱降，许诺委以高官，但都被他严词拒绝，并写《却聘书》，拒绝出仕，绝食而死。《崇真院绝粒》诗明其志，传颂至今。得公疾恶如仇，他爱国爱民，用生命和行动谱写了一曲壮丽的爱国诗篇，也为族人树立了榜样。

东晋著名的政治家、军事家谢安，字安石，号东山。一天夫人问谢安："怎么从来没见过您教导儿子呢？"谢安回答说："我平常是用自身的言行教导儿子的。”谢安一生高风亮节，曾一度辞官隐居会稽郡东山，与王羲之、许询、支道林等名士交游，吟诗作文，还在当地自建起“东山草堂”书院，教育谢家子弟。是时朝廷招贤纳才，在民众“安石不肯出，将如苍生何”的呼声中，谢公终又入朝任了宰相。他以卓越的政治、军事才能辅佐朝政，建立了丰功伟绩。成语“东山再起”指的就是安公这段人生经历。谢安及其后继者于江左五朝权倾朝野、文采风流、功业显著，与六朝望族琅琊王氏成为显赫的世家大族，为后人所嫉羡，故有“王谢”之合称。刘禹锡的《乌衣巷》中写下“朱雀桥边野草花，乌衣巷口夕阳斜。旧时王谢堂前燕，飞入寻常百姓家”的美妙诗句。乌衣巷地处金陵南门朱雀桥附近，为东晋王导、谢安等世家巨族聚居之处。

安公子孙人丁兴旺，分支别派。其中一支入福建后再分派迁居连城，至明万历连城谢姓人口星火燎原，已具有家族规模。虽时过境迁，谢氏家族诗书继世、忠厚传家，千百年所积淀的尊师重教、注重教化育人、坚贞爱国的家风，以及严明之祖训家规，永远铭勒族谱家乘，世代传承。科举年代，为培育日益壮大的本族子孙，以求家族兴旺，族人于万历年间选址冠豸山幽静之处建成“东山草堂”书院。其书院名出自我晋祖安公，寓意继承先祖遗志、激励后学。清乾隆年间连城谢大錞一篇《劝学论》（见于后），吟曰：“读书好，读书好，读得书多无价宝。迢迢之夜莫辞劳，咿唔之声直到晓。勤用功，趁年少，书传熟寻思，经旨细论讨。圣贤心学要推明，古今事业精研考。莫厌经旨烦，只恐工夫少。一理心间融万卷，胸中饱。信口吐珠玑，词源三峡倒。满纸生云烟，笔阵千军扫。读书好，人不晓，名标虎榜中，祖宗增荣耀，身到凤凰池，恩荣直到老。近天颜，瞻日表，燮理古公孤，寅亮属师保。朝中尽是读书人，世间莫谓读书少，堪叹纷纷游冶郎，端然不识读书好。”此论道出人间真谛，激励了族人纷纷送子读书，心存“不求金玉重重贵，但愿子孙个个贤”之念。

清嘉庆二年（1797），为解决谢家学子进府应试歇息落脚的问题，族众千方百计集资在汀州府郡之地构建谢家宗祠，为自家举子提供遮风挡雨之所，使其安心参试。族谱《汀郡宗祠记》曰：“宗祠其旁舍，则族中应试者咸托处焉。以妥先灵，以培后学，诚两得之道也。”

为培养下一代，族人可谓费尽心思。东山草堂春草池边昔日对联曰：“栽两三枝栖凰竹；养四五条化龙鱼。”意思是：栽竹引来凤凰栖憩，养鱼寄望跳跃龙门，把教学相长、培养人才比喻得贴切生动，也寓意一代人的辛劳与对子孙学成的期望。

嘉庆戊午（1798）秋，谢凝道北上京城任职，带上新编连城谢氏族谱向纪晓岚大学士索求序文。是时，东山草堂正修建竣工，一并求匾。纪晓岚慕我族家风肃然，以德立业，才俊辈出，慨然应允，为连城谢氏族谱撰写序文：“吾见宦绩可纪，著述可传，隐德潜行，可模可范，且迈前贤而跨晋代矣。”并欣然为东山草堂题匾——追步东山，以表对谢安子孙诗书继世良好家风的敬重。

道光甲申（1824）四月，民族英雄林则徐受同窗谢邦基之约，到连城应席邦基父亲谢凝道六旬寿诞，其间一同游览冠豸山。林公闻东山草堂内谢家学子朗朗的读书声，叹曰“不愧为乌衣之族”，于是兴致题曰：“江左风流。”斯匾于豸山书院悬挂近200年，与世沉浮，历经坎坷而与日增辉。20世纪90年代荣膺“中华名匾”。

族谱记载谢凝道清嘉庆丙辰（1796）考中进士，简授广西梧州府知府，在任写下《训俗迩言》（见于后）。言曰：孝弟、廉耻、勤俭、容忍，皆生人之急务也。文中警曰：“盖童蒙之时，天性未漓，惟望为父兄者，日取古人嘉言懿行，如孝弟廉耻、勤俭容忍诸类，朝夕与之讲贯，则先入之言为主，童而习焉，其心安焉，遂不至走错路矣。”谢凝道虽官居知府，却时刻挂记蒙童天性未漓时的早期教育，其《治心记》（见于后）曰：“心不治，则外物交乘，得诱我心而他往，天理之真机悉泯，而众体皆虚矣。此有志修身者，必使此心湛然精明，洞然沉静，勿以善小而不为，勿以恶小而遂蹈，务要日日知非，时时改过，一仿先贤所行。”此文如同明灯照亮子孙人生的行程，醍醐灌顶而发人深省。

百学须先立志，是我族育人之本。《东山草堂规条》与《府祠（汀郡祠堂）规条》（见于后）学纪严明，训罚有度，加以族规祖训，戒律于每位学子。族规祖训遗言，家中族谱班班可考。谱中的族规十则、家规八则、旧时丧制，以及后人续增的家规条例，无不浸润着孝、悌、忠、信、礼、义、廉、耻之道学与儒家精髓。千百年来，我族依附生生不息的中华文化，继承先祖优良的品质，坚持刚毅诚信、博厚悠远、仁爱通和的教化理念，一代又一代浪淘于世俗而成为连城望族。

家风是一种古老的传统，而家规则是严格的祖训。家是最小国，国是千万家。为传承发扬我祖千年的爱家爱国好学上进之家风，做一个遵祖训守法纪的好子孙好公民，为营造幸福美好的家庭，建设繁荣富强的祖国而努力！

附：谢氏规训节选

劝学论

我族自二世祖佐公以宏词学士始，十三郎公则由贡元除授中书舍人，十六郎由进士任上杭县丞，添佑公由贡元任仓使，德元公由进士任县尉。五代明经，宦达相承宋元之间，何甚盛也。及前明，则犹有文焕、文敏二公忠公皆以文学宦达显夫前世，金紫蝉联，为我族光者非皆以学来乎？今本朝文运日新，宜有博学之儒、能文之士应运而起者。然宦达无闻，科名未睹，即一衿之士亦且寥寥，岂我族子弟止可负耒不可横经。孟子云：“中也养不中，才也养不才，故人乐有贤父兄也。”我看族中子弟如芝兰玉树者不一，但芝兰玉树虽佳，而灌溉不施，又安望兰之茂树之芳耶？故有佳子弟而无培养，不惟宦第之荣无望，且耳不闻先哲之训，目不睹圣贤之书，一丁不识人也而物耳，以故孝弟之经不讲，而天伦不明，孝友不悉，仪节之文未究，而手足无措，进退惊惶，抑且气不养，非浮动轻佻则野俗无文。凡揖让周旋往往见笑于大方家者，此皆未经明师造就而泽以诗书也。苟凡衣食稍足之家，克延名师教诲子弟，博览圣经贤传，讲明孝弟忠信，使娴于礼仪通乎六艺，纵未能取青紫夺高魁，上接前代之光，亦庶存我族衣冠文物之旧况。有贤父兄作养于前，必有贤子弟克光于后，为事所必至理所固然者乎。昔前明学士解缙作读书吟，以劝学曲尽读书之乐，读书之荣，并录之以为我族劝吟曰：读书好，读书好，读得书多无价宝。迢迢之夜莫辞劳，咿唔之声直到晓。勤用功，趁年少，书传熟寻思，经旨细论讨。圣贤心学要推明，古今事业精研考。莫厌经旨烦，只恐工夫少。一理心间融万卷，胸中饱。信口吐珠玑，词源三峡倒。满纸生云烟，笔阵千军扫。读书好，人不晓，名标虎榜中，祖宗增荣耀，身到凤凰池，恩荣直到老。近天颜，瞻日表，燮理古公孤，寅亮属师保。朝中尽是读书人，世间莫谓读书少，堪叹纷纷游冶郎，端然不识读书好。

东山草堂规条

一、草堂之建，上以妥先灵，下以培后学。凡我子姓，在此肄业，或在本山别处肄业者，皆宜互相切磋，益加勉励，克绍东山伟望，力求豸巇争光，毋得佚游宴乐，有荒学业，甚至憎嫌忌刻，彼此欺凌。违者议罚。

二、有本裔在草堂焚香，不许酗酒吵闹，致起事端。违者议罚。

三、草堂首禁引诱男妇淫邪，开场聚赌。凡耍牌执骰，鸦片戏旦，一切不正之务，概宜屏绝。违者重罚，并将承守人辞出。

四、厅堂及各间桌、凳、床板等项，不许搬移别处。违者议罚。

五、承守草堂者，理宜洁净，务要谨门户，勤洒扫，香灯不可间断。如有怠惰，以及污秽等情，立即逐出，另换别人看守。凡我族属，亦宜以体恤为心，不得刻薄相待。违者议罚。

六、每年八月十九登高日期，诚恐男女混杂，致生污秽之事，承守之人，当愈加谨慎，亦不许将草堂家伙移借出外，以致损坏失落。违者将承守之人议罚。

七、族内有不务正业之人，不许借口本宗，假冒读书之名，搬入住宿。诚恐无所不至，败坏族规，且善引诱子弟，致起事端，务宜禁绝。倘有徇情宽纵，将承守人议罚。

以上规条经众公议平允，非同具文。凡我族姓，宜互相警戒，久远遵行，毋致懈弛，祈各勉旃。

府祠（汀郡祠堂）规条

一、建置（汀）郡祠，上以妥先灵，下以庇后学。今既阖族同居祠内，各宜互相切磋，益笃亲亲之爱，毋得憎嫌忌刻，后此欺凌，致乖族谊。违者重罚。

二、祠内首禁引诱淫邪、开场聚赌，凡耍牌掷骰、鸦片戏旦，一切不正之务，概宜远绝。违者逐出，不许入祠，乃加重罚。

三、祠内房间，各编字号。每号应住几人。凡遇考期，在邑祠掣签，各照签号居住，不许移易。每号所用物件，即在本房计单存贮，如有损失，照数填补。如违议罚。

四、厅堂及各间椅桌，俱编列字号，不可搬移多占。违者议罚。

五、祠内众用家伙，设立一间存贮。到者向众点数领用。用后即如数点过，交众封锁。倘有失落，照件赔补。其间内桌椅床板等项，亦宜经众点楚，常以为例。如违议罚。

六、房间俱用众锁。先回者，将钥匙交后回者收领。后回者，须逐一检点物件，谨锁间房，并将大门锁数把，用各房封皮谨封完固，其各匙一并带回，交众收贮。违者议罚。

七、祠内前后门户，早晚启闭，务宜谨慎。夜间不许出外闲游，更炮响后，值日之人即行封锁。不得私开。违者议罚。

八、族内本裔，不论文武，均应一体入祠居住。但不许在祠内教习武技，及放骡马。恐毁伤祠宇，亦免污秽。各宜自谅。如违议罚。

九、族内有闲游无执业之人，不许借口本宗入祠居住。诚恐无所不至，有玷祖宗，且善引诱子弟，致起事端。务宜禁绝。违者逐出，仍以家法重处。

十、祖祠原以便一脉子孙考试，不许亲友搭住。各宜凛遵，毋得徇情面。违者将私许之人议罚。

十一、祠内不许借作公馆，及外人寄住，构讼家眷往来。违者将许借之人重罚。

十二、本裔中有在郡贸易及往来经过者，如非试期，俱许入祠暂宿。惟大门既已封锁，须从后门出入。将楼下间门匙交守祠人收执，以便随到随住，亦免将各封锁房间擅开，但须有铺盖行李，方许入祠。无者恐有混冒，不得滥收。如被察觉，将来人并守祠人重罚。

十三、守祠者不得搬住家眷，务宜谨门户，勤洒扫，常时不可间断香灯。如有怠惰污秽，辞出另换别人看守。我等考试生童，亦宜以体恤为心，不得刻薄相待。违者议罚。

十四、祠内各宜谨防火烛，楼上尤加仔细，不许安置炉灶。违者议罚。

十五、每逢考试，就现在赴考，或父兄送试中，公举正直者两人监督，照所载规条严行约束稽查。倘有不遵者，监督人认真议罚议处，庶几惩一儆百。或有隐徇轻纵，即将监督人加倍重罚。

十六、文武初科，与考人备新客酒席钱一千二百文，不然将卷资坐出。违者议罚。

以上规条，经众公议平允，非同具文，凡我族姓，宜互相警戒，久远遵行，勿致渐生懈弛。果能遵照无违，必叨祖灵默佑。将来科甲蝉联，大兴吾族，实我祖之光，亦购祠者之兴也。勉之望之。

训俗迩言

一曰孝弟

孝弟者，生人之大本也。朱子读孝经，题其上曰：不如此便不成人。徐子来曰：孝弟乃人之根本，礼经种种仪节，皆从天性中流出。故孝父母以诚顺为本；友兄弟以和敬为本。于铁樵曰：人子全要仰体父母望子之心，人间名利虽非可以必得，然为士者，则当刻苦埋头；务农者，则当努力胼胝；贸易者，则当尽心经营，使父母意中常有可以想望处，亦是人子养志之一法。为人子而使父母无可想望处，则父母之心更痛矣。盖孝弟本无二理，兄弟之生虽有先后，其初原是一身。薄待兄弟，即是薄待父母。继庶兄弟，其原总是一人。薄待继庶兄弟，既是薄待其父。堂从兄弟虽有亲疏，其始初无二派。薄待堂从兄弟，即是薄待祖宗。故释法昭诗曰：“同气连枝各自荣，些须言语莫伤情。一回相见一回老，能得几时为弟兄？”又诗曰：“兄弟同居忍便安，莫因毫末起争端。眼前生子又兄弟，留与儿孙作样看。”大凡家庭之内，和气可以致祥。而取和之道，一曰容，二曰忍，三曰见如不见，闻如不闻，则小忿小利自不足以动之矣。

二曰廉耻

廉耻者，生人之大节也。冯道传曰：礼、义、廉、耻，国之四维，而耻尤为要。昔端木氏问士子曰：行己有耻。孟子曰：耻之于人大矣。又曰：人不可以无耻。大抵人之不廉，而至于悖礼犯义，其原皆生于无耻。魏叔子曰：人极重一耻字。即盗贼倡优若有些耻意，便可教化。耻字是学人喉关。圣人教人与小人转为君子，皆从耻上导引激发过来。人一无耻，便如病者闭喉，虽有神丹不可救药矣。然羞恶之心人皆有之。杨椒山曰：心为人一身之主，如树之根，如果之蒂，最不可先坏了心。吕新吾曰：少年只要想我现在干得甚么事，到头成得个甚么人，这便多少恨心，多少愧汗，如何放得自家过。盖人惟知耻，先立起志气来，不甘暴弃，毕竟能成个器物。如陈太邱之化梁上君子，玉彦方之感道旁守剑者，何莫非激发其耻心，有以转移之也。

三曰勤俭

勤俭者人生之大计也。朱柏庐曰：勤与俭治生之要道也。不勤则寡入，不俭则妄费。寡入妄费则财匮。财匮则苟取。愚者为寡廉鲜耻之事，点者入行险侥幸之途，生平行谊于此而丧；祖宗家声于此而坠，生理绝矣。勤之为道：

第一要深思远计。凡事必须预先经理，若待临时仓忙失措，鲜不耗费。

第二要晏眠早起，侵晨而起，夜分而卧，则一日而复得半日之功。

第三要耐烦吃苦，一处不周密，一处便有损失耗坏。事须亲身为者，必亲身为之。须一日为者，必一日为之。

俭之为道：

第一要平心忍气。一朝之忿，不自度量，与人口角争斗，构讼经官，事过之后，不惟破家，或且辱身。

第二要量力举事。土木之功，婚嫁之事，宾客酒席之费，切不可好高求胜，一时兴会，所费不支，后来补苴，或行称贷，偿则无力，逋则丧德。

第三要节衣缩食。素布可以暖躯，何必罗绮？藜藿堪以自奉，何必肥甘？许鲁斋曰：人须各务一职业，农工商贾，皆可以养家。若游手好闲，不务恒业，必致入于匪类，以陷刑辟。又曰：治生先除去债根，尤不可拖欠官钱。又曰：贫富俱少不得勤俭二字。勤非孜孜为利，惟在竭力经营。俭非鄙吝不堪，只是量入为出。故勤能补拙，俭以养廉。实为居家居官要法。为治生计者，尚其务诸。

四曰容忍

容忍者生人之大度也。书曰：必有忍乃有济，有容德乃大。张公艺九世同居，得力在一忍字。黄博士曰："顾豫斋致政归，呼其子问之曰：汝曾学吃亏否？林退斋临终训子弟曰：汝等只要学吃亏。观此容忍二字，是居家处世第一要法也。"吕新吾曰：容忍二字是祸福关。又曰：两人相非，不破家亡身不止。只回头认自家一句错，便是无边受用。两人自是不反面，稽唇不止只温语，称人一句是，便是无限宽舒。令人以一朝之忿激而成讼，纠葛株连以致倾家荡产，亡身及亲，追悔无及，皆因不能容忍之咎耳。试看古来英雄豪杰，如留侯之蹑足销变，张耳之俯首受笞，何等涵养！何等见识！大凡不如意事，及横逆之来，皆是困心横虑，自反内省之地。盖容忍者，不但可以避祸，实获福之根源也。

此上数条，皆生人之急务也。然父兄之教不先，子弟之率不谨，故教子弟其最要焉。朱子云：广积不如教子。盖父兄督教子弟，惟在慎择所与，日延端方博闻者与之游处。又曰：教子弟如养闺女，最要严出入，谨交游。一接近匪人，是清净田中下一不净种子，便终身难植嘉禾矣。马伏波诫兄子书曰：吾欲汝曹，闻人过失，如闻父母之名。耳可得闻，口不可得言也。龙伯高敦厚周慎，效伯高不得，犹不失为谨敕之士。所谓刻鹄不成，尚类鹜者也。杜季良豪侠好义。效季良不得，将流为天下轻薄子。所谓画虎不成反类犬者也。盖童蒙之时，天性未漓，惟望为父兄者，日取古人嘉言懿行，如孝弟廉耻、勤俭容忍诸类，朝夕与之讲贯，则先入之言为主，童而习焉，其心安焉，遂不至走错路矣。

治心记

人之一身，五官百骸皆备，而主之者心。心不治，则外物交乘，得诱我心而他往，天理之真机悉泯，而众体皆虚矣。此有志修身者，必使此心湛然精明，洞然沉静，勿以善小而不为，勿以恶小而遂蹈，务要日日知非，时时改过，一仿先贤所行。如感应篇功过格身体而力持之。感应篇善恶两报，劝戒周详，与危微之旨并传，克复之功共著，广周易积善之训，寓鲁史诛心之义，裨益人心无穷，有功世道不浅。自古先哲，大抵皆遵此理真，西山先生尝序言之也。受持此篇，须心中默念，字字反入身来，有无此事。日日警省，自能有得功过格，乃自己省察克治要法。条理分明，举笔时有无毋敢自欺，验格时虚实期于自慊，将所言所行之事，逐目登记，须严自苛责，微过必录，不敢详功恕过，善则用圈，恶则直涂，恶则改之，善则益勉。感应篇功过格二者皆所以治心。英佩服古训，而时加提醒，有一毫不当者，猛力屏除。从此一言一动，一思一虑，皆如鬼神在旁，不敢欺肆。及一切有济于人，有利于物，力量能行者，耐心去行。从此终日乾乾，战兢惕厉，使善念真纯，善力精进可也。

裕后篇

自有正气在人间

——项南的清正廉洁及其成因

◎ 江初祥

一

项南（1918—1997）是福建省连城县朋口镇文地村人。他出身于革命家庭，少年时就参加革命活动，经历过抗日战争和解放战争的艰苦卓绝的斗争，历任安徽大学、共青团中央、八机部、一机部、农机部的领导职务，历任中共福建省委常务书记、第一书记兼福建省军区第一政委，福建省第五届人大常委会主任，原中共中央顾问委员会委员。项南是中国共产党优秀党员，是改革开放的先锋、清正廉洁的楷模、人民公仆的典范。

项南逝世后，人们为了纪念他的丰功伟绩，弘扬他崇高的精神，在连城冠豸山麓建立"清气亭"，亭前有一纪念项南的诗碑，是赵朴初先生撰书的，清气亭的石柱上镌刻着"天地有正气，江山不夕阳"的诗句，这是项南崇高精神的写照，同时又与冠豸山精神相一致。

"豸"，又称"獬豸"，是古代传说中的一种"神兽"。能辨别曲直，见人争斗，即以角触不直者。因此，古代的法官依其形以为帽，象征着"正直与清廉"。冠豸山因形似獬豸而得名，则"正直与清廉"正是冠豸山精神之所在。在冠豸山麓建清气亭，以弘扬项南的崇高精神，天人合一，相得益彰，再合适不过了。

二

项南是清正廉洁的楷模。

古今中外的官员，凡清正廉洁者无一不是质朴而节俭的。项南给人们的印象是一介布衣，质朴无华，他的生活是极为节俭的。他一身布衣，一双布鞋，穿戴同普通人没有什么两样。他穿着一双布鞋登游冠豸，鞋帮脱了，开了口子，他用一根草绳系了系，继续登山行走。身为党的高级干部，其住所是十分简陋的，是一幢两层楼房的一个单元，桌椅、茶几都是公租房原先配置的，上面钉着“国家事务管理处编号××”的陈旧的牌子，墙上挂的是普通的塑料彩印风景挂历。曾有不少友人到过他家，诚恳地提出要给他装修住房，都被他婉拒了。他一不抽烟，二不喝酒，常用自己的工资接济贫困的亲友，而自家的生活过得并不宽裕，喝大碗茶，泡方便面，吃烤地瓜也是常有的事。有谁会相信，一位高级干部的卫生间所用的卫生纸竟然是市面上最为低劣的马粪纸呢，然而这却是记者到他家采访时亲眼所见。他家乡的亲人到福州为村里办事，来到他家里，他让秘书安排在公共食堂吃饭，住宿标准不得超过每天3.5元，借一辆自行车作为联络办事用。他任福建省委书记6年，离任时既没有巨额的存款，也没有豪华的家具，更没有值钱的文物古董，所带的仅仅是几个纸箱的书和几个编织袋装的普普通通的日常用品。

古今中外清正廉洁的官员都是为国为民而克己奉公的，他们轻物质，重精神，不贪不占，严格自律，决不以权谋私。项南不论何时何地任何领导职务都能严格自律，为党为民，只管付出，不求索取。他在福建任职期间，经常下乡下厂，到地方调查研究，其足迹遍及八闽大地。他与各县市地方的党委和政府“约法三章”：一不准到边界地迎接，二不准摆设宴席，三不准送任何礼品。他每到一地，必让随从人员按规定的标准交上伙食费，不得超过标准，随意加菜。1983年4月，项南回到家乡朋口公社，公社领导请他吃中饭，难却家乡父老的深情厚谊，他同意了，但一再叮嘱：只准吃素，不准吃荤。于是，席面上只见粉干、地瓜、白菜、豆腐和春笋炒酸菜，这是当时一般农家的标准饭菜。1984年10月，有位朋口公社的领导到福州开会，遵照县委书记的吩咐，带上几斤连城本地生产的柑橘送给项书记品尝。当这位公社的领导送柑橘上门时，项书记不高兴地说：既然是品尝只需一两个就是了，何必带这么多。一再推辞，最后按价付款，才收下了柑橘。即使是他亲朋好友的礼品，他也不收，一点也不例外。他常常告诫家乡的干部一定要树立艰苦奋斗、廉洁奉公的好作风。他说：“一方面我们是贫困县、贫困乡，另一方面我们却在大吃大喝，怎么向老百姓交代？干部一定要艰苦奋斗，一块钱、一毛钱都来之不易，务必要注意节省。”又说：“干部没有一个好的作风，朋口就没有希望。朋口要能很快改变面貌，不是靠我来给你们批点钱，而是靠我们有一个正确的路线，靠我们有一个好的作风，靠我们能够密切地联系群众。”

领导干部都有人民所赋予的一定的权力，有的人利用这份权力，假公济私，给自己的子女享受特权，为自己的子女安排好的工作，而有的人则一心为公，从不搞特权。项南属于后一种，他经常教育自己的子女，一定要好好学习，自我奋斗，为人民多做好事。他决不允许子女享受特权，更不允许子女利用父亲的职权谋取私利。1983年，长子小红跟随他与某一考察团到厦门，小红的吃、住、行都花自己的钱，没有花公家一分钱。他的女儿小米到福州度产假，他因工作忙，委托秘书到火车站接，却坚决不让办公厅派用公车。小米的行李是秘书用自行车驮回，小米自己则带着刚满月的孩子乘坐公交车。像这种事例，举不胜举。在福建任职期间，没有经他同意，他的子女是不让到福建来的。对子女的人生道路，他没有特意为之安排，更没有利用其职权和影响为子女的前途铺路。他的六个子女在经济领域或文化领域各有其事业与成就，却没有一位是从政的。

古代儒者说：修身齐家治国平天下。修身与齐家是治国平天下的先决条件。为官者的清正廉洁取决于个人的内在修养，取决于他的人生的价值取向，其本质是无私奉献。唯其无私，才能做到清正廉洁。有篇纪念项南的文章结尾用了一副对子赞颂他清正廉洁的崇高品质。其文曰：“功高无私，为官一世，两袖清风；德高望重，为人楷模，流芳千古。”这说明了清廉的前提是“无私”。

三

项南清正廉洁的崇高品质是如何形成的呢？这是根植于他从小受过的儒家的优良的传统教育，根植于他贫困的家庭出身和艰苦的经历。

项南出生于朋口镇文地村一户贫困的家庭里，在这里，他读过私塾，读过列宁小学，他接受过儒家传统思想的教育。儒家的社会观是以民为本，其为官之道是“达则兼济天下，穷则独善其身”。项南的老师项际申就曾给项南以这种思想教育，给他讲过老祖宗项一斋和项德辉的故事。项一斋原是江苏省泰兴县令，他始终追随文天祥，自浙江至福州，自福州至南平，自南平至汀州，路过朋口，危难之际托孤于此，项氏便是项一斋的后裔。而项德辉是明代宣德年间人，他曾在江西龙南为县令，因会昌、兴国滩高水险，漕粮运输屡有损失，他为民请命，得以解困，是一位清正廉洁的好官。当地的人建祠祀奉他，纪念他。项一斋和项德辉的故事在项南幼小的心灵中埋下了为官清廉的种子。有副对联写得好，“清白世传，作吏还从冰上立；廉明性秉，识人都在镜中行”，道出了项氏以清正廉洁传世的家风。有一次，项南回到老家，大队长闲谈中问他：“你当省委书记，怎么就不给家乡一点特殊照顾呢？”项南笑着回答：“我们的祖宗不都是清白的吗？”这句话真是意味深长。怪不得在福建任职期间，项南从未给家乡批过一块钱，他留给家乡人民的是一个清正廉洁的优良作风。

儒家的“民本思想”和为官之道，是清正廉洁的思想基础，是形成清正廉洁高风亮节的必要条件。项南自幼接受这一传统思想的熏陶，他的清正廉洁正是从这一思想衍生出来的。

项南清正廉洁的品质还根植于他贫困的家庭出身和艰苦的经历。

项南出生于一个贫困的家庭，也是一个革命的家庭。他的父亲项与年（原名项廷椿），因家庭的贫困，从小过继给堂叔公，母亲王树玉是朴实的农妇。项南出生不久，父亲就跟随兄弟到浙江嘉兴去谋生。1925年，父亲在海宁石峡小学参加中国共产党，走上了革命的道路。不久，三叔也从嘉兴回到家乡参加工农红军，在战斗中牺牲，成了革命烈士。自从父亲外出谋生之后，母亲靠着为人佣工，拉扯项南长大。1929年，家乡建立起苏维埃政府，办起了列宁小学，项南进入了这所小学，当上了少年先锋队队长。1930年，项南母子在亲友的帮助下，来到上海父亲的身边。此时，父亲在上海从事党的地下工作，而项南则到上海职教社主办的职业学校半工半读，在职业学校，项南又接受了革命的思想教育。1937年7月，抗日战争全面爆发，项南离开上海到了福建，先后在长乐、顺昌、闽清从事抗日的宣传活动。1938年加入中国共产党，其间险遭国民政府的拘捕。1939年，项南离开福建，几经周折，历尽艰辛，于1941年6月来到苏北盐城新四军军部，由中共华中局安排工作。从此，在党的领导下，历经抗日战争和解放战争的艰苦卓绝的斗争，经受了血与火的洗礼。

项南的父亲，长期在上海特科工作，出生入死，曾经把最机密、最重要的国民党“围剿”中央苏区的“铁桶计划”的情报送往瑞金党中央。为此，他不惜敲掉了门牙，化装成乞丐，穿越重重封锁线把情报及时送到瑞金。

存在决定意识，项南这样的出身和经历决定了他具有革命的思想和高尚的品质。

一、他了解劳动人民，同情劳动人民的苦难，坚定地树立了为民族的独立，为人民的解放而奋斗的决心。

二、他长期在艰苦的环境中奋斗，养成了吃苦耐劳的生活习惯。

三、在革命的熔炉中，长期接受党的教育，履行革命实践活动，他的理论水平、文化水平、知识水平不断地提高。

革命的坚定信念和吃苦耐劳的生活品质是为官清正廉洁的必备素质，只有具备了这些素质，才能够抵御一切金钱与物质的利诱，才不至于走上贪腐的道路。

四

自古以来，凡是为人民做了好事的清官循吏，人民都会永远纪念他。

翻开连城的历史，在明朝万历年间，有一位清正廉洁的好官，叫牛大纬，是广东琼山人，乡魁。他到连城任知县，五年之间三次饥荒，他以民为本，为民请命，减免赋税，开仓赈灾，救活万人。他日夜操劳，兴利除弊，自捐俸金，倡建文塔，铺路建桥，深得民心。在他离任之日，连城人民流着眼泪为他送行，连绵几十里。后来还建了牛公祠，立了崇德碑，永远祀奉他，纪念他。

项南在福建主政期间，造福于人民的丰功伟绩，表现出来的高风亮节，书不胜书。福建人民永远不会忘记他。他离休后第一次回到晋江，人们在楼上、树上、电线杆上，挂满了一串串的鞭炮，他刚一下车，鞭炮声接连不断，人们流着激动的热泪欢迎他，掌声、欢呼声，此起彼伏，这是何等感人的场景。项南逝世后，人们在他的故乡冠豸山建了清风亭，在文坊村口建了项南纪念馆。

历史是公正的，回报也是公正的，人间自有正气在。项南克己奉公、清正廉洁的浩然正气，将永远留存在人民的心中。

言传身教泽后人

◎ 江　东

江一真（1915—1994），福建省连城县庙前镇人。1929年参加中国工农红军。从军过程中曾任医师、师卫生队队长、总收容队医疗队队长、红军总医院医务主任、红军重伤医院院长、“白求恩学校”校长、晋察冀军区卫生部部长等职。中华人民共和国成立后，曾任福建省委书记、省政协主席、福建省省长，中央农垦部副部长，农业部代部长兼党组书记，卫生部部长，中共河北省委第二书记、省人大常委会主任，中共中央顾问委员会委员等。丰富的处世经历使江一真对人生有更深刻的理解，曾经的从医经历也让他更有客家人的普世情怀，言传身教所产生的良好的家风熏陶使子孙都成才。

江一真从小受到江氏优良家训族规的教育和熏陶，他身上最突出的特点是：一生求真、一心为公。他是一位实事求是、无私无畏、光明磊落的好干部，他是一位经得住考验的共产主义忠诚战士。

1958年“大跃进”，到处放粮食高产“卫星”，使得不少地方也想效仿，得知这一情况，他坚持实事求是，鼓励地方领导亩产是多少就报多少，并为此承担责任。1959年庐山会议后，由于他对“大炼钢铁”“公社化”“大跃进”出现的问题，坚持真理，说了真话，被错定为“江魏反党集团”，受到错误批判和处理。1962年甄别平反后，在任中央农垦部副部长、农业部代部长兼党组书记期间，仍然不改实事求是的作风，坚持以农业为基础，大抓农田基本建设，重视农业教育与农业科学技术的改革与发展，为国家农垦战线的建设和农业、农村的发展，做出不懈的努力。

“文化大革命”中江一真受到残酷迫害，被关押达5年之久，但他始终立场坚定，旗帜鲜明地同林彪、江青反革命集团的倒行逆施进行坚决斗争。1977年，得以平反昭雪。同年11月，任卫生部部长兼党组书记，上任后狠抓各项工作整顿，努力探索医药卫生事业改革的路子。1979年4月，任中共河北省委第二书记、省人大常委会主任，坚持贯彻中共十一届三中全会路线、方针、政策，大胆拨乱反正，平反冤假错案，积极推进农村改革，得到中共中央的充分肯定。

江一真的童年生活非常悲惨，小小年纪父母双亡，寄人篱下，12岁即外出谋生，从军时他师从国际友人白求恩，对学习先进文化、普世救人有更深刻的体会；为人耿直、对穷人具有高度的同情心和侠义心肠，以顽强的毅力和聪慧努力学习成为红军的名医，凭借非凡的外科医术被称为红军中的“一把刀”。江一真的子女们也学其秉性，正直助人、好学上进，如长子江上虹，曾在北京军区66军196师586团特务连当过兵，为人讲义气，肯帮人，救济过不少“文革”落难者；二儿子江上舟，是改革开放后的第一批海归博士，海南建省初期最早的一批闯海人，他也是上海芯片产业的奠基人、国家大飞机项目的启动者之一；女儿江效松，也是唯一继承父业从医的孩子。

江一真小名叫“松树仔”，女儿名为“效松”是有继承父业的寓意的。江效松曾回忆：“虽然父亲受过很多不公，但从未予人不公。父亲的战友、同事，甚至素不相识的人，只要父亲知道他受到不公正的待遇，父亲总是积极地设法为他们解决。”20世纪80年代末，江一真已70多岁，身体状况也不好，却为落实解决闽南白区知识分子地下党员平反问题，多次向中央反映情况，直到中央批准了为闽南白区知识分子地下党员平反落实政策，江一真才松口气。

江效松在性格上秉承了父亲的同情心和侠义心肠。1961年，江一真全家下放在三明，正值三年经济困难时期，粮食供应极为短缺，他家的生活条件也很困难。效松的母亲吴俊伟为了照顾在外地读书的大哥上虹、二哥上舟，将家中的粮票节省了一些，准备寄给他们。而家里经常吃的是粮食代用品，家中多人因缺乏营养体质很差，还患了水肿。当时效松的一位同学，家里兄弟姐妹很多，家境贫寒，看到同学忍饥挨饿，效松悄悄将母亲省吃俭用的粮票“偷”走，送给了那位同学。后来，效松为此还被母亲责打，但父亲却用温和的语气对她说：“我理解你，看见同学家有困难，主动帮助她，这是好的，但你不应该用‘偷’的方式，应该告诉我们，大家一起想办法帮助她。”父亲的一席话，让效松心服口服，永远记在心上。

“父亲的威严是一种动力。”在机关中无论是领导干部还是一般的勤务员，大都反映江家的孩子家教好。江一真对孩子们的学习是紧抓不放、从严要求，一旦孩子们在学习上有进步，他总是给予慈父的神情加以鼓励。耕读传家是客家人的基本传统，但江一真对子女还有更深刻的传承要求。这反映了他为人处世的一贯风格，这是良医与良相结合的品格。在战争年代，他不计生命危险伴随白求恩治病救人。在“大跃进”年代的“浮夸风”“共产风”狂热中，他不怕被批判，敢于担当拯救饥民的责任。由于重视对子女的品德教育，所以后辈忠恳好学，多有博士学位。

特别难得的是，像他这样在“大跃进”“文革”期间深受其害的人，在负责“大跃进”“文革”平反工作过程中，决不用那时的手段对付曾在“大跃进”“文革”加害过他的人；甚至严厉要求子女不得回到曾在“大跃进”“文革”加害过他的人正在受批判的地方，这是为了避嫌，更显出其优秀的为人品质。这种品质是我们最需要弘扬的客家家风，弘扬这种为人品质能减少“大跃进”“文革”之类的危害，能避免再产生类似于这样的事件。习近平总书记曾评价他：“他始终是一位勇于战胜困难的铁汉子，敢于坚持真理的硬骨头，忠心耿耿为人民的好干部。他的高尚品质，是共产党员精神风貌的集中表现。”

1990年底，他做完20多天的闽西山地综合经济开发调查后，发现自己得了肺癌。为教育子女，他亲笔写了《后事先安排》的遗嘱，这也为社会树立了榜样：

恳请领导和亲属支持我的三点后事要求：

一、目前我已被确诊患了肺癌，正配合医生积极治疗，经治未能阻止病情恶化，癌细胞向其他脏器严重转移，确认无法治愈时，应定为是不治之症。在此情况下，建议北京医院坚决地采取最有效的办法，对我实行安乐死，以减少本人的痛苦，减轻亲人的负担，节省国家的开支；为这项进步的社会改革事业的倡导做点实事。

二、按照从简的要求来料理我的后事，不搞告别仪式，不开追悼会，不邀请京外亲友来参与后事等，以移风易俗。

三、请将我的遗体交公，供给医学界的科、教、医选用，以造福人民。

祝愿新中国的社会主义四个现代化建设事业如期实现！

从这遗嘱中还可看出他对国家的贡献，对朋友、对家人、子女的期望，以及他崇高的思想境界和舍己为人的品德。

言传和身教是最好的家风诠释。江一真的身教为子女树立了榜样，而言传则是子女行为的规范。中华民族优秀传统家风会带动优良的世风，无数优良家风汇集成社会巨大的正能量，子孙后代奋发向上，能使中华民族更加繁荣、强盛。

永远不会忘记的教诲

◎ 张 进

张南生同志是我的伯父。他1930年5月参加中国工农红军后，参加了土地革命战争、抗日战争和解放战争，身经百战，屡立战功。中华人民共和国成立后，任华北军区政治部副主任，中国人民志愿军第二十兵团政治委员兼政治部主任，志愿军政治部代主任，北京军区副政治委员、顾问。1955年被授予中将军衔，获二级八一勋章、一级独立自由勋章、一级解放勋章，1988年获一级红星功勋荣誉章。

参加工农红军后，他仅于1957年4月回过连城老家一次。在老家所有亲人中，我是与伯父联系、交往和接触最多的一个。原因是我入伍后又调到北京部队，有段时间又是搞宣传工作，便多了与伯父在一起的机会，耳濡目染、感受万千。回忆伯父对我的言传身教、谆谆教诲，深感他身上传承着浓厚的连城客家人家规家风的痕迹，这也令我永生难忘，这里只是记载其中的几件。

一、“幸存者”的风格

伯父常说自己是个“幸存者”，一生不为名和利。在第一次国内革命战争时期，我家族有6位亲人先后参加革命，他是唯一活下来的。他对子女和亲人要求严格，经常教育我们要爱祖国、爱人民、爱劳动，在子女和亲人入学、入党、工作、提干、调动、晋职晋级等问题上，从不插手干预，总是教育大家要自强自立，一切听从组织安排，不要利用他的权力谋取私利。在他的教育熏陶下，全家人及族亲团结和睦、好学上进，形成了良好的家风。

1974年，我受部队派遣到北京军区战友报社培训。记得有个周末，伯父让秘书打电话给我，让我搭他的车顺便回家。因平时有好几个参谋和干事告诉我，1955年授衔时最吃亏的是我伯父，按他的资历（长征时他是中央保卫团政委，抗日战争、解放战争时期均是师职级别，入朝作战他是二十兵团政委兼政治部主任）除了两个搭档司令以外，接他班的政委授衔时都是上将，按理他也应授上将。在车上闲谈时，我小心翼翼问伯父："听说授衔时你吃了大亏，应该授'上将'才对。"听我这样问，伯父感到十分突然，当时他很生气，把眼睛瞪得很大，严厉地批评我说："怎么能这么说！"让我非常尴尬，不知如何是好。当时他还讲了这么几句话："一、我是'幸存者'，从瑞金长征出发时，一个团2000多人，活着到陕北才剩5个人，如果不是幸存活下来，什么衔也没有。二、我是党的政工干部，姿态风格应该比人家高。共产党员应该见荣誉要让，见困难要上，不要去攀比待遇高低。"伯父教育我的这段话语，一直留在我的脑海里，至今记忆犹新。

正因为他时刻不忘自己是个"幸存者"，所以他从不爱张扬和宣传自己，一生淡泊名利。据我伯母讲，组织上几次要安排他担任主要领导岗位的职务，他都以自己"水平低、身体差"为由，谢绝组织上的关爱。有时，我的同学、战友要我引荐见他，想请他提个墨宝给予勉励之类，他都是以自己不是"英雄""劳模"之词婉言推辞。伯父还特意交代我，搞宣传要多宣传别人，少宣传自己，叫我不要去宣传他，足见他谦虚谨慎的高尚品格。

二、活到老学到老

伯父一生酷爱学习，真正做到活到老学到老。1992年我在驻京办时，经伯母同意，我陪同新泉革命纪念馆的同志到伯父家整理文物，共整理出33箱材料，其中有27箱是马恩列斯和毛主席著作，仅3箱是其他书籍。他到高级干部才能去的内部书店购书，曾3次带我一起去购买书刊，让我想买什么书都可以，要我多读书，扩大知识面。他一有空就读书看报，特别是马克思的《资本论》不知读了多少遍，书上都是圈圈点点，直到80多岁了，还在用放大镜阅读，让我印象十分深刻。我曾问他年纪大了，学来有什么用，并劝他要注意身体。他反而批评我说，不学习，怎么辨别问题、分析问题、处理问题，要我记住学无止境。记得20世纪80年代初，全军掀起学习雷锋热潮，北京部队树立我师一个雷锋式的干部典型，大家都在学习他的事迹。那天，我刚探亲回到北京伯父家，伯父便让警卫员叫我马上参加学习。因为早上刚下火车，澡没洗更别说休息了，我就以这个干部的材料最早是我写出来的为理由，不想去学。伯父知道后，非要叫我详细学习一遍，好好以人家为榜样。这不禁让我回想起20世纪60年代初我到北京串联时，住在他家的情景，他也是用长征过草地的经历启发我，说他如不是在老家学会蛙泳，过草地就被洪水冲走没人了，让我做什么都要学一点、懂一点、会一点，关键时刻才用得上，一辈子都要养成爱学习的习惯，做到常学常新，不断更新自己的知识。

三、始终记住是“农民的儿子”

伯父不忘自己是个农民的儿子。多年来，在与伯父的交谈中，他讲得最多的是“农民的儿子”这个话题，时时告诫我说，我们都是农村出来的，是农民的儿子，不要忘本，要守本分。伯父还说，农民的最大特点就是本本分分、实实在在、勤勤恳恳、任劳任怨，我们不管做什么事都要保持农民的本色。在生活上，他非常节俭，能穿的衣服和还能用的东西，不管再旧他也舍不得扔掉。确实不能再穿或再用了，他总是让我探亲时带回老家用或送给其他人。

伯父爱惜粮食的举动尤其让我永生难忘，我经常见他把掉在桌子上的饭粒捡起来吃，那么大的干部又上了七八十岁的人，还把几粒饭粒捡起来吃，想来真是不可思议。他从小就比较多吃地瓜，在北京也经常会让厨师煮地瓜当饭吃，吃时从不剥皮，整条连皮一起吃。我吃地瓜时总是要撕皮和摘去两头，他看了总是说我很浪费，问我是不是怕厨师洗不干净，还问我在老家也是这样吃的吗。他常说小时候生活艰苦，吃地瓜是从不剥皮和把两头摘掉的。

有一次，我星期日出去办事，因赶不回伯父家吃中午饭，就在街上买碗面条吃。晚上吃饭时，伯父问我中午在哪里吃饭，我说赶不回来只好在街上吃了。他就批评我，怎么那么有钱，家里又不是没有饭菜给你吃，为什么要浪费那些钱，有钱多寄点回老家，老家日子还不是很好过。伯父还要我以后做什么事情，能省就省，不要随便乱花钱，要学会节约。我有一个表哥，当时在西藏拉萨工作，有一年春节用打电报形式给他拜年，他在我面前几次批评表哥，说表哥简直是浪费，写一封信问个好，介绍一下情况就行了嘛！何必花那个钱。我伯母夸他是个勤俭节约的模范，不该花的钱，他是一个钱都不会花的，但在交党费、在灾区人民遇难时他总是带头捐钱、捐物、慷慨解囊。1982年，他还把自己的稿费全部捐给北京军区政治部幼儿园。

与伯父相处20多年，他给我的教诲和感受不是只言片语能够细数的。所有与伯父一起工作、生活过的人感受都是一样的。他留给我们的宝贵精神财富是我们取之不尽的力量源泉。他的言传身教、谆谆教诲将永远留在我心间。我会永远缅怀他、思念他。老实做人，认真做事，努力做一个高尚的人，一个有益于人民的人。

学会自理　懂得分担　坚持不懈

——与华福周部长交流的感受

◎ 罗小林

华福周，连城县姑田镇人。1965年连城一中高中毕业，1969年7月毕业于福建师范学院中文系。大学毕业后，她从基层干起，先后当过北团公社党委书记、连城县政府副县长、武平县委书记，后来任中共龙岩地委委员，中共福建省委委员，福建省人大常委会委员、省妇联主任、党组书记。1993年调北京，任中华全国妇女联合会副主席、书记处书记、党组成员兼机关党委书记，国家劳动和社会保障部副部长、党组成员兼机关党委书记，中国劳动学会会长等职。是中共十三大、十四大代表，第九届全国政协委员，第十届全国人大常委会委员，第十一届全国人大代表、农业与农村工作委员会委员。

这一路走来，由乡镇到县、到地区、到省、到北京，她一步一个脚印，留下了一条一路向前又坚实的足迹。

因为她是连城一中校友，我便有了比别人多的接触机会，几次交流下来，她丝毫没有那种高高在上的感觉，更像是一位和蔼可亲的长者。她对孩童时期的经历印象颇深，对当时父辈的教诲记忆犹新，言语中饱含着对长辈的深深感激。

华福周部长出生在连城县姑田镇的一个农民家庭，父母务农，家教很严。从小父母对她就很严格，使她形成了吃苦耐劳的品格，养成了良好的学习和生活习惯。下面记述的是她在青少年时期学习生活的小片段。

片段一：自懂事起，父亲就经常对子女念叨要“守本分”。父亲的话不多，也从不说什么大道理，“守本分”就是父亲经常挂在口头的话语。就是这样一个少言寡语的人，曾经郑重地对女儿说：“孩子，咱出生在农民家庭，不管你将来做什么，一辈子要老实本分做人，要踏踏实实做事。”这朴实的话语，一直留在女儿的记忆中，它是父亲一辈子的坚守，也成为女儿一生做人处世的准则。

片段二：还在上小学时，妈妈就要求她洗自己的衣服。奶奶看着不忍心，就对妈妈说：这么小的孩子，衣服怎么洗得干净，最后还是要大人替她重洗，又何必苦了孩子呢？妈妈是这样回答奶奶的：洗不干净可以给她重洗，但一定要学会洗，要学会自理。妈妈的坚决，让她从小就懂得自己的事情要自己做，从小学会了自理。

片段三：还是在上小学时，放学到家，妈妈一定等在家门口，把她书包接过去，交给她一个竹篮，要她去拔兔草。那时农家都养兔子，供自己过年过节用，也可作为送亲戚的礼物。兔子吃的草要到田间菜园里拔，她就去拔，每天都去。拔草完后，接着就是挑水，那时没有自来水，家里用的水全靠挑回来。她个子小，妈妈就专门做了一对小水桶供她挑水用。从水井里打水是个技术活，一根绳子系住水桶的提手，把桶投入深深的水井中，要打上水，必须保证水桶到水面时，桶口朝下，才能装上水，否则，提上来的还是空桶，要训练多次，才能成功。挑水回家，又是个苦活，水井离家有一段路，她只有一个肩膀会挑，时间长了，肩膀就酸，只好放下担子歇一歇。路是鹅卵石铺的，地面不平，水桶放在上面是倾斜的，水顺势流掉大半，摇摇晃晃地挑回家，一桶水只剩半桶，又得再来一次。为此，她对妈妈有怨言，说其他同学回家都在玩，只有她要做这么多事，但妈妈告诉她：你是家中的一员，就要做一份事，要分担。

片段四：由于从小养成了吃苦耐劳的好习惯，她比别人多了战胜困难的勇气。当年姑田中小有五位学生保送连城一中读初中，四男一女，她是其中唯一的女生。因为从姑田到连城路途较远，肩上挑着一个星期自己吃的米和咸菜，走在弯弯曲曲的山路上，越走越难；住在学校，远离父母，很不习惯。四位男生因为受不了这个苦，都辍学回去姑田了，只有她坚持下来，还被保送上了一中的高中，以后又考上了大学。

片段五：父亲没文化，十分希望儿女成为文化人，在对待女儿上大学方面，他是坚持和坚决的。

家中有女上大学，这在“重男轻女”观念浓厚的时代是相当不容易的。曾经听到邻里用开玩笑的口吻对父亲说：“老华，你脸朝黄土背朝天，还送女儿上什么大学？女孩子以后都要嫁人的，识几个字就行了，读那么多书有什么用呢？”父亲回话不多，但铿锵有力：“家庭贫穷，更要送子女读书，女儿能读到哪，我就要送她读到哪！”

为了女儿上大学，父亲又花了很多的心思。不知从什么时候起，父亲便煞费苦心地对大学进行了一番了解，他这样告诉女儿：“从古至今，两个职业是任何人也离不开的。一个是老师，皇帝都是老师教出来的；一个是医生，人吃五谷杂粮，总会生病，皇帝得病也要请医生看。这两个职业都可以选，但读师范学校国家出钱，学医要自己出钱，又很贵，为了能读得起书，你最好选师范。”语重心长的一番话，表现出父亲的良苦用心。

这五个片段说的都是小事，似乎很平常，但每件小事都说明了一个道理，归纳起来就九个字：会自理、有分担、能坚持。父爱如山，母爱似水，就表现在这桩桩件件的小事上。

严父慈母对她的教育，让她学会了对自己负责、对家庭负责、对社会负责。这就是最好的家规家训家风，它对子女影响深远，让子女终生难忘，是健康成长的良方，是成才成就事业的基础和关键。

童庆炳：一个有仁爱之心的好老师

◎ 罗小林

选用这个标题，是经过了一番思考的。童庆炳先生一生从教，身上有许多耀眼的头衔，让我下定决心用上这一标题，是因为童庆炳先生的文章《做一个有仁爱之心的好老师》。

一、先生其人

童庆炳先生1936年12月27日出生于福建省连城县莒溪镇莒市村一个贫寒的农民家庭，1949年从莒溪小学升入连城县第一中学初中部，1952年考入龙岩师范学校，1955年被选送至北京师范大学中文系学习，1958年留校工作，此后一直在北京师范大学任职任教。其间，1963—1965年被派往越南河内师范大学任教，1967—1970年被派往阿尔巴尼亚地拉那大学任教，1980—1983年任北京师范大学中文系副主任，1985—1990年任北京师范大学研究生院副院长，1996年被派往韩国高丽大学任教，2000年任新加坡南洋理工大学研究员，2000—2009年任教育部人文社会科学重点研究基地北京师范大学文艺学研究中心主任，2008年被聘为北京师范大学资深教授。他是“全国模范教师”、“北京市劳动模范”、“北京市优秀共产党员”、“中央马克思主义理论研究和建设工程”文学组首席专家。

先生在我国文艺学领域是泰斗级人物，他是全国高校第一个文艺学博士点——北师大文艺学博士点的主要创建者，也是北师大文艺学研究中心的领路人。出版了多部文艺理论著作，发表论文200余篇。取得了众多具有重大学术影响和社会意义的科研成果，仅举几例：

——1990—1997年编著出版了两部高校教材《文学理论教程》和《文学理论要略》，前者修订后获得国家级教学成果奖，现已被500多所高校选作基础课教材，后者被北京大学、清华大学和香港中文大学使用。

——童庆炳主持的研究团队出版了60万字的《现代心理美学》和“心理美学丛书”（14种），总共15部著作。在广泛吸收中国古代和西方资料的基础上，以“体验”为关键词，建立起了中国文艺心理学新体系。

——1993—1994年组织出版了“文体学丛书”5种和“文艺新视角丛书”5种，这些著作多次重印，影响巨大。《文体与文体的创造》一书，被誉为中国第一部系统的文学文体学。

先生自己是一位作家，创作了两部长篇小说（其中一部与其夫人曾恬合作），积累了丰富的创作经验。他还是中国当代最知名的硕士作家团队的导师，1988年，北师大与鲁迅文学院合作，开设了“文艺学・文学创作”研究生班，童庆炳先生在这个作家研究生班上讲授了“创作美学”课程。他以作家与理论家兼备的特殊身份，将文艺理论与创作实践紧密结合起来，与学生进行深入浅出的交流和探讨。这个研究生班汇聚了当时已崭露头角而日后成为当代文坛主力的优秀作家，如莫言、余华、刘震云、毕淑敏、迟子建、严歌苓、刘恪等。其后童庆炳先生又担任莫言等多位作家的硕士论文导师，指导他们写出了创作经验与文艺理论相结合的硕士学位论文。此后，他一直关注、关心着这批作家的创作和成长，他们之间的师生情谊已成为文坛佳话。

先生从教60年，终生奉行的用生命教学、以生命育人的教育理念和思想。他把自己的全部生命都献给了中华民族的教育事业和文艺理论建设，献给了他所挚爱的讲台和深爱的学生。他辛勤培养大批学生，仅博士生就有70多人，这一大批人才已成长为学界的重要力量，如罗钢、王一川、孙津、丁宁、陶东风、黄卓越、周小仪、李春青、蒋原伦、赵勇、吴子林等。

他的学生告诉我，坊间流传童庆炳先生有三个雅号：一曰“文坛教父”，一曰“学界泰斗”，一曰“师者楷模”。

二、先生的仁爱之心

先生一生著述颇丰，对如何做好教师，他的着墨不多，我只读过先生的三篇文章，分别是《教师的生命投入》《我的“节日”》《做一个有仁爱之心的好老师》。细读这三篇文章，仿佛在聆听先生的教诲，领悟先生对老师职业的敬重，听着先生的话语，能感受那颗爱职业、爱学生的炽热之心。

先生热爱自己的职业，他说：“你既然当了老师，你的生命就属于你的学生，你要用生命所拥有的一切，奉献给学生。”先生还在《教师的生命投入》中说：“我一直在诉说我的一个愿望：我不是死在病榻上，而是我正在讲课，讲得兴高采烈，讲得神采飞扬，讲得出神入化，而这时候我不行了，我像卡西尔、华罗庚一样倒在讲台旁或学生温暖的怀抱里。我不知自己有没有这种福分。”“上课是人生的节日，天天上课，天天过节，哪里还有一种职业比这更幸福的呢？”（《我的“节日”》）

先生热爱自己的学生，他说：“热爱学生要事事为学生着想”，“热爱学生不是一句空洞的话，要表现在培养学生的各个方面。……我觉得在整个的过程中，都要热爱学生。面对学生，要把他当作一个有个性的、有理想的、有天赋的、有不同追求的、有不同梦想的人，事事都要为学生着想，不要为个人着想，这是热爱的一个很具体的表现”。（《做一个有仁爱之心的好老师》）

先生把对职业和对学生的热爱化为自己的行动，对如何做好老师、如何上课都有其独到的见解。

对于做好老师，先生说：“老师要时刻意识到自己是一个老师，并把它变成一种无意识的东西，变成一种习惯，变成自己的对周围事物的信仰，这样才会以身作则，去影响学生，这是非常重要的。”（《做一个有仁爱之心的好老师》）

“老师这个职业就要学习一辈子，不是我学习完了，才去当老师，而是要一边工作、一边学习，不断地学习，要学习一辈子，把学习看成比什么都重要，这样他才能不断地提高自己的素养、储备更多的知识、理解更多的问题，这样他教学水平才会更高。”（《做一个有仁爱之心的好老师》）

“没有钱的活儿，只要对学生有益，你必须全心全意去做。从1994年起，我给我校文艺学一年级博士生开设《文心雕龙》研究课，每年讲一学期，每周3小时，至今已经讲了11届了。尽管这门课已经讲过多次，但每次还是要备课，有时高兴，自己在书房里朗读那古奥的《文心雕龙》，摇头晃脑，乐在其中。但是这门课按照我们学校的规定是不计工作量的，我辛苦了一个学期又一个学期，拿不到一分钱。可我的课让这些新来的博士生知道怎样读书，怎样搞研究，怎样写论文，怎样思考问题，同一届的学生应如何团结成一个相互支持的集体…… 这就值。我会继续讲下去。"（《教师的生命投入》）

对于上课，先生说要有好的精神状态。"可上课你必须面对学生那一双双渴求知识和带着说不清的期望的可怕的眼睛。你必须始终用你的学识、逻辑、风趣、声音、手势乃至你的仪表、风度、恰当的笑和突然的严厉，抓住学生的心。而最重要的是你的精神状态，你讲的是一个重复了多遍的问题，对你自己已经毫不新鲜，可你必须兴致勃勃，似乎这个问题对你自己也是第一次遇到，你的感觉必须与学生同步。你觉得某个问题很难，似乎不可言传，可你不能知难而退，必须在你觉得困难的问题上用力，把难题讲得清楚而又透彻，否则学生就会给你一个评价：我们懂的，老师也懂，我们不懂的，老师也不懂。某个问题很枯燥，你必须调动你的一切积累，包括你的感情秘密，拿出来讲，把枯燥的问题化为有趣的故事…… 上课绝对是一门艺术，一门高级的艺术。"（《我的"节日"》）

为了保持好的精神状态，先生甚至在上课前专门洗澡，"上课前的那一个晚上，或上课的那天清晨，你必须洗一个澡，身上的污垢去掉了，会平添几分精神。平时你可以穿得随便一些，就是让学生看见你穿短裤，也没有什么不妥。但在走上讲台时，你必须穿上你的最好的服装。这是你的节日，此时不穿，何时再穿？我有几身西装，真过节时，倒很少穿，可上课时是一定要穿的。我全部的名牌就是一条金利来领带，这是货真价实的，是我获曾宪梓教育奖时亲自从曾先生手里接过来的，绝对假不了。每次我都细心地系上它。皮鞋必须擦亮，这我得感谢我的妻子，因为她知道我的习惯，她总是在上课前一天，把皮鞋擦亮，并放在我的书房门边，我很方便穿上。但这也不重要。"（《我的"节日"》）

就是对上课时的细节，先生也娓娓道来，好像是一个富有爱心的长者在教你做人。

要认真准备。“上课既然是节日，认真备课是无须说的。你可以讲一个有争议的观点，但每一个汉字你都必须读准，读错字是不允许的。因此连点名册上每个学生的姓名你也必须在开始上第一堂课前高声地先朗诵一遍，一个字有两种读音，你在点名时必须事先了解好这个美丽的女学生的名字中的那个字读什么音。至于大部分学生常读错的字，你在读到这个字时，还必须把那个字故意读重一些，让学生交头接耳，以为老师读错了字，然后你把这个字音用拼音注出来，并说这个字有人常读错，这样，既纠正了学生的读音，同时获得了学生的信任感，这以后，你放心好了，学生们再不会交头接耳了。但这不是重要的。”（《我的“节日”》）

要有感染力。“做一个老师，一定要让你的课有活力、有感染力，要做到对你讲的东西十分了解、十分熟悉，能够张嘴就来，这一点非常重要。因此你能够自由地发挥、自由地演说，有时候在演说当中会很有诗意，很生动，很感染人，让学生一辈子忘不了。这样，这节课就成功了。”（《做一个有仁爱之心的好老师》）

要允许学生发表意见。“你是老师，但你在学生面前绝不能摆老师架子，似乎自己讲的句句是真理。你允许学生在你的讲课中举手插话，提出疑问，或反对你的意见。……有意义的是我讲的一个观点经过这种争论而被学生消化了，发展了，受益的不但是学生，还有我自己。这就叫作‘教学相长’吧。”（《我的“节日”》）

不要坐着上课。“我的习惯是手里拿着一支粉笔站着、走着讲课，决不坐着。”（《我的“节日”》）

不要老是念讲义。“为了深入浅出，你不能老是念讲义，不能老是操经过修饰的‘外部言语’，你得把讲稿扔开，把你自己的生活体验，你尝过的酸甜苦辣，并操一种同朋友聊天时的未修饰过的但却充满激情的‘内部言语’，让学生觉得你是一个会观察会体验会检讨自己生活的人。”（《我的“节日”》）

三、风范长存

写到这里，我想把众人对先生的评价摘取部分，罗列出来，跟大家一起感受和品味先生的风范。

原文化部部长，著名作家王蒙："孔子的伟大离不开他的弟子七十二贤人，童老师的学生阵容也令人赞叹。而他本人是黄牛一样地耕耘着，坚持着，谦虚着与进展着。"

著名文学评论家、中国社会科学院研究员何西来："在长达半个世纪的学术活动中，像童庆炳老师涉及这么多的领域，实在难得。他还搞创作，群众出版社出了他的小说；他搞当代评论，他除了文学以外，他带戏剧的研究生；他的涉及面这么广，而他所研究的问题又是不一样的，在这些理论的背后，都有一个大写的人。"

作家班的学生："讲台上的童庆炳先生'认真、洁净、儒雅、温和'，'闪烁着温润高贵的人性光芒'，学识渊博而又深入浅出，讲述流畅而不急切，精细而不烦琐，理性而不艰涩，充分展现了文学的美丽和魅力。"

诺贝尔文学奖获得者莫言："童老师在课堂下是蔼然长者，端重慈祥，在课堂上却是青春生动，神采飞扬，他讲课时的样子经常地浮现在我的脑海里。"

著名作家余华："童老师的课之所以吸引我们，我想主要有两点：第一点是童老师的教学风度，童老师上课从来不是强加给我们什么，而是用一种与学生讨论的方式上课。第二点是童老师的教学风格，在我印象里童老师讲创作美学时，从来不讲大话和空话，而是以严谨的逻辑和独特的感受吸引我们。"

著名作家毕淑敏："童老师的课程，在我这一学生的人生道路选择和转变的过程中，起了重大的促进作用。我看到了一位杰出的文艺理论家的风度和修行，我被他对文学的执着的献身所激励，他使我感到了文学的美丽和魅力，使我在学习的过程中，渐渐地充实和自信。"

著名作家迟子建："虽然现在我回忆不起童庆炳老师每节课所讲的具体内容，但我想课上所受的启迪已经不知不觉中悄悄注入了我们这些学生的作品之中。就像一个人成长必须摄取多种营养，你既吃山珍海味，也吃五谷杂粮、瓜果梨桃。童老师的课，对我们而言就是这其中的一种。缺了它你不至于失衡，但汲取了它的营养你会变得更为丰富。”

首都师范大学文学院教授王光明：“童庆炳先生既属于当代中国文学理论，也永远属于他家乡福建那片八闽山水：那是他魂牵梦绕的地方，那片土地也永远怀念他。”

中国社会科学院研究员吴子林：“一个老人，快八十岁了，视学术为生命为信仰，操守一份本心、一份虔诚、一份信念，生命不息，奋斗不已。”

这是朋友和学生的原话，这是对先生具仁爱之心的最好印证。

为了项公的嘱托

◎ 林占熺*

“发展菌草业，造福全人类。”这沉甸甸的十个大字，是1996年时任中国扶贫基金会会长、福建省老省委书记项南为我题赠的墨宝。如今，它已深深地镌刻在福建农林大学菌草研究所菌草园的大理石碑上，成为我们“菌草人”的座右铭和奋斗目标，不断勉励着我们刻苦钻研、开拓创新、勇攀高峰，把菌草技术推向全国、推向世界。

“项背相望路弯弯，南风绿野心丹丹。高山平湖日光照，风范永存八闽山。”这是项南同志1997年11月10日去世后，社会各界敬送的众多挽联挽文中的一首挽诗。当时，年逾九十高龄的中国佛教协会名誉会长赵朴初，也亲笔撰写了210字的《项南同志哀辞》，字字情深，笔笔凝练，语重心长，称颂有加。项老一生之所以为世人所推崇、敬仰和爱戴，在于他是一位“非常之人”，是我国改革开放的先行者，思想开明、胆识过人；在于他是振兴现代农业、造福八闽城乡的实干家。早在20世纪80年代初期，他即致力于环境保护，大力提倡植树造林，治理水土流失。可以说，八闽大地那数不尽的巍巍青山与滔滔碧浪，都蕴含着项老当年倾注的心血。

---

* 林占熺，1943年出生于连城县林坊镇陂桥村，1962年毕业于连城一中。现任国家菌草工程技术研究中心首席科学家、菌草综合开发利用技术国家地方联合工程研究中心主任、联合国菌草技术项目首席顾问、福建农林大学博士生导师。1986年发明菌草技术，开创菌草新学科和菌草新型产业。先后获全国扶贫状元、全国星火标兵、1986—2000年全国科技扶贫杰出贡献奖、全国东西扶贫协作先进个人、福建省人民政府一等功、福建省科学技术大会特别奖、商务部援外奉献奖银奖、全国扶贫开发先进个人、全国脱贫攻坚贡献奖、中国生态英雄等荣誉，是闽宁协作援宁群体“时代楷模”的杰出代表。2019年获中非共和国国家感恩指挥军官勋章。2021年获全国脱贫攻坚先进个人和全国优秀共产党员称号。（罗薛平　供稿）

我与项老同是闽西连城客家人。因他是长辈，又是领导，相识后我一直称他为“项老”。他主政福建工作期间，我在福建农学院工作。当时他曾到学校视察调研，但他身担重任，我们无缘结交。与他相识，缘于菌草技术的发明推广。1991年，项老就亲笔题赠了“发展菌草，造福人类”八字条幅，同年又题赠“优化生态，菌草工程，扶贫济困，富国利民”十六个字。那是他对菌草技术所寄予的殷切厚望。

菌草技术的发明，不是一时冲动的突发奇想，也不是机缘巧合的偶然发现，它源于我的人生经历，也是无数次科学实验的果实。

我从小生长在农村，闽西的青山绿水养育了我。少儿时期放牛、种地、砍柴、挑煤，经历了饥荒、疾病和贫困，农民的艰难困苦深深烙印在我脑海之中。耕读传家是客家人秉承不变的优良传统，为了让子孙后代不再“脸朝黄土背朝天”，父母千辛万苦送我读书。高考填报志愿时，改变人生命运、改变农村贫苦落后面貌的强烈愿望，让我全部选择了农业院校。1968年从福建农学院毕业后，我先在三明宁化插队，而后被分配到当时全国有名的三明真菌研究所，从事食用菌科研工作。当时，被视为先进技术的食用菌椴木人工栽培方兴未艾，大量的林木特别是生长缓慢的阔叶树被砍伐。我在积极地推广技术的同时，心底隐隐感到：这种以消耗森林资源为代价的发展，如何能持续长久？食用菌的生产若靠大量砍伐树木、使用大量的麸皮等，势必产生“菌林矛盾”和“菌粮矛盾”，长此以往，将制约食用菌生产的可持续发展。此时，三年经济困难时期自己食用野草充饥的深刻记忆转化为“以草代木”的萌想：既然牛可吃草，人可吃草果腹，那么如果能够用草来替代树木种菇，岂不是解决了人类生存发展的大问题？但是，1975年，组织上将我调回母校福建农学院从事行政和党务工作，技术研究一时无暇顾及了。

1983年春，我随同福建省科技扶贫考察团来到革命老区龙岩长汀县，这里是第二次国内革命战争时期中央苏区的重要核心组成县份，当年被誉为“红色小上海”。然而，在这块曾经为中国革命做出重大牺牲的红色土地上，我们看到的仍是生活贫苦的百姓，看到的是满目疮痍的山川。当时长汀县河田、三洲一带是全国有名的极强度水土流失重灾区。河田40万亩山地，水土流失面积高达23万亩，占53%，放眼望去，到处是千沟万壑、支离破碎。这块客家母亲河汀江上游的最大盆地，曾经是繁荣富庶的鱼米之乡，由于近百年来人为和自然破坏，生态失衡，让人不忍目睹。此时此刻，“以草代木”栽培食用菌致富一方、种草治理水土流失绿化山川的强烈愿望，再一次在我胸中涌动。回学校后，我便挤出业余时间，开始走上“以草代木”栽培食用菌研究实验的艰辛历程。1986年秋，用芒萁、五节芒等野草做原料栽培食、药用菌获得成功，菌草技术从此诞生。当时，我并未想到，我会与项老因此结缘。

我与项老的相识相交，是在1991年他离开福建担任中国扶贫基金会会长之后的事。项老1980年赴福建工作，直到1986年离开，先后任中共福建省委常务书记、书记、第一书记。其间我们未曾单独谋面，但他的为官思想开拓、思路清晰、作风务实、清正廉洁，赢得社会广泛赞誉，我也早有耳闻。特别是他针对福建“八山一水一分田”的省情，提出并极力倡导念好“山海经”，号召提倡要保持青山绿水、造福一方百姓，他强调智力开发、以智取胜，重视发挥教育科研人员的作用等思路，均给我留下深刻的印象。也就是在1983年春，项南带着专家和技术人员专程来到长汀河田，视察水土保持工作，并总结出《水土保持“三字经”》，掀起了全省治理水土流失的热潮。其间，他的诸多业绩政声为海内外民众所传颂，我也为福建有这样一位主政者而感到无比自豪和由衷敬佩。

1991年，我发明的菌草栽培食用菌技术被列为国家级星火计划重中之重项目。当时，一些人对这一新生事物存有异议，有的说没有理论依据，甚至个别人对此进行无端怀疑并对我进行人身攻击。作为技术发明人，我虽然充满自信，但仍感到压力不小。这年5月的一天，我正在尤溪县山区推广菌草技术，忽然接到中共福建省委办公厅电话，说回闽考察工作的项老要接见我，与我谈菌草技术问题。遗憾的是等我赶回福州时，却得知他老人家身体不适，无法接见。我留下一份汇报材料便又折返尤溪。不久，我收到项老的一份题词：“发展菌草，造福人类。”那一刻，我激动的心情简直不能自抑！

1992年5月，菌草技术在日内瓦国际发明展上荣获大奖。我领奖归来途经北京，同行有人建议说，何不顺便去找项老当面汇报菌草技术发展情况。我当时想，我与项老素不相识，他肯见吗？想不到经联系后项老高兴地说：

“你们明天早上来吧，我等你们。”第二天一见面，项老就向我表示祝贺。在听完我的汇报后，他说：菌草技术是一项很有发展前途的新技术，要多在贫困地区推广，并想办法使之早日走向世界，使之发挥更大的效益。项老还语重心长地说：农业科技工作者有了科技成果，一要走下去，即到农业生产第一线去，到农村去，到农民最需要的地方去；二要走出去，即走出实验室，走出校门，走出国门，走向世界。谈话间，项老得知我也是连城人，他心情沉重地说：“我们的家乡还很穷，菌草技术很适合在那里发展，能否在连城也搞个点试验一下？”告别时，我拿出两小包用菌草栽培的竹荪给项老品尝。他接过竹荪，笑着说，这很珍贵，舍不得吃掉，就留在基金会里做个标本吧！

此后的几年里，围绕着如何加快发展菌草业这个主题，我与项老又见过几次面。每次见面，他总是谈笑风生，详细了解菌草技术的研究、推广进展情况，关切地询问我在工作中遇到的困难和问题，并站在全局的视野上，帮助出主意、想办法，给予指导、鼓励。

1996年初夏，我到北京就发展闽西菌草产业带的立项问题向项老汇报。其间，我谈到，至今社会上仍有一些人对菌草技术不理解、不支持，我只好低着头走自己的路。没料到项老一听我的话，当即双目凝视着我，激动地说：“你应该是抬起头走自己的路，让别人去说。”就在这次谈话中，项老再次题写“发展菌草业，造福全人类”十个大字，尽管这一题词比五年前所提的“发展菌草，造福人类”只多了“业”和“全”两个字，但我感到项老对菌草的思考与期盼更进一步了，希望能加快菌草产业化，加快走向全世界的步伐。从北京回来后，我把这幅题词镌刻在一块大理石石碑上，立于福建农业大学菌草研究所门前，时时以此来鼓励和鞭策自己。

同年9月，我出差到北京，听说项老因心脏不好住院，便到医院探望。他看到我去非常高兴，竟不顾身体虚弱，以崭新的视野，就发展菌草业的问题与我谈了整整一个小时。回想起来，当时项老谈到的诸如发展菌草业一定要拓展市场、统一对外，走规模化、产业化之路，要用经济的办法、企业的办法搞好菌草技术推广的试点、示范工作，要成立一个全国性菌草技术研究机构，结合实践需要，深化对菌草技术的研究等等问题，可以说是触及了菌草业跨世纪发展的关键与要害，高瞻远瞩，为我们指明了发展道路。

这年年底，为了推动菌草技术向产业化发展，项老出院不久，便与相关企业穿针引线，并叫秘书杨志栓通知我赴京去见北京中实公司总裁。12月16日下午5时，项老率我们一行来到中实公司。我向公司领导介绍完菌草技术后，项老接过话题高度概括说："菌草技术我是看准的，依据有三条：第一可以保持水土，优化生态，持续发展；第二，可与扶贫工程密切结合，可以千家万户参与，千家万户致富；第三，世界市场非常大。"项老还强调指出，这是带有全球意义的技术革命。他说，目前技术是成熟的，技术与生产结合的问题也解决得比较好，但是市场还没解决好，解决这个问题，需要企业介入。此次北京之行，更让我切身体会到项老办事认真、雷厉风行的处事风格，敬佩项老视野开阔、远见卓识，感受到项老对菌草事业殷切关怀之情。

1997年5月，在北京召开的闽西老区发展促进会顾问理事联席会上，项老做了较长的讲话，其中又谈及菌草技术的应用推广工作。他指出：龙岩地区在产业规划上，要找出一个符合自己发展道路的、具有龙岩自己特色的产业，而且形成产业带，它不是一家一户搞的，而是千家万户搞的，是什么呢？目前，龙岩有两件事情可以做。第一就是发展菌草栽培食用菌，或者叫菌草技术。龙岩出了一个能人叫林占熺，这个人在世界都有点名气，过去就搞食用菌，有香菇、木耳、猴头菇等几十种，叫绿色食品，对人身体健康有很大好处，在日本、法国非常风行，供应量远远不够。福建的食用菌是全国之冠，在全国搞得最好，但也带来一个大问题，就是把福建的阔叶树都砍掉了。食用菌发展了，森林破坏了，环境破坏了。不保护，福建阔叶树就会被砍光了。林占熺发明的用草代替阔叶树，叫菌草技术。这技术的好处是可以帮助贫困农民脱贫，当年就脱贫。这是千家万户都可以搞的，当年搞当年就可以脱贫。我建议龙岩市尽快建立一个绿色食品总公司，用经济形式领导这一工作，保证农民种了香菇有人收购，以后可以出口，这不是农民自己可以做得了的，要我们来做，或者是私人企业家做。这件事搞好了，就有龙岩自己的特色。最近，中国扶贫基金会开了一个全国推广菌草栽培食用菌座谈会。龙岩应当比其他地方搞得好。要把研究机构、销售机构建立起来。这个产业可以带动千家万户，也就是公司加农户的办法。第二件事就是建议在龙岩办一个肉类联合加工厂，覆盖闽粤赣老区，带动老区人民致富。

当我得知项老的讲话时，再一次真切地感受到项老对老区人民的一往情深，以及他对菌草技术所寄予的厚望，因此也进一步深感到自己的责任重大、使命光荣。

我最后一次聆听项老的教诲是在他谢世前几天。那一天，他和我通了约半个小时的电话。他要我在技术推广中，一定要设法解决资金和市场问题，增强建立牢固的"根据地"的思想。他认为，闽、粤、赣可以成为世界上最主要的菌草产业"根据地"。我问项老最近身体好吗，他回答说很好。没想到这次通话竟成为诀别。

项老离开人世已经有15个年头了，但他的谆谆教诲、殷殷寄望一直铭记在我心中，激励着我矢志不渝、攻坚克难、开拓进取、勇攀高峰。可以告慰项老的是：这10多年来，我们的脚步从未停留。如今菌草技术正在快速走向世界，菌草产业发展也迎来新的春天。目前菌草技术研究不断深化，已可用45种菌草栽培55种食药用菌，并在菌物饲料、生物质能源、治理水土流失、荒漠化与流沙、保护生态环境、扶贫开发、国际合作等领域，不断取得重大突破。至2012年底，菌草技术已在全国32个省市391个县（市、区）推广，并传播到全球87个国家。尤其可以告慰项老的是，当年他殚精竭虑、倾心关注的长汀水土流失治理问题，菌草技术同样可以发挥其独特的作用。早在1993年，我们就在长汀河田开展种草种菇、治理水土流失的试验并取得经验。2012年春，为落实习近平副主席关于进一步抓好长汀水土流失治理工作的重要批示精神，福建农林大学与当地政府在河田镇开展菌草治理水土流失的"顽症"——崩岗的试验，短期内即见成效。与此同时，我们在西藏林芝米林县开展的高海拔地区菌草治理流沙实验项目，也通过了专家组现场验收。菌草技术的运用，已拓展延伸为生态建设、环境保护提供新的途径和手段。还可以告慰项老的是，近些年在国家有关部门和福建省委、省政府的关心、支持下，菌草技术研发取得重大进展，2011年12月科技部批准"国家菌草技术工程研究中心"立项建设，2012年10月国家发改委批准建立"菌草综合利用开发技术国家地方联合工程研究中心"，这两个国家研究中心相继落户福建农林大学，菌草技术研究和菌草产业发展进入了新的历史时期。

人生相识知几许，高山流水遇知音。在我心目中，项老不仅是智者，是长辈，更是我的引路人。他的高瞻远瞩、高风亮节让我深深感佩，他对菌草事业的登高望远、全力支持和殷切厚望，给了我无穷的力量。

技术创新无止境，坚定地走自己的路，让菌草青青惠人间，这是项老的嘱托和遗愿，也是我终生为之奋斗的任务和目标。我一定不辜负项公的嘱托，以“发展菌草业，造福全人类”的更大作为，告慰九泉之下的项公。

夫妻烈士　忠魂双双

◎ 蒋红婴　仇善文

1935年7月26日，连城县城的天空阴沉沉的，往西门夫人庙坂的小街道冷森森的，唯有国民党民团的屠刀闪着白亮亮的寒气。团匪们押解着一对被棕绳结实捆绑着的夫妻，他们衣衫褴褛，伤痕累累，但都挺着胸，昂着头，坚实地迈着沉重的步伐。街的上空不时响起夫妻俩的唱歌声。“杀头赛过风吹帽，枪毙好比吃花生；天下穷人杀不尽，革命自有后来人！”

在夫人庙坂的一段残墙下，夫妻俩被反绑在两根石柱上。一团匪徒，挥着屠刀对着男人大声吼道：“沈共匪，你不招，就莫怪啦！我送你上西天，让你和红军共匪到地狱里去打土豪分田地吧！”一刀、两刀、三刀……男人始终高呼：“红军万岁！”“共产党万岁！”“苏维埃万岁！”呼声不久就泯灭在刽子手的屠刀下。那伙民团匪徒接着转到同样高呼口号的女人面前，大声叫嚣：“女共匪，你死到临头啦，还有精神高喊，今朝就要掏心剖肚了！”女人对着匪徒怒目横视，高呼口号：“苏维埃万岁！”恼羞成怒的匪徒丧心病狂地撕开女人的上衣，割下乳房，紧接着又是一刀剖开她的胸膛，掏出心脏。最后，匪徒们把那对夫妻的头全割下来，挂在了西门的城墙上。

这双双喋血连城西门夫人庙坂的夫妻就是曾任连城县苏维埃主席的沈邦翰和他曾任连城县委妇女部部长的妻子黄富群。

沈邦翰，福建省连城县莲峰镇西街人，1901年出生。1929年夏在董成南的影响下，组建苦力工会，任连城苦力工会主席。在红四军的帮助指导下，他组织精壮会员进行严格的军事训练，掌握了实战技术和基本要领，组成了一支颇有战斗力的地方革命武装，积极配合红军作战。1930年与妻子黄富群加入中国共产党。5月，他率领苦力工会会员，配合连南红军独立四团攻打连城，推翻了国民党县政府，11月任连城县革命委员会主席。1931年秋，任连城县苏维埃政府主席。在他的组织领导下，于同年12月组建县游击队，随后率游击大队转战各地打击反动民团，巩固苏区土地革命成果，推进苏区生产和建设。1933年冬，他和妻子黄富群同时调福建省委工作。

黄富群，1908年出生，连城文亨田心村人，自幼就在苦海中泡大，做家务、干农活，样样都拿得起，艰苦的生活环境造就了她倔强而泼辣的性格。1926年冬，黄富群由亲戚介绍，跟城里的沈邦翰结为伉俪。由于丈夫也出身贫苦，两人情投意合，结婚三年就生下了一女一男。1929年夏，红四军二纵队开进连城。在董成南的启发和帮助下，沈邦翰立即邀请好友李七养、董发根、巫显达、钱柏南等参加了红军，并组建起苦力工会，积极配合红军搞宣传，斗土豪和资本家。一些人见沈邦翰经常在斗争场合抛头露面，便悄悄对黄富群说：劝劝邦翰不要锋芒太露，免得日后吃亏呀！可是，她认为应该支持丈夫起来革命。红四军撤离连城后，恶霸、土豪、劣绅反扑回来。他们千方百计要抓捕沈邦翰，并且把黄富群母子关了起来。敌人轮流威逼黄富群，要她说出丈夫的下落。黄富群只是回答“不知道”三个字。后来，在工人们的掩护和社会舆论的谴责下，敌人才未敢下毒手。残酷的现实更加激起了黄富群对反动派的仇恨。黄富群被释后，思前想后，决计将孩子送给群众抚养，干脆跟丈夫一起，加入了中国共产党。此后，在土地革命中锻炼成长并担任了连城县委妇女部部长，还学会了双手打枪，成为远近闻名的苏区妇女干部。

1934年，连城形势日益恶化，奶妈辗转寻找，把孩子送到长汀黄富群夫妻的身边。当年冬，中央红军开始被迫离开中央根据地，进行长征。黄富群夫妇奉命从省苏返回连城县领导群众坚持斗争。这时县苏机关已转移到长汀的曹坊山区，不久遭到敌人的包围。黄富群同沈邦翰率领游击队突出重围后，坚持在连城、长汀、宁化边界山区打游击。黄富群身背孩子，腰挎大刀，手提驳壳枪，与战友们一道英勇战斗。因为长时间的食风宿露、饥寒交加，孩子早已身染重病，一次战斗结束下来，从背上放下孩子时，孩子已经咽气了。黄富群夫妇抑制着内心的极大悲痛，掩埋了孩子。1935年5月，在极端困难的条件下坚持斗争的沈邦翰、黄富群夫妇，因叛徒的出卖，在清流同时被捕，不久被押解回连城。尽管敌人用尽酷刑，却一无所得。国民党反动政府便下令杀害他们夫妇。同年7月26日，黄富群夫妇双双从容就义，被匪徒虐杀于连城西门夫人庙坂。（来源：龙岩市全媒体中心）

项家有大义，冒死聚忠灵

◎ 项贤洲

1934年9月23—29日，蒋介石实施其“铁桶计划”，命令东线总司令蒋鼎文的第三、第十三、三十六、八十二师等6个整编师和2个炮兵团近7万余人，在飞机大炮的配合下，向松毛岭发动了疯狂的进攻。在我党、我军面临生死存亡的紧急关头，由朱德、林彪、聂荣臻等指挥的红九军团和红二十四师为掩护中央机关的转移和红军北上，3万多名战士浴血奋战。在敌众我寡的情况下与敌军大战七天七夜，终因敌强我弱弹尽粮绝，上万名红军战士在此献出了宝贵生命，但他们为中共机关和主力红军的战略大转移赢得了宝贵的时间，他们的牺牲对中国革命的胜利起到了关键的作用，他们惊天地泣鬼神的英雄气概与日月同辉，与山河同在。

松毛岭战役后尸横遍野，国民党把其战死的将士埋在文坊村柑利背、水尾公墩、东山庵等地。红军由于被迫进行战略转移，没时间掩埋战友的尸首。此时，松毛岭下的文坊村，白色恐怖笼罩，红军遗体没人敢埋。由项仲炳、项际申、项福元、项盛琦、项汝韶等22人组成“无祀会”，立即在项氏家庙组织召开各房长会议，动员全村500多人，自带畚箕锄头，用毛巾捂鼻，就地挖土掩埋红军遗体，前后经过一个多月，终于将遍地遗体全部掩埋。在掩埋红军遗体中，项仲来等20多位群众传染疫症当场倒下。他们不愧为大义之表率。

红军转移后，国民党进行疯狂反扑，赤卫队长项振隆等29名革命群众惨遭杀害，受摧残的群众50余户261人，被烧毁的房屋16幢230间，得瘟疫死亡200多人。过了3年，由于连年的风吹雨打，红军的遗骸又露出地面，村里的狗经常将骸骨叼回家里。在那风雨飘摇的岁月里，文坊人民并没有被吓倒，村民们冒着被杀头示众的危险，仍然在考虑让非亲非故的红军烈士有个好的归宿。1938年春，经项仲炳、项际申、项盛琦、项门寿、项钦满、项如发、项如钦、项德生、项半溪老等人商议，决定组织村里几十个中老年人，挑畚箕上山拣骨头，大的用竹火夹拣，小的请村里专门捡骨的水来孜用手拣，吃饭由项仲炳解决，烟钱由大伙一起凑。经过4个多月的手拣肩挑，于1938年7月15日将所有红军遗骸集中在村口甲利垄安葬，安葬时由项仲炳主祭，项瑞川做襄礼，当日在静轩公祠所有 .捡骨头、挖穴、挑缸的人共同聚餐。饭后，商议每年七月十五中元节扫墓，用资由“无祀会”成员出，项仲炳、项际申、项盛琦、项汝韶、项和馨、项华馨、项启汗、项林养、项用康、项廷圭、项福元、项帮勇、项瑞川、项福馨、项钦元、项占宽、项鸿唐、项安康、项茂官、项初兴、项敏宽、项永康等22位乡贤每人出两斗谷子，由项廷圭集中保管，所产生的利息做每年祭拜用，这一义举一直延续下来。

文坊群众在松毛岭七天七夜的战斗中，冒着生命危险为红军送菜、送饭、送米。战斗结束后，全村群众冒着传疫死亡的危险掩埋了万名烈士遗体，1938年又组织群众收拣并安葬红军遗骸，并组织长期祭拜红军活动。2019年，66位乡贤又捐资为红军修墓竖碑。此行此举，实乃大义，说明群众对党对红军感情是深厚的，这种品德是十分高尚的，这种民风是十分难能可贵的。让我们永远记住为中华人民共和国诞生而牺牲的英烈们！让我们记住无私奉献的前辈们！

千金之诺

◎ 杨天佑

一

墨子说：口言之，身必行之。

卢梭说：德行是灵魂的力量和生气。

……

古今中外，关于德行与恪守诺言的名言不胜枚举。今天，我要讲的就是有关德行与恪守诺言故事，这是一个真实的故事！

二

芷溪刘熊生先生的生身父亲刘伯坚、母亲王叔振烈士的英名，相信很多人都知道，但是，他的养父黄荫达、养母邱满菊，了解的人可能就很少了。

黄荫达牺牲于1931年，关于他的事迹我们也知之甚少。今天，我们就来聊聊刘熊生先生的养母邱满菊。

刘熊生先生是我的近邻，他的养母邱满菊我是从小就认识的。关于他们家庭的一些经历，也早有耳闻，只是没有想过要把这些东西写成文章。

关于王叔振烈士生前将小儿子寄养苏区妇女邱满菊的事迹，早已有前辈写过一些文章。这些文章的主旨，大都在于颂扬王叔振烈士激昂的革命豪情和大无畏的牺牲精神，对于苏区妇女邱满菊坚忍无私地养育烈士遗孤的毕生付出，着墨都不多。

我觉得邱满菊这个大字不识一升的乡村妇女，恪守诺言的德行是值得颂扬的。为此联系到邱满菊的孙女刘红妹女士，向她说明了我的意图，她当即表示支持。随后，刘红妹女士特地从厦门回来芷溪，向我讲述了关于奶奶邱满菊的一些生活经历，还带给我一些关于邱满菊的文字资料。

刘红妹女士的积极支持，使我写这篇文字的信心倍增，在此表示由衷的感谢！

三

1929年3月11日夜，毛泽东、朱德率领红四军进入长汀境内。随后鏖战长岭寨，三打龙岩城，攻占铁上杭，先后消灭了统治闽西的土著军阀郭凤鸣、陈国辉、卢新铭和豪绅地主武装，解放了汀江以东、漳平以西、连城以南、平和以北的闽西广大地区，创造了工农武装割据的赤色区域，建立了以龙岩、永定、上杭为中心的闽西革命根据地。

1929年5月20日，毛泽东、朱德、陈毅等率红四军二次入闽，途经长汀的涂坊，在新泉下罗地小憩。次日上午，毛泽东在新泉大榕树下演讲。午后，毛泽东、朱德等率红四军队伍来到芷溪。芷溪党支部黄孟依等人获悉“朱毛红军”要过境芷溪，事先组织人员，在坪头“掌上珠”的大樟树前面，搭建简易的主席台，布置庄严的会场，策动芷溪及周边村庄的群众到场召开欢迎“朱毛红军”的大会。毛泽东在会上做了热情洋溢的演讲。

自此，革命的红旗插遍连南大地。

连南重镇芷溪，就处在闽西红色根据地的腹地。

根据《东南学术》2017年第1期《1929—1930年闽西乡村苏维埃政权的执政实践——以“芷溪苏维埃政府公文底稿”为中心的分析》，1930年4月连城县成立苏维埃政府，当时连城县苏维埃政权管辖四区一市：四区为芷溪、儒畲、良福、池溪，新泉由区改为市。

芷溪为第一区，包括丰图、庙前。芷溪辖区有8000多人，是个大区。

当时，连南地带的革命热潮如火如荼，许多妇女也加入革命活动中来。她们干农活，做军鞋、军衣，开展拥军、劳军活动，革命热情极其高涨。但是，乡村妇女大多数都拖儿带女，没有文化知识，所以，急需有文化、高素养的妇女干部到连南开展相关工作。上级根据连南的具体情况，于1931年初选派有苏区妇女工作经验的王叔振同志到连南指导妇女工作。

当时王叔振同志身怀六甲，她先到新泉市落脚，后来在芷溪区苏维埃政府住下来（芷溪区政府所在地：黄姓二世祖文清公祠堂）。

王叔振同志到连南后，结合连南苏区的情况，在新泉、芷溪等地创办了妇女夜校，传播文化知识，宣讲革命道理，培养了一大批革命妇女干部。

1931年3月中旬，王叔振同志在芷溪区苏维埃政府的住处，顺利生下她的第三个儿子刘熊生。4月16日，王叔振同志突然接到一封快信："明日派人接你到瑞金中央机关工作。"看着手中的信，她首先想到的是她的宝贝儿子熊生。她思索着："为了中国革命的胜利，我等革命者又怎能因为家庭拖累而耽误革命工作呢？为了千千万万个家庭能团聚，为了全人类的解放，我应当做出牺牲，实现入党时的誓言。"

为了实践入党时的誓言，王叔振同志毅然做出一名母亲最艰难的抉择——将未满月的小熊生送给苏区母亲抚养。

王叔振同志对自己熟悉的人群，就适合寄养儿子的综合条件，进行了一番遴选与甄别，决定将小儿子熊生送予芷溪区苏维埃政府秘书黄荫达抚养。黄荫达是有文化的党员干部，妻子邱满菊贤淑善良，夫妇政治上可靠，人又好；而且，他的妻子邱满菊不久前刚生下一个女孩，有奶水，是毋庸置疑的最佳人选。

当晚，王叔振把小熊生送到了黄荫达家，向他们夫妻说明要将小熊生送人抚养的原委。黄荫达、邱满菊夫妇经过短暂商量，决定收下孩子，并郑重地向王叔振表态："嫂子，你放心，我们一定会把孩子抚养成人！"

王叔振含着泪水将孩子递给了邱满菊。看着在邱满菊怀中熟睡的孩子，王叔振起身告别。临行前，她拿起毛笔在毛边纸上写下了数行留言：

> 刘门王氏生下小儿名叫熊生，今送给黄家抚养，成人长大在黄家承先启后。但木有本水有源，父母深恩不可忘记，仍要继承我等志愿，为革命效力，争取更大光荣。特留数语，以作纪念。
>
> 母：王叔振字
>
> 公历一九三一年四月十六日写于闽西芷溪

王叔振写完，将字条从骑缝中"承先启后"撕去一半，收好，以便日后拼接验证。将字条的主体部分连同仅有的几块大洋，执意交给黄荫达。

然而，此去竟成永诀，当年“承前启后”的另一半，永远无法拼接复圆。

四

“我们一定会把孩子抚养成人！”

君子一诺千金！

1931年的闽西大地，风云变幻，政治形势很不稳定。政治洞察力敏锐的黄荫达感觉到随时都可能会有意外发生。他在收养小熊生的当晚，就与妻子邱满菊商量：为了安全起见，赶紧把自己的亲生女儿悄悄地送给了别人，对外宣称小熊生是自己的孩子，唤作“黄熊生”。

天有不测风云……

黄荫达夫妇收养小熊生仅十几天，一向对工作积极主动、认真负责的区苏维埃政府秘书黄荫达就被扣上“社会民主党”的帽子，列为“肃反”对象羁押起来，不久就被自己人“错杀”了。

黄荫达牺牲的时候，邱满菊只有二十二岁。一个二十二岁的寡妇，她有多少选择生活的机会啊……但是，她义无反顾地做出了“一定会把孩子抚养成人”的唯一选择。从此，抚养小熊生的千钧重担就落在了邱满菊的肩上。

黄荫达的哥哥黄荫湖是个中医，在本村开了一家叫作“杏林春”的诊所，兼营中药材，在20世纪二三十年代，生意很不错。当时他们兄弟姐妹，大大小小，十几口人组成一个大家庭，黄荫湖就是这个大家庭的顶梁柱。柴米油盐，吃喝拉撒，日常消耗大都由黄荫湖“杏林春”的收入维持。红军长征后，白色恐怖卷土重来，当地老百姓的日子越过越艰难，“杏林春”的收入也大不如前。加之黄荫湖的弟弟黄荫达曾经是区苏维埃政府秘书，是“赤色家庭”，因此也经常会受到国民党反动派的责难。黄荫湖在撑不下去的情况下，只好分家，让兄弟们各谋生计。

邱满菊带着小熊生，以超乎常人的刚强和毅力，去实践“一定会把孩子抚养成人”的诺言。白天，她自己种地，做脚力，为商贩挑杂货等挣点钱；晚上，她领些针线活做，帮人缝制衣裳、做棉布鞋、帮裁缝安纽扣之类的，含辛茹苦地抚养小熊生。当时，国民党反动派极力残害红军家属，特别是对红军干部的后代，更是残暴到了斩草除根的地步。邱满菊为了孩子的安全，诚惶诚恐，几易住处，但也难免受到国民党民团的搜捕。面对敌人的威逼利诱，邱满菊始终咬定熊生是自己的亲生儿子，国民党民团拿不到真凭实据，只好不了了之。

芷溪是文化之乡，一般人家的男孩子，都会在六七岁时送入私塾书院读书；家庭经济条件好的，则送入新式学堂上学。邱满菊深知“生子不读书，不如养大猪”的道理，在熊生七虚岁时的正月二十，她不顾沉重的生活压力，带上积攒下来的三个银圆，将孩子送到离家较近的知名私塾——由杨二满先生主讲的华岳公祠堂“破学”，学习《三字经》《人家日用》《中庸》《大学》等。在私塾读了两年，第三年才转读“洋学堂”，即新式小学，校址就是现在的“芷溪中心小学”。

都说穷人家的孩子，成熟得早。熊生从小聪慧好学，读书成绩一直名列前茅。他不仅成绩好，还经常帮助妈妈打理家务，如剁猪食，喂猪喂鸭等，节假日还会去干些农活，这让邱满菊内心感到十分欣慰。

在华岳公祠堂读书的孩子有二十几个，年纪参差不齐，大的十一二岁，小的六七岁，熊生就是属于年纪小的。这些孩子大部分来自普通家庭，他们都有父母宠着，只有熊生是孤儿寡母的，所以，有些较大的孩子就会奚落他——没爹的孩子是野种！

熊生七岁时，已经很懂事了，每当被人奚落时，委屈是肯定的，但他总是把委屈憋在心里。六月的一天下午，又有一个年龄比他稍大的同学嘲笑他时，他奋然地亮出男子汉的勇气，与对方干起仗来，把对方打得鼻青脸肿，甚是难看。傍晚，对方的大人为此找到熊生母子的住所，将他们母子狠狠地臭骂了一顿，语言异常尖酸刻薄。骂人的走后，邱满菊心如刀绞，异常悲痛。她坐在凳子上，搂着儿子流了很多泪水，但没有一句责备儿子的话。小熊生这时感到无比后悔，因为他从未见母亲流过这么多的眼泪。

邱满菊思索着，她认为已经到了该让孩子了解身世的时候了。就在这个“出事”的夜晚，母子俩挨着坐在自家回廊的小条凳上，如水的月光照着他们单薄的身体，显得格外幽静，只是偶尔听到几只蚊子的嗡嗡声。邱满菊一只手抚着小熊生的头，一只手摇着蒲葵扇驱赶蚊子，悠悠地将他的身世和收养的缘由，一并告诉了他。听了母亲的叙说，这个在记忆中从未见过父亲的孩子，立刻哭倒在养母的怀里。小熊生一夜之间仿佛长大了许多，他之前从没想过——原来这个尽命来爱自己的母亲是养母，而亲生父母都是“干大事的人”。

客家的穷人家生了男孩子，怕孩子长大了娶不起媳妇，往往会带一个童养媳。即在男孩长到几岁的时候，抱养一个比自己的男孩小几岁的女孩，带大了，如果他们合得来，就让他们结为夫妻。由于童养媳是婆婆一手拉扯大的，婆媳关系一般比较好，家庭比较和睦，也是美事一桩。如果合不来，就嫁给别人，所得的彩礼也可以在娶儿媳时垫个底，从而大大减轻经济上的压力。邱满菊看着熊生一天天长大，心里也嘀咕着，靠自己一个妇道人家，种地、挑担讨点生活，将来拿什么为儿子娶妻成家？于是她咬紧牙关，攒了几块光洋，在阁康（芷民村）抱养了一个三岁的邱姓女孩，做熊生的童养媳，取名“邱雄凤”。

为了养育两个孩子，邱满菊竭力劳作，生活上精打细算。缺钱断粮，也是在所难免的。这时候，有一技之长的大哥黄荫湖往往会伸出援手，帮上一把。对于黄荫湖的大恩大德，邱满菊一家大小终生不忘。懂得感恩的邱满菊常常说，我们一家那时候能活下来，多亏有大伯佬的帮助。

连城县解放时，熊生已经上初中了。中华人民共和国成立之初，可谓一穷二白，百废待兴，人民生活水平依然比较低。邱满菊和她的孩子们也一样，解放了，虽然不用担心国民党反动派的迫害、民团的袭扰，可以心安理得地过日子了，但是生活依然过得相当艰难。

一个乡村女人，无知识，无技术，仅仅依靠体力劳动，依靠披星出戴月归的奔忙，依靠勒紧裤带、节衣缩食，去诠释“再苦不能苦孩子”的信念，去实践“一定会把孩子抚养成人”的诺言，这需要怎样的精神力量来支撑啊……

她带着两个孩子，管吃穿住行，管上学读书，管伤寒咳嗽……生活的细枝末节数不胜数。当时才四十岁的邱满菊，看上去比同龄妇女起码要老二十岁。

熊生的初中是在本村的连南中学就读的。初中毕业，他以优异的成绩考上连城一中高中部。熊生上高中的时候，有一天邱满菊托在县城工作的邻居带些东西给他，就在他去传达室取东西的途中，突然晕倒在地上，同学见状赶忙将他扶起，并报告老师。老师连忙送熊生到医院检查，结果为甲状腺亢进，需要手术治疗。

手术治疗需要一笔大费用，这对于邱满菊本来就贫困的家庭而言，无疑是雪上加霜。但是，“妇人弱也，而为母则强”！为了孩子，邱满菊又不得不“开口告人”，东挪西借，凑足熊生手术所需的费用。只可惜手术不是很成功，留下了后遗症。之后并发心脏病、糖尿病等，加上经济拮据，营养不良，在学校经常晕倒，因此无法继续读书。

1953年，在蔡畅大姐的帮助下，党组织终于找到了刘熊生。此时他二十二岁，本应当读高二，但由于身体不好的原因，辍学在家。当党组织找到已成年的熊生后，希望他能去北京与哥哥们团聚，并在那里治病和继续上学。邱满菊知道这一喜讯，也极力劝说儿子“去北京过好日子”。但是，熊生毅然决然地要留在芷溪。他衷心感恩党对他的关怀，养母对他的爱！他不能离开历尽艰辛，把他拉扯大的养母。他要尽人子之责，他要为养育他的母亲尽孝！他牢记着妈妈的遗嘱：“长大在黄家承先启后”，他要做黄家的传人！

五

熊生因为手术后遗症的原因未能完成学业，也不适合体力劳动，只能做些家务。幸而他天资聪颖，记性好，悟性高，他认真研读大伯黄荫湖遗留给他的医书，颇得医术要义。他在治疗无名肿毒、毒蛇咬伤等方面，很有研究，享誉三村八隘。特别值得一提的是，熊生帮人家治病一般只收点配药的成本，如果碰到生活贫困的患者，他是不收钱的，患者为了表示谢意，往往会送几个鸡蛋之类的小礼品，他一家人也会非常客气地推辞，因此，大家都非常尊敬地称他为熊生先生。

如邱满菊所愿，雄凤与熊生自小青梅竹马，情投意合，感情盛笃，成年后，他们结成夫妻，生有三女二男。

熊生夫妇是非常孝顺养母的。养母身体稍有不适，必定亲侍左右；跟养母讲话总是平心静气、和颜悦色…… 总而言之，他们对养母邱满菊的吃穿住行，是关怀备至、体贴入微的。由于熊生夫妇以身示范，他们的儿女都很有教养，因而家庭和睦，其乐融融，这让饱经风霜的邱满菊感到莫大的慰藉。

1966年9月，邱满菊这个倔强的苏区妇女，在积劳成疾的病痛中，走完了她平凡而又伟大的一生。

她是含笑而终的，因为她以毕生的努力，实践了“一定会把孩子抚养成人”的诺言。

六

无论社会还是个人，精神文明建设，都是一个永远不会过时的话题。俗话说，诚以养德，信以立身，诚信是我们中华民族的传统美德，如乡村妇女邱满菊的德行，就是对“诚信”最好的诠释。

让我们把诚信的美德发扬光大！

参考资料：

1. 胡华主编:《中共党史人物传》第二十九卷（胡华主编），西安：陕西人民出版社，1986年。

2. 刘豹编著:《刘伯坚》；北京：人民出版社，2013年。

3. 曾海泉、张福坤主编:《连城红色档案》。

4. 张侃、李小平:《1929—1930年闽西乡村苏维埃政权的执政实践——以“芷溪苏维埃政府公文底稿”为中心的分析》，《东南学术》2017年第1期。

践行吴氏至德家风的楷模吴大彬

◎ 吴尧生

吴大彬，连城罗胜吴氏渤海堂宣公第二十九世孙也，约生活在清康熙至乾隆初年。传说他为人正直开朗、仗义疏财，乐善好施，不仅常常教育子孙要恪守祖训，与人为善，而且身体力行，以身作则，因此，他生前德高望重，死后还被封为一方神灵，可谓践行吴氏至德家风的楷模，对后世子孙影响深远。他的传奇故事至今还在其故乡——罗胜等地流传。

据说在大彬公五十岁那年仲夏的一天下午，艳阳高照，大彬公和几个乡亲从姑田赶集回罗胜，一路上酷暑难当，汗滴如雨，行至十字凹下一个四面透风的小茅寮时，看见一个年龄比他稍长几岁的老者，满脸倦容地半躺着倚坐在寮柱旁休息。

他连忙上前探问："敢问客官贵姓，是何方人氏？要去哪里？"

对方艰难地挪了挪身子答道："免贵姓王，在下乃江西兴国人氏，今天清早从梅村头来，想到姑田投靠朋友，不想路上中暑了，且又扭伤了脚，已经在此歇息了两个多时辰，眼下天已黄昏，进退不得，不知如何是好。"

大彬公上前一步关切地说："此去姑田还有二三十里路，且客官孤身一人，天色已晚，如果不嫌弃的话，不如暂且随我到离此八九里地的寒舍安身，待贵体痊愈后再走如何？"

"我们萍水相逢，怎好打扰？"

"哎呀，出门在外，谁也难免会碰到点难处啊。兄长不必介意！"

王先生见大彬公面目和善，热忱诚恳，便不再推辞，忙欠身作揖道："承蒙抬爱，感激不尽，如此小弟就先谢过了！"

于是大彬公便叫同行的乡亲帮忙，打来泉水让其喝下，并就地取材用竹竿和藤条扎了个简易的担架，抬着王先生艰难地往罗胜走，待到他们回到家时已是夜幕四合。大彬公当晚就请来村里的老中医为其诊脉、刮痧、熬药。

原来这位王先生，是个学有所长的风水先生。自住进大彬公家后，经过大彬公和家人的悉心调理，十多天后日渐康复，便多次辞行，但拗不过大彬公一再的热情挽留，又见罗胜山清水秀，民风淳朴，便安心住了下来。

半年多后，王先生就为大彬公在狭喉坑安葬了一个祖坟，是个逆水的风水。结果，据说大彬公当年底就发了一笔财。说是有一天，大彬公去姑田赴圩，当他路过一家店铺时，守摊的老板看到他背上斗笠的名字就大声喊："吴大彬，你让我好等，前几圩有个须发花白的老者，寄了一担箱子在我店里，要我转交给你，你还不挑走。"他挑回家打开一看都是白花花的银锭。村人就说这是土地伯公送给他的一担白银。大彬公发财后，为村里架桥、修路、建路亭、接济穷人，做了不少善事。

时光荏苒，日月如梭。一晃便到了第三年夏天。王先生见大彬公为人敦厚、正直、行善，是个有德之人，便有心报答他，想找个大风水送予他建祠堂，福荫子孙。

当时的罗胜村，自北宋吴氏开山祖十五郎公迁来已下传二十余代，人口已发展到一千多人。村中的水尾、田背、对面山、隔沟等地都已建起了房子，该去哪里发展呢？王先生仔细观察村庄四周山头的来龙去脉，苦苦寻觅，终于有一天，他在对面山遥望现在的岩头十三家老屋所在的小山冈，发现那里当时虽然还是树木繁茂、茅草丛生，但山势逶迤而来，形似田螺，是个不错的宝穴。于是事不迟疑，当年秋天，大彬公便请来工匠，选了个黄道吉日破土动工兴建祖祠，祖祠就建在山冈的半坡上，为客家人八间头二伸手再加两边厢房的建筑格局。因山冈像田螺，故在祖祠背后右侧的山坡上挖了一口池塘，将池水经水沟引到祖祠周边常年流淌，并在祖祠两边砌了延伸至河边大路的石阶梯，远看就像田螺在用嘴边的两根触须在河边戏水。

祖祠建成以后，大彬公家道中兴，人丁兴旺，有四个儿子、十三个孙子，大彬公亦活到七十多岁高寿而终。祠堂建成之初，称大彬公祠，后来因其有十三个孙子，故又叫十三家老屋。据说大彬公逝世的当天，有人在罗胜通往竹贯古驿道三公里处的横山亭遇见他，他还托口信说："请告诉我家人，竹贯的牛头公爹今天入火，叫我去赴会。我家禾仓的锁匙挂在我睡眠间的门背后。”结果，待那人回到村中就听说大彬公已在家中去世了。因此，村人就传说大彬公一生种德修身，广结善缘，是被天老爷派去竹贯牛头公爹当土地神了。

从兴建十三家老屋至今的300多年里，大彬公的裔孙已传十二三代，达400余人，可谓贤才辈出，代有闻人。古代曾出过吴荣、吴荣宿、吴添槐、吴增英等一批贡生、秀才、医生、雕塑家，现当代也曾出过博士、硕士、高工、教授、作家、书画家及县处级国家干部等人才。罗胜人都说：这是大彬公的裔孙们恪守祖训家规，继承和弘扬了他的德行获得的福报啊！

家训德教故事多
善恶敬畏心中铭

◎ 吴有春

《培田吴氏族谱》首卷载有家训十六则：敬祖宗、孝父母、和兄弟、序长幼、别男女、睦宗族、谨婚姻、慎丧葬、勉读书、勤生业、崇节俭、戒淫行、戒匪僻、戒刻薄、戒贪饕、戒争讼。这是族人融入社会生活、生产，以及国家政治法规的道德基础要求。村贤常以历代祖宗行略与乡村周边环境地物，记载或编撰不少故事，生动地教育启迪后裔志洁行芳，处世做人。兹择十三节于下。

一、迷信当轻，敬祖为重

自元代至正八年（1348）到清代乾隆，宣和吴姓繁衍甚众，分吴坊上、下两门派，布于培田、上里、连屋田、赖地、田源、洋里坝、卢官畲、五磜等村落。为了方便子孙到汀城读书科考，与经商办事，免除投宿之烦劳，两门村贤于乾隆三十二年（1767）集资在汀城购买旧屋，改建为吴氏家庙祀奉宣和吴坊始祖，此祠位于三元阁附近，是汀城繁华重地。

1946年，吴坊两门族贤感到家乡也该有始祖祠，才便于共同举行春秋两祭，商议乡村公益事业。于是动议将两门之间已经破败倾塌的五谷仙庙拆除，在此旧基建造始祖祠堂。但是无人敢把高大的五谷仙泥塑座像清除以奠基，生怕得罪神灵而降祸自身。结果，由留法回乡的吴乃青及当年大学生吴树星等人，坦然承担责任，先在塑像前虔诚陈述原因祭告，许下重塑金身，将神灵移到土地伯公附近的文昌阁侧殿，从而动员了建筑工人开工奠基。次年建成了始祖祠。祠门横额挂“吴氏家庙”金字匾，正厅神龛上部挂“敦本堂”金字匾。

落成庆典日，有来自汀、连、杭、永、武的客家宗亲，他们送来贺匾与柱联。明代裴应章尚书赠联：“距汀城郭虽百里；入孔门墙第一家。”近代泉州状元吴鲁赠联：“守礼经立庙旧制；得圣人追远深心。”二联镌刻于门、柱上，特别显眼。祠前坪宇搭台演戏三日，热闹非凡，喜气空前。

将五谷仙庙改建为敬祖家庙，族人为了说明此举措的合理性，常借有关民谚“求神不如敬祖”的现实性来自慰自勉。由于两门人口中吴姓占大多数，未闻责怪声。偶有疑虑后患，亦以“敬重祖德，恩情真切；求拜神灵，福泽虚渺”而理得心安。

二、逊让祖屋，友爱诸弟

元朝至正年间（1341—1368），反元农民起义烽火连天，宣和吴姓始祖八四郎隐贩于长汀、连城，中途常寄居培田柿树坑林家。后来娶培田魏屋女，遂定居于上篱（今升星村）。时至永乐年间（1403—1424）传至孙辈，有文贵、潘福、石文、文清四兄弟，各自成家人口增多，力不能合食，但居室仍在上篱老屋内，同出入于正门。

文贵居长，志好学，性仁慈，为子孝，为兄友。因老屋居之者众，自念祖父坟在培田后龙山腰，与老屋仅隔一山冈，相距约一里。此处背山面水，左右有护山，是理想宜居地，于是择祖坟下山麓，构屋数楹而居，将上篱老屋逊让诸弟居住。此后，文贵又在新屋西北建楼三间，登楼可望祖坟而思祖德，故立匾曰“望思楼”，多有达士名公揄扬咏之。新居位于溪水上游，故称“上头屋”。

文贵与明进士兵部主事张郃有朋谊之好，请为之作屋记，称：予惟上头屋，山之屹，可以立身；山之静，可以定心；广大可以育物，崇高可以荡胸。此其为居，信乎广居之仁也。登楼西望祖墓，则思水木本原，种德之根基。东望祖母之墓，则思鞠育之恩，天性挚然也。夫居以立本，思以致孝，则他日可以为仁人，可以为孝子，天下亦称之矣。

三、赈饥救灾，旌表义民

吴琳敏，培田五世祖。孝友兼备，继承先志，发展家业，始称富室。他雅尚礼义，乐善好施，乡人称之曰怜悯先生。明成化十八年（1482）鄱阳教谕八十老人应志和，题其行实称：

正统中（1436—1449），诏民出粟赈饥，以多寡褒赏，有差公（琳敏）输谷以石计者几二千，遂得奉敕表厥宅里，旌曰义民。

当岁大饥，饿殍甚众，公忧形于色，空仓廪而周给之，乡民赖以为生。公掌国赋，或贫乏不能输者，捐己赀代输。家征私债，则谕之曰：我家颇自给，贫民困苦，国赋已不能输，况私债乎，取积卷焚之。或私占其疆场，佃者告公，公曰："彼无恒产，如此何较哉？"其人闻之让还公，公又与之。

有乡人聂其明者，一家疫死止遗幼稚，邻人畏避。公与之衣棺埋葬，抚其幼孤，后为白蒲（歹徒或人贩子）掠鬻广境，既长，思其德来归，公善待之。凡待僮仆，多加恩意。公年老贵尊，为乡邦所钦，行谊可书。赞曰：惟孝惟友，有猷有为。家族砥柱，乡党耆龟。富而好礼，望重名儒。朝廷旌义，济济簪君。我仪图之，君子人欤。

四、智取匪盗，荣膺尚义

明弘治年间（1488—1505），有乡人号黄老虎，常集白蒲赤毛等劫泉州富人银牛。富人告于本省，司道批示本府查获申报。拟于本里欲得一人有机谋者，以兵委之。一时，识者咸以吴郭隆公应召。

公询贼动静曰：贼不满千，若以兵临之，势必走而流毒多坊。

府曰：高明如何？

公曰：事在因时制宜，兵法贵于谋而贱于战。愿恩台按甲赐以招安牌榜文，俾得相机行事。不弥月，群丑将授首矣。

府且疑且喜曰：命自上司，事干擒贼；勿易失脱，失误责不容辞；若成功，赏当不次。

公归，募勇士四十人，令一人装伪以榜文招安之名。为解贼疑，又给黄贼亲家姓巫者，饵之以利。巫生以招安事与贼言，贼不之信。巫生以利告示之曰：上司以诸君出于无知，迫于无奈，不忍置之锋镝。不然，谋臣如云，勇将如雨，果虑汝辈不胜刃者乎！且诸君所为如此，上人犹然怜之，命人招安。汝反可悖乎？幸熟思之，毋至噬脐。

黄贼曰："善哉亲翁之言也。"于是询来使何在。

巫生曰："在郭隆公处。"

众既议曰："若然，则委官不劳至我等，当函币以谢。有榜文烦郭隆公赍至即可。"

公至，黄贼等迎于寨居，公乃出示榜文，宣上德意，众贼大喜，屠猪置酒饮至日昃。辞出不得，仍坐曰："即三更亦回，明日送来使还，府限不可缓也。"约至二更，有家童来报："使官着我敬问主公，事势若何？"公急辞出，黄贼六七人随公且言且行。适揖别，左右埋伏者尽出，或二获一，三获一，尽缚之。余党闻风悉奔散鼠窜。巫生惊讶曰："不虞此为计也。"

贼首六七人，乃星夜解府。次日午报府，府尊躬迎慰劳我公及勇士四十人。接着申报司道，义其所为，官之以"尚义"，荣之以冠服。

嗣是各乡不轨者知惧，比闾安枕矣。

五、办学不辍，人才辈出

办学目的为希望人才辈出。所谓人才，即是明德于天下，亲民社会，能齐家治国者。此等人才需经学校培养，格物而致知，致知而意诚，意诚而心正，心正而家齐，家齐而国治，国治而天下平。

培田七世祖吴祖宽邑武庠，精剑术好读书，两赴乡试不售，遂将余赀创办"石头坵草堂"，聘浙江钱塘人谢桃溪学士（后中进士）掌教。谢称："此处地幽势阻，若陶潜之松菊三径。"次年（正德二年，1507）嗣君吴方茂十四岁入郡庠。后来方茂著有《至德堂文集》，长汀进士（户部主事）赵钺作序称："传远者莫不寿于文字，而仁义系之。父子、夫妇、长幼、朋友之伦所由显，亲疏、贵贱、名物、度数之具所由彰。故生人有家有国于天地间，率用是道以绵世。犹忆方茂桥梓，癸卯（1543）与予同赴棘闱。今季嗣干乔（即方茂三子）亦补弟子员，三代同饩于庠。东南交游人士礼其庐而投之辖者，无虚日，义塾有名师，宾榻有上客，水轩竹院有鸿儒。往往操觚酒翰，饮和茹实，随意命题，发为诗文。盖亦本仁义以立言，而可以传诸远也。"可见方茂承办草堂广聘塾师名流教学，其长嗣录用府吏员；次子取入广东肇庆府新兴县尉，后升贵州仓太史；季子考取郡庠，诗文书法得同人推崇赞赏。此外有二侄分别任湖广布政司清浪太使和大田县汛把总。至孙辈有吴仰道任江西南城县尹；吴正道考取邑庠，于万历年间创撰《培田吴氏族谱》（此后代代续修，使得培田七百年历史源流可考）。

时至万历四十年（1612）以后，人丁渐增，办学按房派分办。有十世裔吴在宏于石背山麓开办“十倍山学堂”（依地名谐音而名）。继有十二世裔吴君建于后龙山南段东麓开办“白学堂”（意为传授儒家经典，学习四书五经之所，故名，如有白鹿洞书院之名），至道光年间改为“天一公祠”，始创祠校合一之举。又有十三世裔吴配虞贡生开办“云江书院”（又名业屋学堂）。再有十四世裔吴健庵开办“岩子前学堂”（至道光年间倾塌改为铁厂，咸丰年间成为墓地）。

南山书院，由十五世裔吴镛贡生开办于乾隆二十年（1755）左右，它位于后龙山北麓，旁有田坑尾朝南称“南坑”，于是族人俗称“南坑学堂”。因坑字不雅，教书先生取“采菊东篱下，悠然见南山”之意境，定名“南山书院”。这里培林畜竹，植梅种桐，鸟语花香，柳绿莲红，是一处怡神醒思的读书好地方。历来聘名师执教，出了文、武举人及进士，10多名庠生、增生、廪生、贡生，获国学生名分者更多。由于环境幽美，办学成效好，吸引了全村目光以至邻乡注意。特别是废除科举后，率先于次年（1906）改办新学，成为全村以及邻村聚合的学校。郭隆公尝田每年出租谷100担作为办学之资，增扩校舍以适应课堂教学。1913年出了留日学生吴建德，追随孙中山参加同盟会；1919年又有留法学生吴乃青、吴瞰、吴树钧3人，希冀吸纳先进科学技术与民主革命思想，改造贫穷落后的备受欺凌瓜分的旧中国。1945年成为宣和第一中心小学。1950年成为吴坊中心小学。以后由于教育事业普遍发展，各村积极办学，中心小学移到公社所在地，1965年便名为培田小学。虽然校名地位渐降，但培田学子不甘落后，力争在升学数量与质量上处于前茅，这种精神成为村民挥之不去的情结。人称“书香文脉”气质。

有人统计，元至明代，一世至十二世男丁238人，获秀才功名者11人，出仕者5人。十三世至二十世男丁4076人，时代为清至民国初年，出有秀才

62人，举人2人，进士1人，留学生2个，出仕者近10人。二十一世以后，时历民国及中华人民共和国，全村男女人口，由800人逐渐增至当今1800人左右（含在外人口）。民国时期有留法学生2人，大学生9人，高中及中专毕业生23人。1950年至“文化大革命”前，大学毕业生14人，高中及中专毕业25人。恢复高考（1977年）至今，高中及中专学历者103人；大专以上学历者235人（含硕士、博士20多人），其中评为副高以上专业技术职称者40多人。有以访问学者资格留学加拿大，回国后以其业绩享受国务院特殊津贴的；有以研究生学历公派留学英国，回国后就职于国防科技大学的；还有留学美国2人，留学新加坡1人，他们志于为祖国服务，在各级各类建设与事业单位、行政管理部门，尽职尽责工作，有的获多项发明专利，有的获先进工作者及劳模等荣誉。

六、辞官归里，事母课子

明隆庆年间（1567—1572），广东肇庆府新兴县令邓应平撰《石泉吴君荣迁序》称：“国朝建官图治，辟诸科以取人才，论人才而叙用。县统以令，佐以丞，赞以尉。石泉吴君，习刑名，学兵法，由藩宣吏拜新兴县尉。君至，每夜坐城上，张声号，殷殷闻诸四野。寇亦少戢矣。……方幸得君之勗勦赞画，而君荣迁擢升之命下矣。然而，君母夫人老久，欲归养致孝，功名禄位漠然于心。君见尤出恒情之外，岂余之所能料哉？”

又明进士吏部尚书，汀郡清流人裴应章所撰《石泉吴先生七十一寿序》称：“石泉以功授贵州仓太使，乃皤然叹曰：‘吾志稍稍厌矣，愿归而与泉石盟，烟霞侣乎。’遂解事归乡，父老挽留不可。既归，课贤郎在中、在宏，诵读有声。……余惟，石泉壮岁服官有其爵矣，禄以养廉有其禄矣，年岁耄耋有其寿矣……彼贤郎在中君铮铮庠序，在宏丕振家声，异日掇巍科昌，厥祚封诰褒章，翁且庞眉皓首欣然宠受之。”

综上可知，吴石泉为官勤政忠诚，为子孝顺父母，为父督子课读。情寄泉石云霞，与世无争；志托子孙贤达，丕振家声。培田家训中“孝父母”“勉读书”“勤生业”“戒争讼”是耳提面命的教导，石泉君以身作则，成为里党乡邦之范，代代相传。

七、智烧斋庵，在敬续后

培田几百年来，相传一则兄弟仁心相连的奇美事迹。

十世裔在敬公，生于明嘉靖九年（1530），幼习儒业，优翰墨，善七弦，精风水，多才艺。因父三十九岁而逝，于是弃学早理家政。隆庆四年（1570）公已步入中年，当下唯一儿子已十八将聘娶，却突然发病而亡。痛嗣之失几乎令公失明。对于人生前途感到渺茫，毫无信心，于是选择偏僻山窝建了一座简朴庵堂修道。学经典，练气功，仰观天文，俯察地理，身沐林泉，心静养生。光阴飞逝，转眼过去四五年，很少回家问事，似乎看破红尘。

同祖父的堂弟在宏公，少时与堂兄同笔砚，聪颖明理，善于诗词歌赋，兄弟情谊甚笃。见堂兄痴迷于修道，忘了日月轮回催人老，他心急如焚，命妻彭氏与兄嫂曹氏商量计策，劝堂兄回家，振作精神，重整家计，再生嗣裔，中兴家族。但几次贴心劝解，都未见奏效。无奈出谋，由家中仆人每天送粮送菜去庵堂，顺便在附近砍柴割草，每次挑一担回家，留一捆寄存庵堂侧背，免遭雨露淋湿。多日，集存檐廊下的柴草，围了庵堂大半圈，而且逐渐干燥易燃。

一日，在宏公托口信请堂兄回家商议急事，待在敬公到家后，仆人将庵堂内有价值的物件收拾清理到庵外，然后点燃庵侧背檐廊下的柴草，将庵堂烧为灰烬，并将收拾妥当的物件搬回在敬公家中。从此，在敬公无法回庵修道，他也明白堂弟的良苦用心，只好回心转意，居家主事。

功夫不负苦心人，一年多后，在敬公得子嗣。在古代，近五十岁得子嗣是重大喜事，无疑令在敬公万分高兴。自此他发挥才艺，为乡邦里党做了许多公益事业，受到社会推崇。例如主持马埔珨瑚庙的建造，其雄姿至今犹存；家乡的横山大庙和土楼场虽圮无存，但作为吴坊及培田水口景观，有赞美的诗词《崇墉秋眺》仍载在族谱中，令人回味无穷，清乾隆年间改建为文昌阁又有《杰阁吟风》七律吟诵，作为培田八景之首，今改为上祀孔圣，下祀武圣的文武庙仍能体验古今胜境韵味，追思在敬公的慧眼与灵性。明万历年间，八十多岁的在敬公接受南京户部福建清吏司赐以冠带，荣以乡饮正宾，得匾“天宠双临”。

当今，村人谈及“斋庵堂”“斋庵岭”的地名时，总会说起上述奇美故事。此后，在敬公后裔娶亲时，总要遵嘱，到在宏公祠点香烛敬拜，表示感恩谢德。培田家训“和兄弟”的阐释，也常以此为例。

八、磜岭砌路，丰山铁瓦

1980年以前，自培田到连城，一般需上岭15里到五磜，下岭15里到林坊，平步10里到县城。

明代，此程山岭崎岖陡峭，泥路泞淖雨滑。有军官翻越经过，称“旗头接日，马足生云”表其高耸。商贩挑担，农工抬木，嗟叹艰苦之声叠出于耳。

培田十一世裔吴汝厚，赋性慷慨乐施，独捐赀石砌此山岭，促成坦途，行人皆颂其德。一日，有县主陶公过斯岭歇于培田，族裔请陶公为之记，其中结语赞云：“义声载道，仁德永传。萃善行于一门，造福基于百代。”

又有清流县内大丰山庵，地势极高峻（海拔1700多米），每凡大风则庵瓦常被拔起吹落，人们每修葺又吹落。培田人，古有作醮习俗，常要跋涉百余里，到大丰山庵朝拜“欧阳真仙”，祈求风调雨顺，身健心康。汝厚得知山庵寺庙屋瓦常被吹落之烦，乃施铁铸重瓦于其上，复铸铜钟于寺庙中。四方信众传为美谈。

上述两件事迹记于族谱。族人传：汝厚公无兄弟，是单传。由是得五子而发家。后裔还繁衍于浙江及江西。

1988年，笔者随学校生物组到大丰山考察植物分布与海拔高度的关系，采集了不少标本，体验了低海拔的阔叶林荫、中海拔的矮松针叶林、高海拔的草甸坡面。庵及屋顶，当时用镀锌铁皮钉固覆盖，周边水冷清澈，晚饭吹得铁皮屋顶哗哗响，星月闪耀似乎伸手可摘。次日清晨观日出，早饭后见庵周草丛中有遗落铁瓦数块。当时未知铁瓦是家乡上代祖宗所施。后来修族谱时，得知铁瓦来历，特具一种亲切见证滋味。

九、遵祖吩咐，百年承诺

清嘉庆年间（1796—1820），培田来了一个理发师，租了吴南郇一间临街的店面开业。他技艺好，为人厚道，见识也广，大家都亲和称呼他为“李师傅”。

当时理发主要是修面和梳洗长长的辫子。在古代，理发职业排行下等，收入不多，因此李师傅一生未娶。他对所租店面屋主一家理发是不收钱的，南郇公也从来没有催收店租。一来二往，久成至交。李师傅是多闻广见的知礼人，对店面屋主人相悉尊重。师傅有恙时，南郇公亦常命家人关照，相亲犹如一家。

年久，李师傅去世，南郇公为他处理后事，择地建坟。每年三月与八月都去扫墓，还留言吩咐：后代永远为李师傅扫墓。南郇公去世后，公的后裔将李师傅的骨骸罐附葬在南郇公坟墓附近并立碑。200多年来，每逢祭南郇公墓时，总要备香烛酒醴，到李师傅坟前祭扫。

培田家训“戒刻薄”的释文为：“积善余庆，积恶余殃。天命不僭，隐有主张。忠厚传世，久而弥昌。从事刻薄，立见灭亡。”村人常以上述事例作为“戒刻薄”之范例，对贫弱者不能有欺凌言行，有能力者还需扶贫助弱。这也是当今社会推行的人生价值观念与道德准绳。

十、捐馆省垣，牌坊旌表

以科举考试选取良才的制度，相比以门第而世袭的录官制度，显然是一种政治进步，使得平民有机会参加社稷民生及国家行政管理。科举考试需经府城科试、省垣乡试、京都会试及殿试。因此民间常在府城与省垣建祠堂设试馆，在京都成立会馆，以便考生住宿备考，获得好成绩。诚然，亦可以为商贾办事提供方便。古代汀郡人在北京有“汀州会馆”，宣和及南山人在福州有“宣河试馆”，汀州八县吴氏在福州有“吴氏试馆”，培田人在汀州府城与福州省垣有宗祠，亦可提供住宿备考与办事。

汀州八县吴氏在福州的吴氏试馆，是由培田人吴引斋四兄弟遵父遗嘱，在福州文兴里购得卢镜秋宅院全所而捐出的。光绪四年（1878），连城进士吴存刚所撰《吴氏省垣试馆序》称：“邑者引斋昆玉，奉赠翁奉直公遗命，不远千里而相宅于省垣，久之得卢镜秋文兴里房屋全所，不惜重价而购之。归告余曰：吾先人乐善好施，独此一事（捐试馆于省垣）弗克及身图成。……吾兄弟谨志之不敢忘。今日因承先志而有是举焉。”

20年后，有汀州八县十名吴氏生员呈稿，为赠翁奉直公吴昌同申请立牌坊，以旌表善行，褒赏功德。呈稿称："已故四品封职吴昌同，居心诚朴，立品端方。亲族共号仁人，乡里皆推长者。矜孤恤寡，悯无告之穷民；砌路修桥，任独擎之义举。加以作人养士，增膏火而助多金；仗义急公，广题捐而输巨款。所尤难者，悯学士文人之艰，讲敬宗睦族之谊，购试馆于闽峤，万贯囊倾。……该善士实惠实心，不骄不吝，罄一家之余积，公而忘私；萃八邑于同堂，远无殊近。为此佥叩宪阶，伏乞照例请旌。据情上达，体人心之公道，表潜德之幽光，用慰舆情，俾维风化沾仁。"

经长汀县文批、汀州府胡批，福建承宣布政司布政使张批、闽浙总督许奏，最后朱批：着照所请，礼部知道。准予在原籍由家属自行建坊，赐给"乐善好施"字样。此牌坊至今仍竖立在培田古村之东北，成为新村之门户。它默默诉说着"睦宗族""勉读书"的诚正仁善家风。

十一、明经善行，可敬可风

吴泰均，少家贫而好学，聪颖有远志。道光十年（1830）考取廪生，数次赴省乡试考举人，曾备取，惜未中。此后以舌耕为业，解惑授业于长汀与连城的乡间。从游者甚众，获秀才者数十人。至同治六年（1867）获拔贡，称"明经进士"。

其受业族弟吴震涛是松溪教谕，记其行略称：吾师性孝友，父病侍奉汤药，朝夕不离。事堂兄如同胞，抚堂侄如己出。兄故，侄幼携与同居。性勤俭，以课余赀置田捐祖尝；祖屋遭兵焚，独资肯构，轮焕一新。居乡和平，无论尊卑，以礼相待；不与人争竞，虽有横逆亦不校。而为人排解纠纷，不激不随，恒得一言则曲直分。母族妻族嗣乏，均置业央众经理作祀事费。

河田进士郑次郊的胞兄企尧廪生，与泰均友善，同赴省垣乡试，不料疾终福州。泰均初待以就医煮药，继代以殡殓丧事，事事极尽情谊。郑家感佩恩德，以孙女许配其孙，传为佳话。

清代，民间生女，多有溺毙。州县设育婴堂，告示收养孤儿弃婴，活者众多，民颂朝政仁泽。乡去城远，泰均仿效州县，特于乡邻善士邀集成立"拯婴社"，受惠穷困夫妇，救活女婴孤儿众多，乡民赞其善德，誉满一方。

泰均老年，续接刊印培田族谱，纂修校对独任其劳。文论与诗词著作也颇丰，校正祖宗源流尤征卓识，年八十仍设帐南山书院，诲人不倦。作自悟自励联句：“不作官非无仕路；乐为善只有心田。”“未获三爻敲月窑；亦曾一指悟天心。”

十二、进士喜讯，节俭传报

光绪十八年（1892）壬辰科会试，培田吴拔桢取中进士，殿试钦点三甲第八名蓝翎侍卫，他将喜讯以平信邮传，经过40多日方到家乡。但是此时他的父亲已去世20多天。于是拔桢大哥心生遗憾，依民俗做“四七”祭仪时，将喜报奉于灵堂而哭告，祭文中痛叙：

> 父逝二十八日矣，回忆父病之时，殷殷垂询，欲待捷音，方瞑目也。阅弟手书，钦点之榜挂于十月初五日，父尚未染沉疴。倘如打电报，捷音得亲见（注：京都九月十九日午刻挂进士榜，潮州商号本日戌刻接到电报。即使专程赶信，二十三日亥刻到家，约计费银十两）。因父平日以省俭垂训，我弟则以省俭为遵，吝此微费，致缓一月有余。我父其曲谅耶。今展列喜讯于灵前，我父不犹是亲见耶！名愈扬而亲愈显，虽魂游泉府，而柩在堂中，洋洋乎其当笑耶。讣音向北千里奔丧，舟楫江河，风霜驿路，还冀父在天之灵，默佑弟顺风扬帆耶，屈指其来月趋庭耶。

上述祭告文中，生动说明光绪年间已有电报之设，但资费较平信昂贵，且未曾设到县乡，只到沿海通商州市。倍感当今通信之便利，科技之进步，时代之昌明，实在幸运。更感到上代人崇尚节俭的操守。培田家训“崇节俭”释文：“制节谨度，满而不溢。慎乃俭德，家国理一。一念骄奢，遂生淫佚。转眼空虚，言之可慄。”这大概是前贤德操之哲思吧。

十三、匪僻淫行，后患无穷

古村老街，有一长久无人经营的店面屋柱，遭斧乱砍，已见柱心。传为因店主造孽，后人潦倒，百余年来无人修缮。至今，村人每见斧痕累累的柱子，便讲起一则让人警醒的往事。

传说，店主名彪，不善经商，却染上赌博、鸦片，把原来尚殷实的家弄得难以维持生计，负债不少。经友人引导，戒了鸦片便到永安、沙县一带打工造纸，渐渐有了积蓄，还了赌债。熟悉外地生活后，迁家外坊。但彪不耐劳苦，结识劫掠一方的匪帮，认头目为干爹，以为找到一棵遮阴大树。

为恶社稷，自有克星。某日，头目远出，遭伏击丧命，他无妻室无子女，由彪料理后事，并继承遗产，彪从而一夜为富。从此，彪不时“衣锦还乡”，一扫往日晦气，灿然置酒宴请亲朋好友，彰显“发财”风光。村人不知彪的财源来历，还真信为外坊资源丰富，工商繁荣，好赚食。

离彪店屋不远处，是他的五服外小叔的家。小叔名良，老实厚道，是个识得几个字的农民，有一美貌娇妻，她生一子，仍丰姿绰约，引人注目。她对彪的风光心生羡慕之意。彪回乡虽风光，但亦觉寂寞，自然对小婶动心。一来二往，由相互问候到勾搭成奸，但未被人察觉。彪既风光一阵，还得艳福，依依难舍回外坊。

不多年，彪的原配妻子病故，他于是思念起小婶的温情。半年后又回老家，暗约小婶相会，以在外家产与金银财宝为引诱，提出私奔外坊，以夫妻名义为生。小婶名桂，贪图富贵与金银玉器，竟无情无义抛弃儿子与丈夫，择夜翻山越岭逃奔外坊。在农村，这是大逆不道的事！对于良的打击不仅是失偶，更是飞来的耻辱。良忍无可忍，一改忠厚面貌，寻出刀斧，将彪的店面屋柱猛力乱砍，围观人多，尽力相劝，才没有砍断而回家消气歇息。留下柱痕则成风化的伤痕，成为百年来警醒的符号。

星移斗转，时间抚平了受害者的心痛，淡忘了店面柱子伤痕之因。十七八年后，丑恶的彪与匪帮争利被诛，连尸骨都无存，留下前妻两子与“后妻”桂的一子。桂是心谋颇深的货色，顺利掌握了彪的家财。

遭夺妻的良，不久也含恨离世，留下的独子已婚配成家，也算安定度日，独子名光，年三十左右，正思立业兴家之时。闻彪已被天诛，也算报了心中之仇。有人劝光抛弃前嫌，认母归家，可带回丰厚的金银财宝，正是发家所需。光心想，母毕竟是骨肉连心，如今在外无依无靠，母所获不义之财也许为匪帮所图，难以保住，可能殃及母命。于是寻母到外坊，诚劝母亲回家。

桂有羞愧，但思财产性命不保，只好厚着面皮，带私生幼子回归。光将父亲原居厢房安置母亲及其私生子，十余年相安无事，但表面和气暗有危机。

待私生子成人时，已是抗日战争年代。原来光以为母亲会将外坊带回的钱财主动分半数给他，可是母亲从来不吱声，只考虑私生子的生计，将钱财给私生子跑生意于长汀、江西与连城、永安。又为私生子娶来潮汕逃难女，成为另外一家发展势头胜过光的和美家庭。

光觉得劝母回家的原旨无望，自己家又添了两丁，只靠农耕收入，生计艰辛。于是心生恶念，以为除掉“野种”（即母亲私生子），就能获取母亲的钱财，计谋在“野种”经商的半途暗杀，即无人见罪。可是“野种”也有防备，往东经商贩货，则扬言去西；往西贩货则扬言去东，弄得光多次扑空。

某日，光竟不顾见罪于村民，趁“野种”早起上厕所时，枪杀于窄巷暗道，事后，仓皇带妻逃窜远乡，后来异死他乡，留下两个少儿成孤。……

此事惊动乡亲四邻。令人深思，正可谓“匪僻淫行，后患无穷”，成为教育后人的惨痛故事。细品事端，也深含“贪饕藏祸”的教训。

以上十三节故事，以事迹发端时序排列，自明清至当今历500多年，遵正面叙述善德教导为主，反面记载恶祸教训为次。原来有些神话传说，以培田周围山川形胜所编故事，可谓生动有趣，如“仙人助力，兴修水利”“龙山卧虎，显灵劝赌”“石窟出米，贪饕而废”“肖泉得道，正气驭鬼”，在此从略。

围龙大屋"六吉堂"的由来

◎ 张汝莘

康熙年间，在新泉西村建了一座规模宏大的雕龙画凤的围龙大屋，堂号"六吉堂"。兴建六吉堂的主人，是张姓裔孙云锦公，说起他的商海经历，颇有一段趣闻。

云锦，号倬汉。父亲去世较早，兄弟六人由母亲抚养，家道艰难、生活清苦。有一年除夕夜，为让母亲和诸弟能吃上猪肉，不得已到叔父经营的肉摊上赊了三斤猪肉。中午，切了一半下锅。这时，叔父气势汹汹地跑进屋，二话没说就把剩下未煮的猪肉以及锅内煮的一并捞起带走。走前丢下一句轻蔑的话："大年夜还敢来赊猪肉，太没出息！"倬汉非常气愤，很想与叔父理论一番，但母亲在一旁相劝："不要生气，将你叔说的话当作鼓励与鞭策自己的良言，做个有用的人。"

母子们青菜淡饭过了一个大年夜。当晚，倬汉翻来覆去想了一夜，决定离家出外闯天下。翌日大年初一，倬汉到祖祠内烧完香，辞别母亲、诸弟，沿城墙路，准备前往永定峰市、广东潮州一带谋生。在路上，恰好碰上堂叔麟冈，麟冈察觉他有心事，遂邀他至家，细问缘由。倬汉将昨日之事细说一遍，并说："自己亲叔这样对待侄儿，实在叫人难堪，还有什么脸皮在家待下去。"麟冈听后，一面暗中吩咐家人马上挑一百斤谷到倬汉家，并在谷萝底放了五十两银；一边劝倬汉要忍气，并劝说："今天不要出门，回家陪母亲弟弟们好好过个年，待元宵节过后，到潮州府我的店中帮忙。"

倬汉听从麟冈叔的劝说，回到家中，方知麟冈叔派人送谷送银的事。对他这种扶困济危的善举，倬汉真是感激涕零，并叫人将银两送还麟冈叔。

元宵过后，倬汉如约到潮州麟冈叔经营的店中帮忙。此后，他吃苦耐劳、恪守本分、善于筹划，不贪小便宜，把生意做得比以前红火，深得主人的器重和赞赏。

倬汉在店中忙碌了一年多。一天，与一位客商谈妥了一笔木材生意后，回来向麟冈叔汇报。之后，有点不好意思地向主人提出分开经营的请求，麟冈感到侄子有志气、有谋划，将来一定会发大财，于是爽快地答应他的要求。同时，还资助了一笔银两和两面山的木材给倬汉做本钱。对老叔的恩德，倬汉谨记心上，并暗下决心，一定好好经营，以报答麟冈叔的隆情高义。

倬汉历经十多年的辛勤经营，积聚的资金上百万，成为康熙年间新泉张氏以至全乡的首富。倬汉赚了钱，在司城外（今西村）建了一座围龙大屋，堂号“六吉堂”，寓意六兄弟房房大吉大发。

倬汉有钱不忘贫苦亲邻，常常周济困难的宗亲；资助创办新泉东山楼学宫，扶持培养子侄上学读书；修建老祠屋，捐资蒸尝，成为名重桑梓的商贾。

善良的“张百万”

◎ 张桂生

话说民国时期新泉有位金寿公，外号“张百万”，名张镇春，是连城县乃至龙岩州有名的商业大号，其产业涉及木材、茶叶、食盐、布匹、钢铁等，商号遍布福建、江西、广东等地。张镇春的成功得益于良好的家风。

一、善良人家福自来

张父出生于贫困农民家庭，三十六七岁还没有娶室，母亲又体弱多病，上无片瓦、下无寸地，家庭生活主要来源靠张父在“三背圩”（今新泉林业站）的牛市打扫卫生之微薄收入，哪来的钱财娶室？老母亲急得寝食不安。

眼看又要过年了，老母亲想去新泉街上找人掐算掐算。这天恰好是新泉圩日，她不自主地走进新泉城墙门外的半片街一家算命的店铺，试问儿子猴年马月能娶媳妇，老先生掰着手指，口中念念有词：“他婶，你的儿有喜了。”老母亲听了，摇摇头苦笑道：“没房没地，连饭都吃不上，哪里来的喜哟！”老先生道：“他婶，我不要你的钱，来日真的来喜了，双倍付钱如何？”老母亲心事重重地回答：“那就托你的吉言喽。”

大年三十这天，天寒地冻，寒风呼啸，细雨蒙蒙，张父穿着单薄的衣服，披上蓑衣挑着拾牛粪的土箕出发了。到了牛市，昨日赶集留下遍地垃圾。张父麻利地开始清理垃圾，扫着扫着，忽然从官庄方向的山路上缓缓走来一位女子。张父停下手中的活儿观察着，待她走近后仔细打量一番，发现这女子十八九岁，身材瘦小，头上戴着一顶破斗笠，身后背着一个黑色的小布袋，身上单薄的衣服几乎被雨水打湿。张父上前问道：“老妹子（客家人对女人的习惯称呼），这么冷的天，从哪里来？要到什么地方去过年啊？”女子痛苦地摇摇头，道：“我从芷溪‘杨百万’（隔壁村庄的大财主）家里来，要回连城文亨岗上过年，狠心的大户人家不让我这丫鬟下人在他家过年。”张父关切地说：“老妹子，你的衣服湿了，岗上还有这么长的路，会着凉的，不如到我家吃点东西、烤烤衣服再走。”这女子本来就是穷苦人家出身，在财主家里干活从来没人关心过，听到这大哥温暖的话语，一股暖流通透全身，脸上漾起笑容：“那好吧。”

张父挑起土箕在前面引路，女子在后面跟着，不多时到了北村山背堰家中。老母亲疑惑地将女子接进家中，烤火、烤衣、煮姜汤，忙得不亦乐乎。女子看在眼里，喜在心头，心时暗暗盘算着。小女子澡也洗了，衣服也干了，在吃完老母亲端来的地瓜和稀饭后，正要告辞远行，老母亲问：“妹子，你家里还有什么人？”妹子鼻子一酸，眼泪掉了下来，爹妈死了，就我一个孤儿，没办法经亲戚介绍去芷溪的杨百万家做长工。老母亲这时想起算命老先生的话，心想莫非就是她？老母亲继续说：“老妹子，你如果愿意在我家过日子，我儿子还是单身一个，做我的媳妇，我们吃什么你就吃什么。”女子想起在文亨岗上苦难的童年生活，想起在杨百万家里的痛苦折磨，想起文亨老家百孔千疮的破屋，脸上布满了红霞，扑通一下跪倒在老母亲的膝下，哽咽着：“老妈妈，收留我吧！”

就这样，张父有了媳妇，一年后生下了张镇春。善有善报，福有福报，苍天保佑善良人家心想事成，张镇春后来成为连城显赫的商业大户。

二、建筑山路栏杆救人无数

当你来到连城新泉旅游，车子进入319国道新泉一桥之时，向东北方向的半山腰仰望，不难发现一条500多米长的黑白交织的石灰矮墙映入眼帘。这是什么名胜古迹？谁在这荒无人烟的地方作秀？

旧时的新泉是水陆交通要冲，可是没有公路，人们出行或运输货物靠两只脚走路，或者水上行船。新泉往官庄、芷溪、庙前、上杭古田、龙岩必须走一条石砌的山路，起点在今新泉二桥上游的“铁桥”（1934年国民党十九路军修筑的公路桥）南岸，后沿新泉老一桥北岸—新泉新一桥北岸—车马石—官庄一桥往龙岩方向，其中车马石路段长500多米，沿半山腰布线，有上下坡，内侧壁立万仞，外侧万丈深渊，加上路面为河卵石铺砌，经几百年行人的匆匆脚步，磨得油光水滑，一到下雨时节，路面比冰面还滑，走路安全难以控制，不少外地商客和脚夫不小心滚下万丈悬崖——货损人亡。

新泉首富张镇春看在眼里、急在心头，他虽然是大财主，却不忘父辈出身贫寒，始终牢记做人的善良之本，深知今日的富贵是上苍念他父辈的善良所赐。多次事故之后，张镇春做出一个常人想不到的举措，花三百大洋，雇请工匠砌筑车马石路边的围墙。工程进行一年多，在他五十大寿之年竣工。从此，车马石再也没有发生行人坠崖事件。

三、善良避家祸

“金寿公”张镇春发达后，同样遇到仇富、劫富、敲诈之事。但由于张镇春及其家人的积德行善，富贵不忘济贫，获得穷苦大众的称赞与支持，化解了一场场劫富敲诈之祸。

在清末的某一年大年三十，张镇春一家刚刚吃过年夜饭，一家老小和叔伯兄弟闲来无事，于是在客厅玩起了麻将。掌灯时分，一个衣衫褴褛的80多岁的老太婆，弓着背，拄着拐杖，一步一摇、战战兢兢来到张镇春的大门口，上气不接下气地扣着门环，“有人吗？”敲了许久，有一个丫鬟模样的人出来开门，一见如此来客，不悦道：“这么晚了，你找谁呀？”老太婆说：“我要找金寿公。”丫鬟不敢自作主张，说：“老婆婆你等一等，我去告诉一下金寿公。”

不一会，出来一个穿金戴银一身绫罗绸缎的胖女人，她是金寿公的老婆莲婶。莲婶并不认识这个老太婆，但凭直觉一下就猜到老太婆来干什么，经历这样的事情不止一次了，真是来者不善，善者不来。大年三十造访肯定不是好事，如果叫家丁出来一阵斥责或者一阵拳脚就解决问题了。可这个莲婶心地善良出了名的，她不可能这样做。于是，满脸堆笑地拉着老太婆的手，说：“老婶子，这么大的风，来来来，家里坐。”老太婆进入金寿公的里，被安顿在餐厅边坐下，莲婶吩咐下人一股脑儿搬来过年吃的东西，在一旁劝吃。老太婆从来没有吃过这么好的菜肴，大吃大喝起来，实在撑不下了才放下筷子。

莲婶叫下人挑来一担谷子，上面放上过年的年糕、花生、糖果等，还把一大摞银圆塞进谷子里面，吩咐男仆人挑着谷子送老太婆回家，老太婆眼含泪水向莲婶鞠了三个躬。莲婶目送老太婆出了家门，没走多远，老太婆将一包东西塞入路边的柴火堆。莲婶等老太婆走远后，过去取出那包东西，在灯光下展开一看，顿时傻了眼，纸包里头全是断肠草，要不是今天客气对待老太婆，很可能飞来横祸，真是破财消灾，善良避祸。

原来，这个老太婆住在河对面的陂坑口，丈夫早逝，家里一贫如洗，养了五个儿子，却被人称为“五只老虎”。由于家穷，加上儿子好吃懒做，都是光棍，最小的也有30多岁，于是商议叫80多岁的老母亲大年三十去金寿公家里吞服断肠草自杀，然后狠狠地敲诈一笔，五兄弟才有钱结婚。开始，老太婆也认为这个主意不错，反正自己80多岁了，活得生不如死，不如成全儿子的心愿。没想到，金寿公一家如此仁义，于是放弃自杀，丢掉了断肠草。

仆人送老太婆回到家里，五个儿子看到母亲活着回来，满怀的希望破灭了，有气无处出，端起装谷子的箩筐往地上一摔，谷子撒了一地，藏在谷子里的银圆到处乱滚，五兄弟顿时傻眼。老太婆当着金寿公仆人的面，抡起拐杖在每个儿子的身上狠狠地打了几下，“看你们出的馊主意，看看吧，人家怎么样对待我们？”五兄弟面面相觑，羞愧不已。

从此，这五兄弟改掉好吃懒做的坏习惯，奋发图强，成家立业。

四、捐款修路发大财

自古以来，在连南三坳流传着捐款修桥补路有好报的说法，这一说法在张镇春的身上得到验证。

当年，新泉的商业主要是木材、草纸、盐巴、布匹。张镇春开始的生意以木材为主，经营不得要领，屡做屡亏，木材砍下来放入旧县河，一路漂到广东潮州后，木材总是少了很多，卖出去后，扣去成本所剩无几。生意难做，本钱不足，不得不去新泉赤坑的岳父大人那边借钱，他把借到的一袋银圆扛着往家走。到了新泉镇洋梅树火夹窝，看到一班人在建筑拱桥，有一人认识张镇春，开口动员他捐款，张镇春犹豫了一下，皱了皱眉头，然后把一袋银圆交到建桥主事的手中。

从岳父家借来做生意的钱全部捐出去了，没钱了生意如何是好？他只好厚着脸皮返回到岳父家里再借钱。岳父说："我的钱已经全都借给你了，怎么还有钱呢？但山上的木材有的是，你去砍吧。"于是，张镇春召来了砍树工人，几天工夫砍下了一大片。二个月后，正值三伏天，木材很快就晒干，扎成木排推入河中，堆集在连南河边北村大榕树下整装待发。

有一天，乌云滚滚、电闪雷鸣、大雨倾盆，连南河的洪水暴涨，张镇春笑逐颜开，大手一挥："开排！"顿时，连南河上的几百张木排划入水中，飞箭似的向下游漂去。

到了上杭矶头，河道狭窄，河水进入一个弯弯曲去的山洞流向上杭方向，木排无法通过，只能单根放漂。放排的领头人将木排结绳斩了，还原成单根木头，一根接一根被推入狭窄河道（当地人称之为矶窿）之中。在山洞的出水口，河面宽阔，水流平缓，木排在这里重新集结组排。

奇怪的是，守候在洞口的排工，十几个人都忙不过来，木头像从天而降，捞了三天三夜还捞不完，新泉下水的木头只有一万根，现在变成了三万根还不止。难道是上天送来的？原来，上杭矶头这个"矶窿"是一个巨大的"地下仓库"，"矶窿"内地形复杂，水流湍急，怪石丛生，在这条水道上放排的不止张镇春一人，没有运气的人放木排，木头十有三四滞留在"矶窿"内。今天大水帮了张镇春的忙，不仅自己的木头全部漂出，而且之前他人滞留在内的木头也漂了出来，进入他的木排队伍之中。

这一下张镇春发大了，不仅还清了所有欠债，还赚了一大笔。从此，生意兴隆、日进万金，一跃成为新泉首富。有位高人说，是因为张镇春捐款修路，好人有好报。

善德传家

◎ 李大春

我家门楼上曾经有一行行云流水、苍劲有力的“善德传家”四个大字，据说那是念过几年私塾做了一辈子泥工的爷爷从某个书法家的墨宝中临摹而来，后又亲自用砂浆小心翼翼地勾勒上去，并用黑漆涂抹，极其醒目，每天家人们出入家门一抬头就都能看到这条“善德传家”的家训。

爷爷把“善德”当家训是有着典故的。据说爷爷很小的时候其父去世，那年又遇大饥荒，年仅十来岁的爷爷走了一百多里路想从乡下到城里找生计，不料在半道上饿晕过去，遇好心人收留他，并把泥工手艺传授给了他。两年后爷爷成了泥工大师傅，由于其手艺精湛，老财主们要建新房都找上爷爷，一时间，爷爷接活不断，生活得以改善。此后，爷爷始终将善德挂在心头。

那些年，有人说我家门楼上的“善德传家”带有封建色彩，充满“温良恭俭让”的思想，家人们听后怕招惹是非，于是忍痛凿去。爷爷对此事一直耿耿于怀，临终前把儿孙们叫到床前，用颤抖的手指着门楼方向，大家明了爷爷的意思，在爷爷面前承诺：永记家训，不忘善德。爷爷这才安详地闭上了眼睛。爷爷出殡时，送葬的队伍好长，后来我才知道，原来队伍里许多人是受过爷爷善德接济的：有流浪儿被爷爷收留做了徒弟，后来为他娶妻成家的；有爷爷帮助其完成学业的；还有人在生病时爷爷伸出过援助之手的……

爷爷走后，父亲作为家中的长房，常用召开家庭会议的方法来解决家庭矛盾。一次，四叔和五叔因口角发生肢体冲突，打碎了水缸和灶具，父亲很火，立即通知全家老小参加家庭会议，在会上毫不留情地对违反家训的叔父们进行严厉批评，责令他们先做自我检查，保证绝不再犯，并以此事告诫家人，“善德传家”这条家训并非写在门楼上炫耀的，而是对家庭对社会的一种承诺。

父亲是位人民教师，与人为善、以德育人是父亲的教育宗旨。那时，父亲常到一些学生家中访贫问苦，将学生的家庭情况一一详细记载，客观公正地为贫困学生申请助学金。当时，我见父亲为其他同学申请助学金，也向班主任提出申请助学金的请求，不料此事被父亲知道，我不但挨了一顿臭骂，父亲还找到我的班主任要求他一分钱助学金都不得评给我。多年后我才明白，这其实是父亲先人后己的一种无私品德。父亲那时也常为一些学生补习功课，并且常常是利用星期天让学生到家中来补习，这些补习课父亲非但从未收取过一分钱费用，还常常倒贴学生午餐。那时，我就深切地感受到了父亲为人师表的纯洁师德。

在前辈们善德行为的潜移默化下，我秉承了“善德传家”的家训理念，认为“百善孝为先”是中华民族的传统美德，行善必须从孝做起。

家中九十有三的老母已患阿尔茨海默病，难以分辨香臭，在房间里随意方便，臭气熏天，而我能做的就是“儿不嫌母臭”，每天早晨的第一件事就是帮助母亲搞卫生，倒屎倒尿，清扫垃圾，扶母亲到卫生间刷牙洗脸。母亲常常搞不清自己吃过饭没有，虽然每天我在吃饭之前，必将做好的饭菜先送份到母亲房间让其先吃，但经常是吃过饭后的她又说没吃饭，当然，我还真怕饿了母亲，在母亲房间必备足牛奶、面包、蛋糕，让她随时可以充饥，因为我的心中想的是：母亲吃饱我不饿。母亲现在经常白天黑夜颠倒，白天呼呼大睡，半夜起来大喊大叫，一会儿是某某小孩掉到河里了，快去救他，一会儿又是小鸡快饿死了，快抓一点米喂它。遇到这情况，我只好夜里一遍遍起来，像哄小孩一样哄她回去睡觉。有次，我为母亲倒屎倒尿时，母亲却不认得我了，把我当成她的小叔子，但她却非常清醒地说道：孝顺老人一片天，好人一定有福报。

虽然我兄弟姐妹众多，但我从未想过将父母推让出去，心中只想着照顾父母是自己的责任。因为我的善德观是：行孝不谦让，行善心头挂，厚德可载物。

弘扬美德的林氏族范

◎ 林家新

璧洲林氏，其开基祖十五郎公是闽林十六世祖披公的二儿子藻公第五世裔孙，祖籍莆田北螺村，后迁澄渚，再到闽侯甘蔗，于南宋时期迁到璧洲。先祖秉承客家人开拓进取、艰苦奋斗、崇文尚武、奋发拼搏的精神，经五代繁衍，人丁兴旺，逐渐成为望族。至今已三十一代，人口发展七千余人（包括迁居外地）。在林氏大宗祠（侍卫府）正厅有楹联："自河南光州固始到福建，从榕城闽侯甘蔗来璧洲。"此联记载着璧洲林氏的来龙去脉，表达了客家人来自中原，对中华文化情有独钟的情怀。

俗话说，无规矩不成方圆。明朝万历九年（1581），璧洲林氏十三世传芳公在第一次重修图谱的序中写道："吾祖'以仁义树家门，以诗书遗后裔'。"作为祖训族规，以教育子孙后代遵从准则规范，追求美德。下面介绍璧洲林氏践行家教家风的几个经典实例。

一、父亲未回迟过节

璧洲林氏各房和各姓都是七月十四过中元节，唯有公全公这房在七月十五过中元节，几百年来沿袭至今。它缘于民间一个公全公与和尚斗法的传说故事。

公全公是璧洲林氏第七世长子，他天资聪慧，勤耕实干，贩牛为生，擅长道术。某年到瑞金去赶市买牛，回家路过河田时已是农历七月十四日。适逢河田村中打醮，就折下树枝在地上画了个圈，把牛圈于草坪上后，自顾去看热闹了。作事和尚见一个牛贩有如此法力，欲显自身高招，乃喃喃做法招来马蜂蛰牛，十几头牛被蛰得四窜而逃。公全公归来不见牛，急去寻找，见牛被蛰红肿，卖相受损，也折了价钱，村里人见谷物被牛糟蹋，还要索赔，猜知是和尚作鬼，心中恼怒，去找和尚理论。和尚正做着法事，公全公不管不顾，念动咒语，旋起急风把和尚抛上庙顶，定在瓦上动荡不得。村中醮事误不得时辰，村人苦求公全公高抬贵手，放和尚下来。公全公见村民虔诚，便拿出一只牛角，要和尚装满稻谷作赔。和尚无力赔偿，村民答应代和尚填谷。可是填了村中一半谷子还是填不满牛角，原是谷子却像蚊虫一样源源不断飞回家中，公全公之妻看见后知道老公在外捉弄人，忙解下围裙甩手阻挡说："不要了，不要了。"才把谷流止住。这一来，便误了过节的时间。

等到第二天，公全公才到家，儿孙们见公全公回来，个个欣喜雀跃，公全公明白他们的意思，当即宣布："今天我们补过节吧！"从此，公全公一家在七月十五日过中元节就延续了下来。

斗法之事仅是传说，权当是民间的"演义"。重要的是，公全公家族一直在七月十五日过中元节，表现出的是尊宗敬祖的意义，体现着家庭或家族的价值观，也是子孙代代恪守家训、家规而长期形成的具有鲜明家族特征的家庭文化。

二、兄弟分居让家财

公全公之子爱莲公，生有两个儿子，名雷亮和永成，两人均早过世，雷亮遗下四个儿子，永成遗下一个儿子，名叫宗政。兄弟五人均由祖父爱莲公抚养成人。到兄弟长大分家时，祖父把五个孙子叫到面前，征求大家意见，问宗政："你看这家产怎么分？"宗政爽快答道："我们都是兄弟，家产以五兄弟均分吧！"爱莲公大为感动，按理家产是分为两份的，宗政应得其中一份。宗政提出五兄弟均分，既是孝悌之行，还有谦让之谊，隐隐显露出家族大哥的风范。祖父十分欢喜，情不自禁地对宗政祝愿道："代代你做老伯头（大哥的意思）。"或许是遵从爱莲公教诲的缘故，至今，家族中大哥都出自宗政一房。

族人感念先祖"尊宗敬祖，兄友弟恭"的事迹，在本宗家庙内悬挂对联："父亲未回迟过节，兄弟分居让家财。"教育子孙后代向先祖学习，用自己的行动，营造和谐氛围，使家庭和睦，人兴财旺。

三、严禁丐匪人村庄

六百年前，为保护村庄农林牧副渔的长足发展，保障人畜的健康安全，提高村民的生活水平，公全公倡导在村东西南北竖立路碑，在石碑上凿字，内容是：宪严奉禁，乞丐匪类毋许入境，如有抗须送究不宥。意思是乞丐土匪不许进村捣乱做坏事，如有违抗者送公堂追究责任，决不原谅。至今，村头（东）村尾（西）两块石碑还保存完好，碑高70厘米，宽40厘米，厚度18厘米，仿宋体字。

这块禁碑既是村规禁令，更体现璧洲林氏家族保护全村平安，维护社会安定的大家风范。

四、务本居扬家训

务本居由璧洲满房第十九世林栏度公所建，建于乾隆三十三年（1768）。取名务本居，其意在教育子孙后代做人做事要务实，安于本分，也含崇孝悌明廉耻之意，是主人的家训。

务本居大宅院地处璧洲村中部，由上屋、下屋和围屋3个部分组成，占地面积3300平方米。整体房屋坐南朝北，是沙灰墙和木料所筑成。

务本居有4个大门，东西各2个，厅17个，天井28个，规模宏大，坐落有序，实属少见。

建房主人林栏度，字圣章，乾隆二十五年（1760）选入国学，雍正己酉（1729）科试入府。他朴素大方，仁义待人，常做好事，还捐资修路，方便行人。乾隆四十七年（1782）受皇恩赐券米肉帛。

五、省长赠匾两仪堂

两仪堂位于璧洲村上部，该房建于清朝宣统年间，占地面积1332平方米，砖木结构，坐北朝南，门楼也向南，门楼上方画了许多工笔花鸟。该屋二栋厅，左右各一直横屋，背后有砖木结构二层楼的围屋。整座房子建筑大气，布局合理，左右对称，工艺精细，是清末璧洲最讲究款式最宜居的房屋。中华人民共和国成立前后培养了不少大学生。

新屋主人是林氏二十六世林益彩（四房）、林益才（六房）兄弟同心共建的。大厅天子壁正中挂匾“两仪堂”，两侧挂有“文峰凌云”和“齿德兼优”匾额。其中“文峰凌云”的匾额，是国民政府省长题赠给林益彩的儿子林庆云先生的，缘由是林庆云先生关心国家大事，在省政府提出议案和发表文章，获得省长的赏识和极高评价，特地书写“文峰凌云”赠匾林庆云先生。

六、民间事务调解员

清朝同治年间，璧洲村十多年来没人投诉案例到县衙，村民安分，村子平安。这件事情传到知县耳中，知县便乔装百姓到璧洲村走访打听，进村一了解果真如此。原来林氏五房出了林阶九这位秀才，热心乡邻事务，把需调解的事务都一一记录好，什么邻居纠纷、房产争斗、田水之争、家庭矛盾等都记录得清清楚楚，处理得公正妥当，当事人一个个都服了，平息诉讼。这样的事例记录了十几本，因此，村民和谐，村庄繁荣，无人上告。知县当即予以奖赏，赠送“十德世家”刻字石碑一块（原嵌在林氏五房公杰公祠门楼上），并赐名“观清”，寓意这位秀才像法官一样观察细致，清正断案。

七、封山育林禁砍伐

璧洲村山清水秀，生态良好，这是历来重视水土保持，做好封山育林，严禁砍伐取得的结果。特别对村里某处风水林的保护，还制定出村规民约，必须严格遵守。此处不准采松脂，不准修枝下松毛，不准剥树皮挖根，不准伐树砍柴，不准烧荒烧土粪，不准烧火野炊等。违者必追究。有一年，某人在马鞍山上大坪伐木，被人举报，族长就罚他家杀猪，送每家每户一斤猪肉。此后，再也没发生过此类事。这虽然是村规民约，但落实到每家每户，自然形成一个良好的家风、村风、社风。

诸如此类维护家训族规的事例，璧洲村还有很多，如崇尚勤俭兴家业，敦崇伦纪守妇道，婚丧守孝感恩德，崇文尚武求功名，德才兼优乡绅士，好善乐施积功德等，从中体现出家风家训的作用。

家训是家庭的核心价值观，家规是家庭的“基本法”，家风是民风社风的根基，是社会和谐的基础。在全国文明家庭表彰大会上，习近平总书记指出："家风好，就能家道兴盛、和顺美满；家风差，难免殃及子孙、贻害社会。"中华民族历来重视家庭，中华民族传统家庭美德铭记在中国人民心灵中，融入中国人民的血脉中，是支撑中华民族生生不息、薪火相传的主要精神力量，是家庭文明建设的宝贵精神。

优良家风裕后人

◎ 杨垣生

从中原迁徙至闽西新泉居住的客家人，传承了中原文化的精髓，积淀了客家人耕读文化的智慧，传承与延续着优良的家风，譬如捐钱出力修路铺桥方便大众出行，盖路亭供行人乘凉休息，夏天施茶为路人解渴，等等。

在新泉杨家坊，家族内互帮互助是常事，遇到难关时大家更是出手相助，留下了许多令人称道的事例。

中华人民共和国成立前，农民都以耕作为生，生产力非常落后，几乎靠天吃饭，一遇上自然灾害，农作物就减产歉收，造成饥荒，有些农户甚至断炊挨饿，饿死人的事也有发生。为了帮助灾民度过饥荒，杨家坊的杨氏家族组织成立“尚义社”，李氏家族设立“常济纲”，由富户施粥五天、十天，其他乡民自愿捐出自己平时节省下来的少量大米煮粥施舍，以帮断炊户度过饥荒的五月，尽量减少因灾饿死人的悲剧。

杨家坊杨氏十五世祖日梃公房有一传统，只要族内有老人过世，众裔孙都会不约而同带上大米及香烛等前往丧户祭奠。

为什么要带大米呢？原因还得从头说起。有一年，村里因灾造成大面积粮食减收。恰逢族内有户老人在饥荒五月离世，当事人家中已穷得揭不开锅，拿不出钱米为老人安葬。正在一筹莫展时，有族人倡议族中每户人家赠米一升（约二斤）给丧户，多赠不限，这一倡议得到全体族人的积极响应，解了当事人的燃眉之急。此后，这一优良习俗一直延续至今，二百多年后的今天仍在传承。这或许是连南三隘乡村绝无仅有的互助方式之一。

在杨家坊，还传颂着一段“大嫂哺小嫂”的佳话，说的是发生在杨家坊黄松岗自然村的一个兄弟和、妯娌睦的故事。杨国章、杨国富兄弟因父早丧，兄长杨国章担起既是兄又是父的责任，除了照顾好年少弟弟的饮食起居外，还耐心教会小弟干各种农活。小弟长大后，杨国章又教他学了木匠手艺，便于弟弟独立门户后养家过日子。小弟尊兄敬嫂，一家人和睦相处，生活过得平稳。小弟成年后，年过三十还未娶妻。兄长心里急、脸上愁，还是贤惠的大嫂黄选玉想出个两全其美的好办法，愿把自己长大成人的养女陈喜凤许配给小弟为妻。全家和族亲经商议，觉得此举甚好，大家都非常赞成。于是，择黄道吉日为小弟和喜凤完婚，至此母女成妯娌。兄弟一家和睦共处了几十年。如今，兄弟两家共有六十多口人，可谓家兴业旺。

家是最小国，国是千万家，客家人重视家庭教育，注重优良家风的传承，有如春雨润泽万物，浸润于后人，并代代连续不断地传承着……

话说连城周氏祖训——忠孝廉节

◎ 周宗胜

连城周氏的祖训（族规）——忠、孝、廉、节。忠：忠心、忠于，要求族人对祖国要忠心；孝：孝顺，要求族人要孝顺父母；廉：廉洁，要求族人若为官者，须清正廉洁；节：要求族人要有骨气，堂堂正正做人、做事。

族人在兴建祖屋竣工时，将“忠孝廉节”四字，浓墨重彩书写在祖屋正厅左右墙壁上，提示子孙后代一以贯之。仅连城周氏分支在姑田镇的，就有下堡村大周屋“燕诒堂”、郭坑村周屋“汝南堂”等多栋周氏祖屋正厅墙壁左右，还遗存有“忠孝廉节”祖训。遗憾的是，汝南堂祖屋正厅正屋间窗户，镂空精雕，镀有金粉的“忠孝”“廉节”祖训两版窗户，因祖屋人口外迁镇区以外置业，无人居住守业，10多年前被文物贩子盗卖。

在传承和实践“忠孝廉节”祖训的过程中，周姓族人一直在躬身前行，留下了许多可以大书一笔的故事，而周仰云一家就是其中的代表。

据《连城县近现代十大杰出历史人物》载述，周仰云（1885—1964），连城旅外华侨中的著名人士之一。清光绪十一年（1885）出生于连城文亨乡一个中产家庭。清末，家境中衰，仰云入学数年，即弃学赴姑田当学徒，以勤奋机敏，为店主所倚重。后派往广东潮州，负责推销土纸。

民国三年（1914），周仰云在潮州与友人合股经营颜料商店，主销德国拜尔厂所产染料。时值第一次世界大战，海上交通受阻，货源短缺，价格涨跌无时，几度折腾，颜料商店宣告破产。大股东依恃政治背景，盛气骄横，诿过他人，全部责任概由仰云独自承担，以致仰云身陷牢狱之灾，经友人仗义相助，才得以脱离险境。此后与同乡在潮州组织连兴昌纸行，经营连城土纸。

民国十九年（1930），连城建立红色革命根据地政权时，国民政府对根据地实行经济封锁，进出物资通路阻塞，连城土纸难以外运至潮，汇兑业务受挫，纸行濒临崩溃。仰云当机立断，关闭连兴昌纸行，与粤、闽两地商人合股组建广福纸烟公司于汕头，并于上海、泰国设立分支机构。初期代销美丽牌和鹰牌香烟，由沪运泰。汕头总公司则设厂自制，由仰云与汀人许葛通任经理，产品质量颇佳，业务发展很快。后因制烟主要技师为同行高价雇请而离职他往，继任非人，而质量下降，亏损过半。仰云召集股东商议，欲再增资金，以图重振，而股东畏缩不前，公司解体。后仰云由友人以巨资相贷，撤沪、汕机构，自赴泰国另辟蹊径，建厂经营烟草。有了前车之鉴，仰云在用人选才、生产工艺、商品质量、管理方法等方面，全力以赴，去芜去冗，求真求实，信用为上，由是商务繁荣，企业兴旺。

七七事变后，全国燃起抗日烽火，声势澎湃。仰云爱国情殷，支持桑梓抗日力量，兴办教育以振兴中华。民国二十七年（1938），县教育界人士邓光瀛、李云霄、童近震、罗莲舫、李师张、李少韩等鉴于救国图存，认识到非激发爱国之心不可，而教育乃益民智、求图存、争进取、育良才之所，于是倡议创办明耻中学，寓“明耻教战”之义。然资金无着，地方难筹，适仰云侨居泰国，驻足香港，有支乡援国之意，李云霄等遂携函赴港与仰云商议，仰云欣然以应，复函“愿独资兴办”。时省教育厅规定，凡创办私立中学，须筹资10万元存于中国银行，方可立案。时仰云在泰之商业，因日寇正谋南进，烟业收缩，银根紧压，处境困难，但仍倾全力将银圆10万元如数汇交李云霄代办存入长汀中国银行。明耻中学立案始告解决，如期开办招生。选地于原县立东塔小学旧址，兴建楼房1座（教室8间、办公室2间），实验室、礼堂各1座，另平房教室3间，教师宿舍1排。办学经费直至1949年春均由仰云负责。中华人民共和国成立初，学校经费来源中断，交予人民政府接办。1951年春，明耻、县中合并为连城第一中学，设于明耻中学旧址。

周仰云除办明耻中学外，在其家乡文亨周屋创建小学一所。校舍、设备齐全，学生全部免费，且每人发制服一套以资鼓励。此外，举凡修桥铺路、建校舍、朋友落魄困难，仰云千金相助毫不吝惜，亦不冀报答。仰云常谓于人：钱财易聚亦易散，有钱不乐助他人，财又何益！甚且贻误子孙后代。

民国三十一年（1942），泰国局势紧张，仰云携部分资金至香港。民国三十三年（1944），日寇占领泰国，仰云在泰资财全为所夺。仰云在港虽极拮据，但为守信取义，仍将公司股金本息一一析还股东。后香港一度沦于日寇之手，仰云赖朋友之助辗转新加坡，于民国三十四年（1945）绕道回归祖国。民国三十七年（1948），港商中南公司经理张静庵邀其赴香港，1964年在港逝世，终年79岁。

忠孝无双传承远
祖训家风浚源长

◎ 黄 坚

中国历史上有个《二十四孝图》，其中黄香、黄庭坚就在图内。黄家的族规祖训、家风家教就是因东汉黄香自小孝敬父母被皇帝赞曰“江夏黄童，忠孝无双”，而突出一个“孝”字，以至孝、至德、至善、至仁、至义、至忠传家。恪守祖训，福泽后昆。黄氏族人倡导敬老尊贤，敦亲睦族，明理尚义，入孝出悌。家族文化历经淘沙长河的流转考验，时至今日仍木秀于中国传统文化中。黄氏祖训，微言大义，字字珠玉，是族人齐家修身的警句，为黄氏昌盛发达夯实了基础。

山青水碧源流远，江夏堂前百卉香；家教家风千载盛，声荣四海万年长。连城黄姓千百年来，把“孝亲敬祖”“好男儿志在四方”“耕读传家”“惟勤惟俭”“明理诚信”族训祖训奉为圭臬，子子孙孙都要自觉地修炼自我、反省自我、完善自我，正正经经做人，老老实实做事，严于律己，宽以待人，维护公义，刚正不阿，成为一股民间社会的涓涓清流，焕发着不可替代的精神力量。

黄亮承，世居连城芷溪，是芷溪八千黄姓中的一名。他心地善良，行事稳重，经常助人解困，调解乡邻纠纷，其事迹在县志里有记载。而其教育家人忠于国家、善待他人、孝顺尊长的事例，更为大众所传颂。

一、变卖祖产为国家

黄亮承之孙黄海，又名黄永煌，号晓沧，自小怀有报国为民之志。1909年，年仅13岁的他，偷偷跑到日本运煤船的底舱，东渡日本求学。当时的中国社会暗潮汹涌，清朝故步自封、夜郎自大，醉生梦死。面对列强却一味软弱求和，割地赔款。对人民却强征暴敛，欺压百姓，腐败无能，搞得中华大地一片狼藉，一地鸡毛。社会割裂，经济凋敝，民不聊生，怨声载道。

黄海在日读书期间，对中国之命运，对国人的疾苦挂怀于心，秘密参加了孙中山先生组织的革命党同盟会，参与探索推翻帝制，走护国救民、推建共和的革命道路。待其学成回国，已是辛亥革命之后。帝制被推翻，换来的却是军阀割据，官匪勾结，百姓遭蹂躏，人民大众仍然处在水深火热之中。闻悉中国革命先行者孙中山先生在广州从事护法运动，同时研议组织国民革命军北伐，剿灭割据一方的军阀，以求建立民族、民生、民主“三民主义”的民国政府，黄海立即起程奔赴广州追随孙中山，推动革命活动，并出任北伐革命军援闽浙军补充二团团长。

率军北伐中，由于社会动荡，革命不易，军费奇缺，部队后勤得不到保障，严重影响了作战官兵的士气。出于对国家的热爱和对孙中山革命主张的坚定自信，力争中华大地有一个统一的新政权，有一个人民能够安居乐业的稳定趋好的社会环境，坚决支持护法运动和北伐清除山头林立的大业，同时，也出于对部队官兵的重视和珍惜，他义无反顾，喊出：“有国才有家。军阀不灭，国将不国，何有余家？！”以凛然大义和满腔热血，三次函告家中父母及叔伯兄弟，要求将祖父辛劳一生操持的产业——租田、祭田、学田，以及值钱的财物变卖，为革命筹集军资、充实军费、赈济革命军。家中父母、叔伯兄弟几经商议、权衡，最终一致决定同意遵其所求，将祖产及器物变卖出售，所得二万余银圆，派人悉数送往部队驻地，及时解除全团军饷匮乏、军心不稳的窘境，极大地提振部队官兵的斗志，为国民革命军的护法、北伐做出了贡献。

同样，也实现了黄海“国家利益高于一切”的理想信念，展现了他对孙中山革命目标的追求与忠诚，以及对人民的热爱。

二、多做善事为社会

修炼自我、反省自我、完善自我，正正经经做人，老老实实做事，严于律己，宽以待人，维护公义，和睦乡里，是黄家的祖训家规。在这里叙述一个黄亮承夫人张完招多做善事为乡坊的故事。

话说，黄亮承夫妇生育五个儿子（依次为元镔、元鋐、元镶、元烺、元开），他们长大成人后，由于无地可耕，只好走经商之路。加之兄弟同心同德，同筹同算，团结聚力，不久便富甲一方。光绪十七年（1891）辛卯岁，黄母张氏完招71岁，按当地民俗，儿孙们要为她做寿。为此，元镔兄弟几经掂量，决定为母亲热热闹闹做场寿。完招闻之，以创业艰辛，一切崇俭为由婉言推辞。元镔等儿孙仍继续筹办，没有消停的意思。见此情景，完招语重心长地告诫儿孙们："我家刚刚起步，就要借家中老人生日大摆筵席，宴请亲朋乡邻，目的不外乎想借别人之口夸耀几句，给张笑脸。家不富裕，没有条件做寿的乡亲邻里，情何以堪？我一妇道人家，历来不看好这种毫无意义的操弄。如果你们一定要表示孝心，要为我做寿的话，可以将为我做寿的钱拿出来做一项慈善事业，让我高兴高兴。"母命难违，元镔等谨依母命，决定按照母亲意愿，将准备为母举办寿宴的资金，拿到芷溪通往丰图的必经之途——张坑溪之左侧，修筑一座砖木结构的凉亭，为终日劳作的芷溪、丰图乃至上杭寨头、塔里一带的村民作遮风挡雨、休息歇脚之用，并为之取名"益寿亭"。此事深得村坊民众认可，寿星称心，一时间黄母张氏乐善好施的声名鼎沸三村八隘。

在黄母张氏完招81岁时，儿孙们又将准备为她做寿的钱物，挪到芷溪边界与上杭县蛟洋镇桃源村相毗连的大寮冈架造了一座叫"广印亭"的路亭，给上杭内山及芷溪附近村民过往劳作提供方便，歇肩纳凉。

光绪十八年（1892），一向忠厚待人，善行坊间的黄亮承被清廷诰封奉直大夫。满堂儿孙见父母长辈德高望重，便决定择地建祠堂。消息一出，四里八乡的能工巧匠，如泥瓦匠、木匠、漆匠、画师一应人等，因感念敬仰亮承夫妇的为人，纷纷前来应聘。

翠畴公祠建筑历时八年才竣工。在建期间，张氏完招坚持每天慰劳工匠们，给予酒食，送去暖心的话语。不仅给工匠们及时发放工钱，对有应急困难的工匠，还另外给予借贷，因而工匠们十分感激，干起活来毫不含糊，特别用心。祠堂在建期间，有一位乡邻时常到工场来骚扰捣乱，搅得工匠们和元镔兄弟很是气恼，准备要教训他。张氏完招则告诫大家："一个人如果不是畏苦恶劳，穷得叮当响，是断然不会无故侵扰他人的。现在他每每来我家工场搅局生事，无非是想要获得一些利益。我们给他一些钱物，好言劝退就是了。你若与他计较，定会纠缠不休，弄不好还滋生大事，划不来。”孩子们就依母训照办，以和气息事，用道理感化，排除了此人的干扰。

由于张氏完招明理厚德，善待工匠，善待邻里，翠畴公祠的建造不仅顺利进行，而且质量一流，工艺精湛，美轮美奂。到芷溪参观过古宗祠的人都会说：“翠畴公祠小巧玲珑，建筑水平一流，雕刻彩绘工艺上乘。”且至今基本保持完整。

后来，翠畴公祠一度成为红色政权所在地，中国工农红军第四军到新泉开展整训时，是红四军一纵司令部，以后又相继成为芷溪区苏维埃政府所在地，一直到中华人民共和国成立后的互助组、初级社、高级社等，该祠堂一直是党领导的红色政权的办公地点。2019年10月8日，翠畴公祠已经成为第八批国家级重点文物保护单位。

三、孝顺父母传承真

华吉兰，黄亮承的玄孙媳妇，一名地地道道的村姑。

她，短发，便装，干练，洒脱，没有艳丽的修饰，没有时髦的妆容，神态娴静，精神饱满，看上去特有气质。

她，出生于上杭县白沙镇华家塘村，打出生后，就被抱送给连城县庙前镇芷溪村第十七居民小组黄立朋、杨发云夫妇家，年幼时上学读书，到“文化大革命”学业中止。她聪慧好学、勤劳俭朴、能说会唱，侍奉双亲至纯至孝，是个值得褒扬的家风祖训践行者。

“孝父母”“敦孝友”居黄氏家训之首要位置，华吉兰生在华家，长在黄家，自幼深得黄家家风祖训的滋养，熟知黄氏家族族规家训的要义。长大成家后，以耕田为业，相夫教子，孝敬公婆，日常生活平静如水，家中老幼其乐融融。

然而岁月无常，世事万变。1999年，婆婆罹患高血压中风，卧床不起。因丈夫在外打工，79岁的公公年老体衰，孩子尚幼小，家里的一切皆要她一人操持。既要照料小的，照顾老的，还要服侍瘫卧在床的婆婆。她没有半句怨言，没有怨天尤人，而是咬紧牙关，默默地料理好家中的一切。两年多后，婆婆医治无效，不幸去世。

常言道："福无双至，祸不单行。"2005年，85岁高龄的公公突发脑中风，人事不省，瘫痪在床。当时丈夫在外地做事，两个小孩刚上学不久。面对突然降临的巨大困难，她强忍泪水，不畏不避男女有别的不便，毅然把小孩托付给邻居照看，背起公公就送到医院就医。住院期间，服侍公公大小便，为公公洗脸擦身，换洗衫裤，喂药喂饭，全凭一人小心料理，没有半句怨言，像照料婴儿一样尽心。其间往往有不明真相的病友或病员家属不时递来异样的目光，甚至有与现代文明相悖的污言秽语，她全然不管不顾，一直到公公病情稳定，可以回家用药将养。她有一句话："传承家训家风，孝顺父母，理所应当，万难不辞！"

俗语说："久病床前无孝子。"2016年，华吉兰的公公走完人生之路，享年九十有六。从公公发病到终结，十余年来，对瘫痪的公公，无论卧床待哺，还是几进几出医院，她从不言放弃，一如既往地照料公公。饮水、进食、服药，定时定量，小心喂送；公公大小便，不仅要兜屎兜尿，还得擦洗干净；公公穿戴每天必换洗，保持清爽整洁；公公擦身洗澡，换洗衣着，她轻手轻脚，抱进抱出；天气晴朗暖和时，就把公公抱上轮椅，推到室外，让他呼吸新鲜空气，晒晒太阳，看看外面车水马龙的情景。就这样，无论多脏多臭，无论多难多累，她从未吐过半句怨言，认认真真，轻言细语，耐心周到，不离不弃，力求料理规范有效，让公公在生死边缘上多活了十余年。

对于华吉兰的孝行，亲戚朋友、乡亲邻里无一不竖起大拇指，大加赞叹："吉兰真是万里挑一的好媳妇，坊间巷弄的好样范！没有她的小心孝顺，公公早就魂游西天，坟上小草变成树了。"

后 记

传承优秀文化　建设良好家风

◎ 林百坤

中华民族具有许多优良传统，重家教在众多优良传统中处于突出的地位。在中国古代的家庭教育中，“祖训家规”占有十分重要的地位。经历辗转迁徙后才安定下来的连城客家人，一代代积累生活中的智慧，给我们留下了许多堪称经典的条文和宝贵的经验。挖掘整理这些素材，向人们展示并加以利用，是一件非常有意义的工作，这是我们编写《连城客家祖训家规文化》一书的原因。

《连城客家祖训家规文化》共分4篇，分别是规训篇、联匾篇、渊源篇和裕后篇。规训篇集中了连城各姓氏、各家族或家庭的族规、家训、家规等内容，还把相关姓氏的字辈也收录于此；联匾篇收集的是具有教化作用的、体现家族或家庭道德规范的楹联、牌匾等；渊源篇含连城部分姓氏祖训家规产生的背景、形成过程的介绍等；裕后篇包含祖训家规在家族发展中产生的影响及家族子弟在践行中的典型事例等内容。

连城客家人十分重视家庭教育，不仅把祖训家规作为重要内容写入族（家）谱，在家族举行重要仪式时温习，还把它书写在楹联牌匾上，在祖祠、厅堂悬挂，以备子孙不时浏览，使家族成员熟知内容要求，自觉遵守，以此促进良好家风的形成。

挖掘整理这些素材，是向前辈学习的过程。我们看到，在各姓氏的祖训家规中，不仅有立身治家的要求，还有敬业处世的规矩，使家族成员从小养成规矩，内化于心，外化于行，这是建立良好家风的基础和保障。制定的族规家法等条文，大至伦理道德，小至族产维护，都有十分明确的规定，这对于家族的管理，作用是巨大的。有的姓氏家族，还有对族中子弟求学给予资助和奖励的规定，为家族兴旺发达起到了很好的导向作用。所有这些，都是连城客家人在生产生活中的经验总结和智慧结晶，值得我们好好学习。

挖掘整理这些素材，是传承优秀文化的过程。连城客家先辈对后人的教诲，是当时历史条件下的家庭或家族立身处世经验的总结，为当时社会稳定和发展起到了重要的作用。其中的主要内容，是符合现代社会主义核心价值观的，是优秀文化的结晶，应该予以弘扬与传承；尽管有些内容可能与当代社会推崇的人生观、价值观不相一致，但我们可以本着“去粗取精，去伪存真”的态度，剔其糟粕，取其精华，把优良文化代代传承下去。

本书的编写，是一件非常繁重的工作，为了尽量收集到连城客家各姓氏的材料，我们采用了征稿座谈会、电话联系、走访等多种形式，对全县各客家姓氏相关人员进行联系，从而保证能收集到大部分姓氏的祖训家规资料，之后，我们对这些材料进行逐句逐字的斟酌校对，对其中有疑义部分提出修改建议，与材料提供者一起反复推敲和修改，付出的时间和精力都是巨大的。尽管如此，限于时间和水平，书中难免存在不足，请读者见谅。

本书能顺利编写完成，除了各位编辑人员付出大量的劳动以外，离不开各姓氏相关人员的密切配合，离不开长期进行连城客家文化研究的专家的悉心指导，离不开有关科局的大力支持，特别是县交通运输局、农业农村局、应急管理局给予鼎力支持，在此一并表示感谢！